普通高等教育"十五"国家级规划教材

有限元技术基础

冷纪桐　赵　军　张　娅　编

U0380492

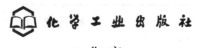

化学工业出版社

·北京·

本书通过对三结点三角形平面单元的详细分析，介绍了有限元法的基本思想和基本理论。主要内容包括：弹性力学的基本方程，有限元的离散化、三结点平面单元的形函数、几何矩阵、弹性矩阵、单元刚度矩阵、总刚度矩阵的集成方法、有限元方程的形成及求解，平面问题的矩形单元、一维杆梁单元、轴对称单元等，并对任意四边形单元及等参元进行了简单的介绍。书中也讨论了诸如数值积分、解的收敛性等问题。书中附有平面三角形单元的源程序算法以便学生深入了解本课程的内容，并可作为练习工具。学习本书内容需要有高等数学、材料力学、线性代数的基础而不需要更深入的知识背景。

本书用于本科机械类专业的有限元课程，亦可作为有关工程技术人员有限元技术入门的参考书。

图书在版编目（CIP）数据

有限元技术基础/冷纪桐，赵军，张娅编．—北京：化学工业出版社，2007.4（2022.8重印）
普通高等教育"十五"国家级规划教材
ISBN 978-7-122-00079-8

Ⅰ．有…　Ⅱ．①冷…②赵…③张…　Ⅲ．有限元分析-高等学校-教材　Ⅳ.O241.82

中国版本图书馆 CIP 数据核字（2007）第 031195 号

责任编辑：程树珍　　　　　　　　　　　装帧设计：史利平
责任校对：陈　静

出版发行：化学工业出版社（北京市东城区青年湖南街 13 号　邮政编码 100011）
印　　装：北京科印技术咨询服务有限公司数码印刷分部
787mm×960mm　1/16　印张 16¼　字数 347 千字　　2022 年 8 月北京第 1 版第 8 次印刷

购书咨询：010-64518888　　　　　　　售后服务：010-64518899
网　　址：http://www.cip.com.cn
凡购买本书，如有缺损质量问题，本社销售中心负责调换。

定　　价：45.00 元

过程装备与控制工程学科的研究方向、趋势和前沿

——代序

人类的主要特点是能制造工具，富兰克林曾把人定义为制造工具的动物。通过制造和使用工具，人把自然物变成他的活动器官，从而延伸了他的肢体和感官。人们制造和使用工具，有目的、有计划地改造自然、变革自然，才有了名符其实的生产劳动。

现代人越来越依赖高度机械化、自动化和智能化的产业来创造财富，因此必然要创造出现代化的工业装备和控制系统来满足生产的需要。流程工业是加工制造流程性材料产品的现代国民经济支柱产业之一，必然要求越来越高度机械化、自动化和智能化的过程装备与控制工程。如果说制造工具是原始人与动物区别的最主要标志，那么就可以说，现代过程装备与控制系统是现代人类文明的最主要标志。

工程是人类将现有状态改造成所需状态的实践活动，而工程科学是关于工程实践的科学基础。现代工程科学是自然科学和工程技术的桥梁。工程科学具有宽广的研究领域和学科分支，如机械工程科学、化学工程科学、材料工程科学、信息工程科学、控制工程科学、能源工程科学、冶金工程科学、建筑与土木工程科学、水利工程科学、采矿工程科学和电子/电气工程科学等。

现代过程装备与控制工程是工程科学的一个分支，严格地讲它并不能完全归属于上述任何一个研究领域或学科。它是机械、化学、电、能源、信息、材料工程乃至医学、系统学等学科的交叉学科，是在多个大学科发展的基础上交叉、融合而出现的新兴学科分支，也是生产需求牵引、工程科技发展的必然产物。显而易见，过程装备与控制工程学科具有强大的生命力和广阔的发展前景。

学科交叉、融合和用信息化改造传统的"化工设备与机械"学科产生了过程装备与控制工程学科。化工设备与机械专业是在建国初期向前苏联学习在我国几所高校首先设立后发展起来的，半个世纪以来，毕业生几乎一直供不应求，为我国社会主义建设输送了大批优秀工程科技人才。1998年3月教育部应上届教学指导委员会建议正式批准建立了"过程装备与控制工程"学科。这一学科在美欧等国家本科和研究生专业目录上是没有的，在我国已有60多所高校开设这一专业，是适合我国国情，具有中国特色的一门新兴交叉学科。其主要特点如下：

(1) 过程装备：与生产工艺即加工流程性材料紧密结合，有其独特的过程单元设备和工程技术，如混合工程、反应工程、分离工程及其设备等，与一般机械设备完全不同，有其独特之处。

(2) 控制工程：对过程装备及其系统的状态和工况进行监测、控制，以确保生产工艺有

序稳定运行，提高过程装备的可靠度和功能可利用度。

（3）过程装备与控制工程：是指机、电、仪一体化连续的复杂系统，它需要长周期稳定运行；并且系统中的各组成部分（机泵、过程单元设备、管道、阀、监测仪表、计算机系统等）均互相关联、互相作用和互相制约，任何一点发生故障都会影响整个系统；又由于加工的过程材料有些易燃易爆、有毒或是加工要在高温、高压下进行，系统的安全可靠性十分重要。

过程装备与控制工程的上述特点就决定了其学科研究的领域十分宽广，一是要以机电工程为主干与工艺过程密切结合，创新单元工艺装备；二是与信息技术和知识工程密切结合，实现智能监控和机电一体化；三是不仅研究单一的设备和机器，而且更主要的是要研究与过程生产融为一体的机、电、仪连续复杂系统，在工程上就是要设计建造过程工业大型成套装备。因此，要密切关注其它学科的新的发展动向，博采众长、集成创新，把诸多学科最新研究成果之他山之石为我所用；同时要以现代系统论（Systemics）和耗散结构理论为指导，研究本学科过程装备与控制工程复杂系统独特的工程理论，不断创新和发展过程装备与控制工程学科是我们的重要研究方向。

我国科技部和国家自然科学基金委员会在本世纪初发表了《中国基础学科发展报告》，其中分析了世界工程科学研究的发展趋势和前沿，这也为过程装备与控制工程学科的发展指明了方向，值得借鉴和参考。

（1）全生命周期的设计/制造正成为研究的重要发展趋势。由过去单纯考虑正常使用的设计，前后延伸到考虑建造、生产、使用、维修、废弃、回收和再利用在内的全生命周期的综合决策。

过程装备的监测与诊断工程、绿色再制造工程和装备的全寿命周期费用分析、安全和风险评估等正在流程工业开始得到应用。工程科技界已开始移植和借鉴现代医学与疾病作斗争的理论和方法，去研究过程装备故障自愈调控（Fault Self-recovering Regulation），探讨装备医工程（Plant Medical Engineering）理论。

（2）工程科学的研究尺度向两极延伸。过程装备的大型化是多年发展方向，近年来又有向小型化集成化的趋势。

（3）广泛的学科交叉、融合，推动了工程科学不断深入、不断精细化，同时也提出了更高的前沿科学问题，尤其是计算机科学和信息技术的发展冲击着每个工程科学领域，影响着学科的基础格局。过程装备与控制工程学科的发展也必须依靠学科交叉和信息化，改变传统的生产观念和生产模式，过程装备复杂系统的监控一体化和数字化是发展的必然趋势。

（4）产品的个性化、多样化和标准化已经成为工程领域竞争力的标志，要求产品更精细、灵巧并满足特殊的功能要求。产品创新和功能扩展/强化是工程科学研究的首要目标，柔性制造和快速重组技术在大流程工业中也得到了重视。

（5）先进工艺技术得到前所未有的广泛重视，如精密、高效、短流程、敏捷制造、虚拟制造等先进制造技术对机械、冶金、化工、石油等制造工业产生了重要影响。

（6）可持续发展的战略思想渗透到工程科学的多个方面，表现了人类社会与自然相协调的发展趋势。制造工业和大型工程建设都面临着有限资源和破坏环境等迫切需要解决的难题，从源头控制污染的绿色设计和制造系统为今后发展的主要趋势之一。

众所周知，过程工业是国民经济的支柱产业；是发展经济提高我国国际竞争力的不可缺少的基础；过程工业是提高人民生活水平的基础；过程工业是保障国家安全、打赢现代战争的重要支撑，没有过程工业就没有强大的国防；过程工业是实现经济、社会发展与自然相协调从而实现可持续发展的重要基础和手段。因而，过程装备与控制工程在发展国民经济的重要地位是显而易见的。

新中国成立以来，特别是改革开放以来，中国的制造业得到蓬勃发展。中国的制造业和装备制造业的工业增加值已居世界第四位，仅次于美国、日本和德国。但中国制造业的劳动生产率远低于发达国家，约为美国的 5.76%、日本的 5.35%、德国的 7.32%。其中最主要原因是技术创新能力十分薄弱，基本上停留在仿制，实现国产化的低层次阶段。从 20 世纪 70 年代末，中国大规模、全方位地引进国外技术和进口国外设备，但没做好引进技术装备的消化、吸收和创新，没有同时加快装备制造业地发展，因此，步入引进—落后—再引进的怪圈。以石油化工设备为例，20 年来，化肥生产企业先后共引进 31 套合成氨装置、26 套尿素装置、47 套磷复肥装置，总计耗资 48 亿美元；乙烯生产企业先后引进 18 套乙烯装置，总计耗资 200 亿美元。因此，要振兴我国的装备制造业，必须变"国际引进型"为"自主集成创新型"，这是历史赋予我们过程装备与控制工程教育和科技工作者的历史重任。过程装备与控制工程学科的发展不仅仅要发表 EI、SCI 文章，而且要十分重视发明专利和标准，也要重视工程实践，实现产、学、研相结合。这样才能为结束我国过程装备"出不去、挡不住"的局面做出应有的贡献。

过程装备与控制工程是应用科学和工程技术，这一学科的发展会立竿见影，直接促进国民经济的发展。过程装备的现代化也会促进机械工程、材料工程、热能动力工程、化学工程、电子/电气工程、信息工程等工程技术的发展。我们不能只看到过程装备与控制工程是一个新兴的学科，是博采诸多自然科学学科的成果而综合集成的一项工程科学技术，而忽略了反过来的一面，一个反馈作用，也就是过程装备与控制工程学科也应对自然科学的发展做出应有的贡献。

实际上，早在 18 世纪末期，自然科学的研究就超出了自然界，从而包括了整个世界，即自然界和人工自然物。过程装备与控制工程属人工自然物，它也理所当然是自然科学研究的对象之一。工程科学能把过程装备与控制工程在工程实践中的宝贵经验和初步理论精练成具有普遍意义的规律，这些工程科学的规律就可能含有自然科学里现在没有的东西。所以对工程科学研究的成果即工程理论加以分析，再加以提高就可能成为自然科学的一部分。钱学森先生曾提出："工程控制论的内容就是完全从实际自动控制技术总结出来的，没有设计和运用控制系统的经验，决不会有工程控制论。也可以说工程控制论在自然科学中是没有它的祖先的。"因此对现代过程装备与工程的研究也有可能创造出新的工程理论，为自然科学的发展做出贡献。

过程装备与控制工程学科的发展历史地落在我们这一代人的肩上，任重道远。我们深信，经过一代又一代人的努力奋斗，过程装备与控制工程这一新兴学科一定会兴旺发达，不但会为国民经济的发展建功立业，而且会为自然科学的发展做出应有的贡献。

高质量的精品教材是培养高素质人才的重要基础，因此编写面向 21 世纪的迫切需要的过程装备与控制工程"十五"规划教材，是学科建设的重要内容。遵照教育部《关于"十五"期间普通高等教育教材建设与改革的意见》，以邓小平理论为指导，全面贯彻国家的教育方针和科教兴国战略，面向现代化、面向世界、面向未来，充分发挥高等学校在教材建设中的主体作用，在有关教师和教学指导委员会委员的共同努力下，过程装备与控制工程的"十五"规划教材陆续与广大师生和工程科技界读者见面了。这套教材力求反映近年来教学改革成果，适应多样化的教学需要；在选择教材内容和编写体系时注意体现素质教育和创新能力和实践能力的培养，为学生知识、能力、素质协调发展创造条件。在此向所有为这些教材问世付出辛勤劳动的人们表示诚挚的敬意。

教材的建设往往滞后于教学改革的实践，教材的内容很难包含最新的科研成果，这套教材还要在教学和教改实践中不断丰富和完善；由于对教学改革研究深度和认识水平都有限，在这套书中不妥之处在所难免。为此，恳请广大读者予以批评指正。

教育部高等学校机械学科教学指导委员会副主任委员

过程装备与控制工程专业教学指导分委员会主任委员

北京化工大学　教授

中国工程院　院士

2003 年 5 月　于北京

前　言

　　自 20 世纪 50 年代出现有限元（作为算法本身可以追溯到更早出现的结构分析领域）名词以来，随着计算机技术的迅猛发展，有限元方法和有限元计算技术都得到了快速发展，已经成为现今工程问题中应用最广泛的数值仿真方法。掌握有限元技术也已经成为对合格机械工程师的要求之一。

　　20 世纪 80 年代以前是有限元理论的形成和发展时期，在这一期间，数学家和力学家完成了有限元的理论框架，发展和丰富了各种算法，奠定了有限元的应用基础。20 世纪 80 年代以后有限元迅速发展为一种工程应用技术，在各个工程领域得到广泛应用。我国很多高等工科院校开设了有限元课程，并编写了许多有关有限元的优秀教材，为有限元技术的推广和普及起到了重要的推动作用。然而，随着高等教育体制的改革和科学技术的发展，一些教材已不能适应目前形势的要求。编者在多年教学经验的基础上，结合工程实践编写了本教材，目的是使学生通过本书的学习掌握有限元最基础的理论和初步应用技术的能力。

　　全书介绍了弹性力学平面问题的基本理论，有限元的平面问题和轴对称问题，空间问题的有限元法，伽辽金法和热传导的有限元解法，梁单元和板壳单元，大型通用有限元软件 ANSYS 的基本使用方法和简单应用实例。为了更好地学习和理解有限元理论方法，部分章节后附有习题。本书最后附有用 FORTRAN 语言代码编写的教学程序，通过阅读和使用该程序可以加深对有限元技术实现的理解（该代码的可执行程序可以在以下服务器下载 ftp://202.4.131.200）。

　　本书适用于机械类和土木类本科生有限元课程，适用学时为 32～40，也可作为工程技术人员学习有限元的入门教材。

　　在本书写作过程中，北京化工大学工程力学研究室的研究生周昊、刘英林等做了大量的文字、图形录入工作并验证了部分例题，在此表示衷心地感谢。由于作者水平有限，书中难免会有一些不妥之处，敬请专家和读者批评指正。

编　者
2006 年 12 月

目　　录

引　言

有限元技术已经广泛应用于各种工程设计领域，它的核心是有限元法。

有限元法全称有限单元法（Finite Element Method，FEM）。它是求解偏微分方程初边值问题的有效的数值方法，广泛应用于结构工程分析、传热分析、电磁场、渗流及流体力学、流变学等可以用偏微分方程描述的领域，是工程领域中应用最广泛的一种数值方法。从工程角度看，它是一种数值模拟或数字仿真技术。

有限元法的出现，使得许多科学理论在技术上得以实现、得到应用，极大地推动了人类的技术能力的发展。大到航空、航天器具，海洋结构工程、岩土工程，桥梁，压力容器，水轮机械，小到玩具、手机壳、计算机内的精密器件及微型机械等精密机械的设计制造，到处都是有限元法的用武之地。毫不夸张地说，有限元技术发展了生产力，促进了人类社会的进步。同时，它推动、改进了现代工程技术人员的知识结构，要求他们懂得更多的科学理论与计算技术。更好地掌握科学理论，学习有限元法的基本概念是掌握运用有限元技术的两个必要条件。那种以为可以通过学习使用软件就可以掌握有限元技术的看法是不全面的。

有限单元法是电子计算机时代的典型技术。它几乎是与电子计算机同时出现，同期蓬勃发展起来的。虽然有限元中分段逼近的思想可以追溯到很早，但一般地认为最早的比较明确的做法始于1943年Courant对扭转的研究工作。20世纪50年代是理论构架的萌芽阶段，由于工程实际的需要和电子计算机开始进入应用，有限元首先在结构分析领域得到发展，学者们从多方面做了尝试与研究。1956年，Turner和Clough在分析飞机结构中，用三角形单元解决了弹性力学平面问题。1960年Clough正式提出了有限单元法这个名称，从此，有限单元法从技术上、理论上、应用的实例上开始了快速的发展。数学工作者对有限元的误差、解的收敛性和稳定性等问题展开了研究，使得有限元理论日趋成熟。在20世纪七八十年代理论工作与技术框架基本形成，推向市场的实用软件得到迅速发展。有限元程序软件走向市场普及了有限元技术，也推动了有限元技术的完善与领域的拓宽。有限元的作用也从单纯的结构分析发展到结构优化和计算机辅助设计的工具，在工程界流行的简称从FEM到FEA（Analysis），再到FES（Simulation）也从一个侧面反映了它的发展。

有限元最初是在结构分析领域发展的，四十多年来，随着对其理论研究的逐步深入和算法的改进，其技术已从结构静力分析发展到动力问题、稳定问题，由线性问题发展到各种非线性问题，由固体的弹性力学问题发展到其它连续介质问题、各种场问题，如流体力学问题、传热问题、电磁场问题及多物理场耦合问题，有限元法几乎适用于求解所有的连续介质和场问题。

有限元法的主要技术路线是将微分方程所研究的连续空间对象划分为有限个离散的部分——每个部分称之为单元；在每个单元内部所有变量都用结点变量表示；相邻单元之间靠

共同的结点与结点变量相关联，结点变量是待求值；通过正确的理论方法将描述无穷多自由度场问题的偏微分方程转化为在结点上有限个自由度的代数方程（组）问题；最后，用数值方法求解代数方程（组）得到问题的解答。

实用的有限元技术必然包含以下几个方面。

ⅰ．建立离散的有限元模型。这一步就是将所面对的实际问题作"空间离散"，将结构或连续求解区域离散为有限个"单元"的组合体，形成离散描述的全部数据。这一步骤又称前处理。

ⅱ．建立有限元方程组。离散后，对每个单元进行分析，假定合适的"形状"函数来近似描述该单元的场变量的变化规律，场函数表示为以结点变量为系数的形状函数的线性组合。从而单元的所有变量都可以用结点变量表示出来。由结点的平衡关系建立所有结点的"平衡"方程组。引入边界条件修改方程组，得到最终可求解的有限元方程组。

ⅲ．解方程组，求出所有结点变量。

ⅳ．对结点变量进行再分析，给出所需要的解答。如由求出的结点位移，再利用单元方程求出单元的应力或应变等。

ⅴ．空间划分与结果分析的计算机再现技术。

本书重点是介绍有限元法，对第ⅰ条所述较少，第ⅴ条未涉及。有兴趣的读者可参考相关的书籍。

学习有限元法，离不开具体的领域。应用到不同领域的有限元法，其基本变量、控制方程、边界条件各不相同，具体的有限元技术也有较大差异。例如在固体力学中根据基本未知量的不同，有限元法可分为有限元位移法、有限元力法和有限元混合法。在有限元位移法中，基本未知量为结点位移；有限元力法中，以结点力为基本未知量；有限元混合法中，基本未知量既有结点位移，也有结点力。作为入门的课程，本书以弹性力学的有限元位移法为基本对象。为此，在本书的前部扼要地引出了弹性力学的数学提法，这些内容对于没有学过弹性力学而又自学有限元法的读者有可能会过于简略，可能需要补充学习更详细的内容，如[1]。本书适用于已经学习过高等数学、线性代数、材料力学的读者。

学习有限元技术的人不可避免地要学习掌握一两个通用程序，特别是那些得到业界认可的软件。书中用部分篇幅介绍了目前在国内外很多行业都有着广泛应用的分析软件ANSYS。

有限元法既然是一种技术，就必然带有技术的各种特征。学习者必须通过实践，通过解决一个又一个具体问题才能掌握有限元法，因此书中给出了一些算例。由于应用软件的内容无论从哪方面来说都极其丰富，以本书之浅薄只能给学生做小小的入门引导，而对于那些对计算技术极感兴趣的学生来说，这本书是不够的，有很多好书可以读。今天，新的大量包含有限元法的专用软件的蓬勃发展，也显示出学习有限元基本方法的重要性，本书企图通过介绍有限单元法最基本的内容使学生掌握有限元技术的主要内核。

1　弹性力学的基础知识

弹性力学是固体力学最基本也是最主要的内容。它从宏观现象规律的角度，利用连续数学的工具研究任意形状的弹性物体受力后的变形、各点位移，内部的应变与应力。

与主要研究杆状结构的材料力学相比，弹性力学有很大的不同，这些不同的根源是它所研究的物体形状是任意的。由于研究对象形状的任意性，弹性力学研究任意微团受力、变形所遵从的规律，研究物体边界的正确描述（边界条件）以及整个问题的数学提法与解的问题。弹性力学问题的一般数学提法是偏微分方程的边值问题。

本章简要介绍弹性力学的一些基本概念。

1.1　弹性力学中的基本假设

为了便于建立弹性力学的数学提法，在弹性力学里对材料的性质作了某些假设。引用这些假设在于突出矛盾的主要方面，忽略一些次要因素。弹性力学有如下基本假设。

（1）连续性假设

假设物体所占据的全部几何空间都被组成该物体的介质所充满，没有任何空隙。这样，物体中的应力、应变和位移等物理量都是连续变化的，可以用坐标的连续函数进行描述，并可用微积分方法来分析物体受力后各物理量的变化。实际上，所有物体都是由微小颗粒组成的，它们之间存在着空隙。但是，微粒的尺寸以及它们之间的空隙相对于宏观物体是微小的，因而宏观上可将物体看作连续体。

（2）均匀性假设

假设组成物体的材料在物体空间是均匀分布。这样，物体内的各部分具有相同的力学性能，物体的弹性常数（杨氏模量和泊松比等）与坐标位置无关。这一假设对于许多固体材料，特别是金属材料是成立的。

（3）各向同性假设

假设组成物体的材料在物体空间内每一点沿不同方向的力学性能相同。这样，物体的弹性常数与方向无关。对工程上常用的金属及其它合金材料，它们所含的晶粒是各向异性的。但是，由于晶粒相对于物体的几何尺寸来说非常微小且杂乱排列，物体的性质表现为无数晶粒的平均性质，可认为这些材料是宏观各向同性的。一些工程材料，例如木材、竹材等是各向异性的。

（4）完全弹性假设

假设物体在外部因素作用下引起的变形，当外部因素除去后能完全恢复而没有任何残余变形，同时假设材料服从胡克定律，即应力与应变成正比。这就保证了应力与应变之间的一一对应关系。对于工程上的大多数材料，当应力不超过某一限度时，这个假设与实际情况基本相符。

　　(5) 小变形假设

　　假设物体在载荷或温度变化等因素作用下各点所产生的位移都很小，使得各点的应变分量和转角都远小于 1。这样，在建立物体微团的平衡方程时，可以用变形前的尺寸来代替变形后的尺寸，使得到的基本方程为线性方程，从而大大降低了求解难度。并且可以应用叠加原理。

　　在上述基本假设中，前 4 个属于物理方面的假设，满足这些假设的材料通常称为理想弹性体，第 5 个假设为几何方面的假设。

　　以上述基本假设为基础的弹性力学称为线弹性力学，在工程实际中得到广泛应用。本书所研究的问题限于线弹性范围。

1.2　弹性力学中的基本量

　　针对工程构件所提出的弹性力学问题常常没有解析解，就不得不依靠数值解答，如有限元解。这就要求建模工程师掌握弹性力学的基本概念。首先要能正确地提出问题（建模正确），同时对计算结果的认识、分析利用、选择正确的算法也都需要一定的科学水平。大量事实证明，许多错误的性质都是属于科学性而非纯技术性。

　　由于物体是三维的，所以弹性力学问题本质都是三维的，笛卡儿坐标系是基本坐标系。除非特别说明，本书总是采用空间直角坐标系，所有变量均是点 (x, y, z) 的函数，矢量也在直角坐标下分解或解析表示。下面介绍弹性力学最基本的变量。

　　(1) 位移

　　物体的变形由点的位移来描写。每点的位移矢量可以记为

$$\boldsymbol{u}(x, y, z) = u(x, y, z)\boldsymbol{i} + v(x, y, z)\boldsymbol{j} + w(x, y, z)\boldsymbol{k} \tag{1.1}$$

　　任一点的位移 $\boldsymbol{u}$ 可以用它在三个坐标轴上的投影 u、v、w 来表示，称为该点的位移分量，记为矩阵形式

$$\boldsymbol{u} = (u \quad v \quad w)^{\mathrm{T}} \tag{1.1a}$$

位移沿坐标轴正方向时为正，沿坐标轴负方向时为负。位移的量纲是［长度］。

　　(2) 应变

　　在弹性力学中讲的点，一般指围绕这点的一个物质微团。当物体变形时，组成物体的各微团，一般会发生"运动"与"变形"。"微团"的"运动"用点的位移来描述，而"微团"的变形用点的应变来描述。通常说的"一点的应变"就是用来描述一个无限小微团的变形。定义应变从而描述微团变形的量有多种方式，本书采用工程应变。

　　一点的工程应变有 6 个分量，分别是 ε_x、ε_y、ε_z、γ_{xy}、γ_{yz}、γ_{zx}。其中 ε_x、ε_y、ε_z 分别表示 x、y、z 方向的微小线段在变形后的相对伸长，称为工程线应变；而 γ_{xy} 则表示由 x 方向微线段与 y 方向微线段所夹的直角在变形后的改变量，γ_{yz}、γ_{zx} 与 γ_{xy} 类似，称为工程切

4

应变❶。线应变的正负符号规定以伸长为正，缩短为负；而切应变的正负号规定为两个微线段夹角（直角）减小为正，增大为负。应变为无量纲量，可用如下矩阵形式记为

$$\boldsymbol{\varepsilon}=(\varepsilon_x \quad \varepsilon_y \quad \varepsilon_z \quad \gamma_{xy} \quad \gamma_{yz} \quad \gamma_{zx})^{\mathrm{T}} \tag{1.2}$$

称为应变列阵。

当物体上每个点的位移都确定之后，每个微团的变形也就确定了。因此，从"位移场"到计算出"应变场"是一个单纯的数学工作。工程应变与位移之间的关系为

$$\boldsymbol{\varepsilon}=\begin{Bmatrix} \varepsilon_x \\ \varepsilon_y \\ \varepsilon_z \\ \gamma_{xy} \\ \gamma_{yz} \\ \gamma_{zx} \end{Bmatrix}=\begin{Bmatrix} \dfrac{\partial u}{\partial x} \\[2mm] \dfrac{\partial v}{\partial y} \\[2mm] \dfrac{\partial w}{\partial z} \\[2mm] \dfrac{\partial u}{\partial y}+\dfrac{\partial v}{\partial x} \\[2mm] \dfrac{\partial v}{\partial z}+\dfrac{\partial w}{\partial y} \\[2mm] \dfrac{\partial u}{\partial z}+\dfrac{\partial w}{\partial x} \end{Bmatrix} \tag{1.3}$$

上式即为通常所说的几何方程。

微团变形的核心是微团中任意微线段的相对伸长即任意方向的线应变。只有能将任意方向线应变都表示的量才能用来描写微团的变形。对于工程线应变，处于任意方向 $\boldsymbol{n}=(l \quad m \quad n)^{\mathrm{T}}$ 的线应变为

$$\boldsymbol{\varepsilon}_{nn}=(l \quad m \quad n)\begin{pmatrix} \varepsilon_x & \dfrac{1}{2}\gamma_{xy} & \dfrac{1}{2}\gamma_{xz} \\[2mm] \dfrac{1}{2}\gamma_{yx} & \varepsilon_y & \dfrac{1}{2}\gamma_{yz} \\[2mm] \dfrac{1}{2}\gamma_{zx} & \dfrac{1}{2}\gamma_{zy} & \varepsilon_z \end{pmatrix}\begin{Bmatrix} l \\ m \\ n \end{Bmatrix} \tag{1.4}$$

其中，l、m、n 为微线段的方向余弦，是微线段与 x、y、z 轴夹角的余弦，也常表示为 $l=\cos\alpha$，$m=\cos\beta$，$n=\cos\gamma$。必须指出式(1.4)从数学上讲是近似的，它的成立依赖于小变形条件。

（3）应力

当物体受外力或热载荷作用时，物体内部由某一界面所划分的两部分之间作用力会发生变化，这一变化称之为该界面上的内力。内力的大小表示了相互作用的强弱。另一方面，内

❶ 近年来，随着科学向技术的渗透，科学界的符号也向技术界渗透。在应变的描述方面也在发生变化，其中之一是常常用柯西应变代替工程应变。柯西应变中的线应变与工程线应变相同，如 $\varepsilon_{xx}=\varepsilon_x$ 等，而切应变 $\varepsilon_{xy}=1/2\gamma_{xy}$ 等。

力的大小又显然与界面的大小、方向有关，而界面的大小与方向是由观察者主观确定的。

一点的应力描述的是一点的物质微团受周围物质作用力（即内力）的集度。与应变类似，一点应力有 6 个独立分量，即 σ_{xx}、σ_{yy}、σ_{zz}、τ_{xy}、τ_{yz}、τ_{zx}，相应的应力列阵为

$$\boldsymbol{\sigma} = (\sigma_{xx} \quad \sigma_{yy} \quad \sigma_{zz} \quad \tau_{xy} \quad \tau_{yz} \quad \tau_{zx})^{\mathrm{T}} \tag{1.5}$$

其中，分量 σ_{xx} 的下标表明这个正应力的作用面和作用力方向，即 σ_{xx} 为垂直于 x 方向面上

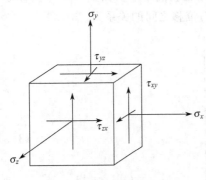

图 1.1 一点应力的表示

单位面积受到的沿 x 方向的内力，又常简记为 σ_x；σ_{yy}、σ_{zz} 类似。这三个分量表示的面的方向与力的方向一致，称为正应力或法向应力。分量 τ_{xy} 表示在垂直于 x 方向的面上单位面积受到的沿 y 方向的内力，由于力的方向是平行于作用面，称为切应力；τ_{yz}、τ_{zx} 类似。应力分量的正负约定是：若面的外法线方向与坐标轴正向一致称为正坐标面，反之称为负坐标面，正坐标面上的应力分量以沿坐标正方向为正，负坐标面上的应力分量以沿坐标的负向为正，图 1.1 所示的应力全为正。应力的量纲是［力］/［力度］²。

注意应力分量的两个下标，读者可以知道，应力分量原本应有 9 个分量。但由于存在切应力互等定理，即

$$\tau_{xy} = \tau_{yx} \qquad \tau_{yz} = \tau_{zy} \qquad \tau_{zx} = \tau_{xz} \tag{1.6}$$

独立的分量只有 6 个。

由式(1.5) 的 6 个应力分量能表示任一斜面上的"应力矢量"。在微团内任一微面积 $\mathrm{d}A$ 上，若微面的方向为 $(l \quad m \quad n)$，$\mathrm{d}A$ 上的力显然也有三个方向的分量，即

$$\begin{Bmatrix} \mathrm{d}F_x \\ \mathrm{d}F_y \\ \mathrm{d}F_z \end{Bmatrix} = \begin{pmatrix} \sigma_{xx} & \tau_{yx} & \tau_{zx} \\ \tau_{xy} & \sigma_{yy} & \tau_{zy} \\ \tau_{xz} & \tau_{yz} & \sigma_{zz} \end{pmatrix} \begin{Bmatrix} l \\ m \\ n \end{Bmatrix} \mathrm{d}A \tag{1.7}$$

上式就是柯西应力原理。

（4）外力

作用在物体上的外力，按作用方式可以分为体积力和表面力，简称为体力和面力。

体力是指分布在物体体积内部的力，作用于物体内部的各个质点上，如物体的重力、惯性力等。物体中一点的体力指的是单位体积的力，记为

$$\boldsymbol{f} = (f_x \quad f_y \quad f_z)^{\mathrm{T}} \tag{1.8}$$

其中，f_x、f_y、f_z 为物体中一点体力在三个坐标轴上的投影，称为该点的体力分量。体力的量纲是［力］/［长度］³。

面力是作用在物体表面的力，物体表面一点的面力集度是单位面积的力，可以记为

$$\overline{\boldsymbol{f}} = (\overline{f}_x \quad \overline{f}_y \quad \overline{f}_z)^{\mathrm{T}} \tag{1.9}$$

其中，$\overline{f}_x$、$\overline{f}_y$、$\overline{f}_z$ 为物体表面一点面力在三个坐标轴上的投影，称为该点的面力分量。面力的量纲同应力一样，为［力］/［长度］²。

集中力的模型在连续数学中可作为面力的极限处理。

1.3　两种平面问题

严格地说，任何弹性体都是空间的物体，弹性力学问题都是三维问题。但是在一定的条件下，一些空间问题可以简化为平面问题。平面问题比较容易，对初学者从平面问题切入弹性力学以及切入有限元法是一个比较容易理解的处理方法。

平面问题可以分为两类：一类称为平面应力问题，另一类称为平面应变问题。

1.3.1　平面应力问题

在平面应力问题中，物体是一个大的等厚度平面薄板（图1.2）。平分薄板厚度的平面称为板的中面。通常将板的中面取为坐标 xy 面。若板厚为 t，则板的两个表面为 $z=\pm\dfrac{t}{2}$。

平面应力问题物体的受力特点为：作用在板边上的力（面力）与板内的体力均平行于板面，且沿板厚均匀分布。板面上无力的作用，也即在板面上有 $\sigma_z=0$、$\tau_{zy}=0$、$\tau_{zx}=0$。

分析表明，在平面应力问题中由于板很薄，可以认为在板的内部也有 $\sigma_z=0$、$\tau_{zy}=0$、$\tau_{zx}=0$，这样，在六个应力分量中，只有 σ_x，σ_y，$\tau_{xy}=\tau_{yx}$ 三个应力分量不为零，而且仅是 x、y 的函数，与 z 无关。所有其余变量（应

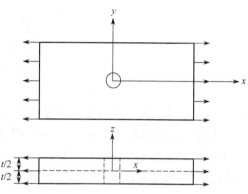

图 1.2　典型平面应力问题例图

变和位移）也都与 z 无关，仅是 x、y 的函数，或者说所有变量均沿板厚均匀分布。将此类问题称为平面应力问题。

从精确的三维弹性理论来看，平面应力问题只是一个很好的近似。

工程实际中上述条件可以适当放宽，使其成为广义平面应力问题：板厚 t 可以有小的变化，表面也可以不平，但作为对称面的中面必须是平的，板边作用力也可放松到对称中面分布，所有变量如位移、应变、应力均理解为沿板厚的平均值。

1.3.2　平面应变问题

在平面应变问题中，物体是一个等截面的长柱体，其长度远大于其横截面尺寸，z 轴平行于柱体母线，如图1.3和图1.4所示。

平面应变问题的受力特点为柱体侧表面及体内所受外力均无 z 方向分量，且沿 z 方向均匀分布，在长柱体两端限制了 z 向位移。

由于形状及所受外力沿 z 的各截面均无变化，容易得出 $\varepsilon_z=0$、$\gamma_{zx}=0$、$\gamma_{zy}=0$，这样，在六个应变分量中，只有平行于 xoy 坐标面的 ε_x，ε_y，$\gamma_{xy}=\gamma_{yx}$ 三个应变分量不为零，仅是 x、y 的函数，与 z 无关。并且所有其它变量也只是 x、y 的函数，与 z 无关。如果从柱体上

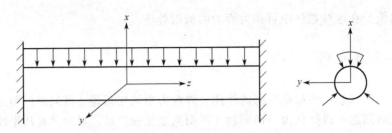

图 1.3 平面应变问题（一）

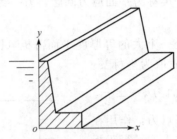

图 1.4 平面应变问题（二）

任取平行于横截面的一小薄片，会发现它与平面应力问题是非常类似的。

平面应变问题实际是长柱体任一横截面上各点沿 z 的位移为零，应该称为平面位移问题，但习惯上称之为平面应变问题。

两类平面问题有许多共同的特点，一般统称为弹性力学的平面问题。

1.4　弹性力学平面问题的数学提法

两种弹性力学平面问题的数学提法非常接近。基本变量都是 8 个，分别为 u、v、ε_x、ε_y、γ_{xy}、σ_x、σ_y、τ_{xy}，各个变量都只是 x、y 的函数。除此之外，对于平面应力问题还有 ε_z，但它不是独立的变量，$\varepsilon_z = -\mu(\varepsilon_x + \varepsilon_y)$。对于平面应变问题还有 σ_z，它也不是独立变量，有 $\sigma_z = \mu(\sigma_x + \sigma_y)$。

位移矢量的解析表达式为 $\boldsymbol{u} = u\boldsymbol{i} + v\boldsymbol{j}$，记为列阵

$$\boldsymbol{u} = (u \quad v)^{\mathrm{T}} \tag{1.10}$$

应变分量记为

$$\boldsymbol{\varepsilon} = (\varepsilon_x \quad \varepsilon_y \quad \gamma_{xy})^{\mathrm{T}} \tag{1.11}$$

应力分量为

$$\boldsymbol{\sigma} = (\sigma_x \quad \sigma_y \quad \tau_{xy})^{\mathrm{T}} \tag{1.12}$$

物体内部任意微团必须满足的规律构成了以上 8 个量在域内的控制方程。

1.4.1　平衡微分方程

无论是平面应力还是平面应变问题，都可以从薄板（片）中取出一块 $\mathrm{d}x\mathrm{d}y$，厚度为 t 的微小单元体（如图 1.5 所示）。将所受的力（体力与应力）画在上面，考察其平衡。利用

8

平衡关系可以建立单元体应力与体力之间的关系。

设体力集度矢量

$$\boldsymbol{f}=(f_x \quad f_y)^{\mathrm{T}} \tag{1.13}$$

考虑单元体的平衡，由 $\sum F_x=0$ 得

$$-\sigma_x \mathrm{d}y \cdot t+\left(\sigma_x+\frac{\partial \sigma_x}{\partial x}\mathrm{d}x\right)\mathrm{d}y \cdot t-\tau_{yx} \cdot \mathrm{d}x \cdot t+$$

$$\left(\tau_{yx}+\frac{\partial \tau_{yx}}{\partial y}\mathrm{d}y\right)\mathrm{d}x \cdot t+f_x \mathrm{d}x \mathrm{d}y \cdot t=0$$

式中 t——单元体厚度。

整理上式，得

$$\frac{\partial \sigma_x}{\partial x}+\frac{\partial \tau_{yx}}{\partial y}+f_x=0 \tag{1.14a}$$

同理，由 y 方向平衡可得

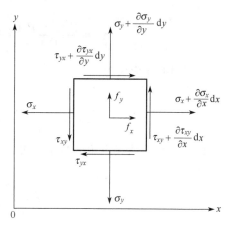

图 1.5　微元体受力分析

$$\frac{\partial \tau_{xy}}{\partial x}+\frac{\partial \sigma_y}{\partial y}+f_y=0 \tag{1.14b}$$

由力矩平衡方程可以得出

$$\tau_{xy}=\tau_{yx} \tag{1.15}$$

式（1.14a）与式（1.4b）称为平面问题的平衡微分方程。式（1.15）证明了切应力互等定理。可将式（1.14a）、式（1.14b）合起来写为

$$\begin{bmatrix} \dfrac{\partial}{\partial x} & 0 & \dfrac{\partial}{\partial y} \\ 0 & \dfrac{\partial}{\partial y} & \dfrac{\partial}{\partial x} \end{bmatrix} \begin{Bmatrix} \sigma_x \\ \sigma_y \\ \tau_{xy} \end{Bmatrix}+\boldsymbol{f}=0 \tag{1.16}$$

1.4.2　几何方程——应变与位移的关系

物体的变形是由物体上各点的位移描述的。当物体变形时，物体的任意一个微团会产生运动及变形。若物体上各点位移都确定了，任一微团的变形也就相应确定了。以下讨论如何由位移场确定应变。

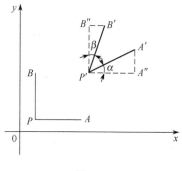

图 1.6

如图 1.6 所示，设 P 为物体上任意一点，取沿 x 方向微线段 $PA=\mathrm{d}x$；沿 y 方向微线段 $PB=\mathrm{d}y$。变形后，P、A 和 B 点分别移到 P'、A'、B'，P 点在 x 方向位移为 u，y 方向位移为 v。则由连续数学可以知道，A 点在 x 方向位移为 $u+\dfrac{\partial u}{\partial x}\mathrm{d}x$，在 y 方向位移为 $v+\dfrac{\partial v}{\partial x}\mathrm{d}x$。$B$ 点在 x 方向位移是 $u+\dfrac{\partial u}{\partial y}\mathrm{d}y$，在 y 方向位移是 $v+\dfrac{\partial v}{\partial y}\mathrm{d}y$。

由应变的定义，x 方向的线应变为

$$\varepsilon_x = \frac{P'A' - PA}{PA} \approx \frac{P'A'' - PA}{PA} = \frac{u + \frac{\partial u}{\partial x}\mathrm{d}x - u}{\mathrm{d}x} = \frac{\partial u}{\partial x}$$

y 方向的线应变为

$$\varepsilon_y = \frac{P'B' - PB}{PB} \approx \frac{P'B'' - PB}{PB} = \frac{v + \frac{\partial v}{\partial y}\mathrm{d}y - v}{\mathrm{d}y} = \frac{\partial v}{\partial y}$$

两条微线段所夹直角的减小量可视为由以下两个角构成

$$\alpha \approx \frac{A''A'}{P'A''} = \frac{\frac{\partial v}{\partial x}\mathrm{d}x}{(1+\varepsilon_x)\mathrm{d}x} \approx \frac{\partial v}{\partial x}$$

$$\beta \approx \frac{B''B'}{P'B''} = \frac{\frac{\partial u}{\partial y}\mathrm{d}y}{(1+\varepsilon_y)\mathrm{d}y} \approx \frac{\partial u}{\partial y}$$

则直角的减小量为 $\gamma_{xy} = \alpha + \beta = \frac{\partial u}{\partial y} + \frac{\partial v}{\partial x}$。将以上式子记为应变列阵

$$\boldsymbol{\varepsilon} = \begin{Bmatrix} \varepsilon_x \\ \varepsilon_y \\ \gamma_{xy} \end{Bmatrix} = \begin{Bmatrix} \dfrac{\partial u}{\partial x} \\ \dfrac{\partial v}{\partial y} \\ \dfrac{\partial u}{\partial y} + \dfrac{\partial v}{\partial x} \end{Bmatrix} \tag{1.17}$$

式(1.17)为平面问题的几何方程，又称柯西方程。简写为 ❶

$$\boldsymbol{\varepsilon} = \begin{bmatrix} \dfrac{\partial}{\partial x} & 0 \\ 0 & \dfrac{\partial}{\partial y} \\ \dfrac{\partial}{\partial y} & \dfrac{\partial}{\partial x} \end{bmatrix} \begin{Bmatrix} u \\ v \end{Bmatrix} = \boldsymbol{Lu} \tag{1.18}$$

上式定义了一个微分算子矩阵

---

❶ 标准的柯西方程是

$$\begin{Bmatrix} \varepsilon_x \\ \varepsilon_y \\ \varepsilon_{xy} \end{Bmatrix} = \begin{Bmatrix} \dfrac{\partial u}{\partial x} \\ \dfrac{\partial v}{\partial y} \\ \dfrac{1}{2}\left(\dfrac{\partial u}{\partial y} + \dfrac{\partial v}{\partial x}\right) \end{Bmatrix}$$

$$L = \begin{bmatrix} \dfrac{\partial}{\partial x} & 0 \\ 0 & \dfrac{\partial}{\partial y} \\ \dfrac{\partial}{\partial y} & \dfrac{\partial}{\partial x} \end{bmatrix}$$

(1.19)

利用这个矩阵，平衡微分方程(1.16) 可改写为

$$L^{\mathrm{T}}\sigma + f = 0$$

(1.20)

1.4.3 物理方程——应力与应变的关系

对于各向同性线弹性体的应力应变关系为广义胡克定律。平面应力及平面应变问题只是空间三维情况的特例，其应力应变关系可以从空间各向同性线弹性体的广义胡克定律推导出来。

广义胡克定律为

$$\begin{Bmatrix} \varepsilon_x \\ \varepsilon_y \\ \varepsilon_z \\ \gamma_{xy} \\ \gamma_{yz} \\ \gamma_{zx} \end{Bmatrix} = \frac{1}{E} \begin{bmatrix} 1 & -\mu & -\mu & 0 & 0 & 0 \\ -\mu & 1 & -\mu & 0 & 0 & 0 \\ -\mu & -\mu & 1 & 0 & 0 & 0 \\ 0 & 0 & 0 & 2(1+\mu) & 0 & 0 \\ 0 & 0 & 0 & 0 & 2(1+\mu) & 0 \\ 0 & 0 & 0 & 0 & 0 & 2(1+\mu) \end{bmatrix} \begin{Bmatrix} \sigma_x \\ \sigma_y \\ \sigma_z \\ \tau_{xy} \\ \tau_{yz} \\ \tau_{zx} \end{Bmatrix}$$

式中 E——杨氏模量；

μ——泊松比。

对于平面应力问题，由于三个应力分量 $\sigma_z = 0$，$\tau_{zx} = 0$，$\tau_{zy} = 0$，有

$$\begin{Bmatrix} \varepsilon_x \\ \varepsilon_y \\ \gamma_{xy} \end{Bmatrix} = \frac{1}{E} \begin{bmatrix} 1 & -\mu & 0 \\ -\mu & 1 & 0 \\ 0 & 0 & 2(1+\mu) \end{bmatrix} \begin{Bmatrix} \sigma_x \\ \sigma_y \\ \tau_{xy} \end{Bmatrix}$$

(1.21)

$$\varepsilon_z = -\frac{\mu}{E}(\sigma_x + \sigma_y)$$

(1.22)

若以应变表示应力则有

$$\begin{Bmatrix} \sigma_x \\ \sigma_y \\ \tau_{xy} \end{Bmatrix} = \frac{E}{1-\mu^2} \begin{bmatrix} 1 & \mu & 0 \\ \mu & 1 & 0 \\ 0 & 0 & \dfrac{1-\mu}{2} \end{bmatrix} \begin{Bmatrix} \varepsilon_x \\ \varepsilon_y \\ \tau_{xy} \end{Bmatrix}$$

(1.23)

对于平面应变问题，由于三个应变分量 $\varepsilon_z = 0$、$\gamma_{zx} = 0$、$\gamma_{zy} = 0$，代入广义胡克定律，可得到

11

$$\left\{ \begin{array}{c} \varepsilon_x \\ \varepsilon_y \\ \gamma_{xy} \end{array} \right\} = \frac{1-\mu^2}{E} \begin{bmatrix} 1 & -\dfrac{\mu}{1-\mu} & 0 \\ -\dfrac{\mu}{1-\mu} & 1 & 0 \\ 0 & 0 & \dfrac{2}{1-\mu} \end{bmatrix} \left\{ \begin{array}{c} \sigma_x \\ \sigma_y \\ \tau_{xy} \end{array} \right\} \tag{1.24}$$

$$\sigma_z = \mu(\sigma_x + \sigma_y) \tag{1.25}$$

若以应变表示应力有

$$\left\{ \begin{array}{c} \sigma_x \\ \sigma_y \\ \tau_{xy} \end{array} \right\} = \frac{E(1-\mu)}{(1+\mu)(1-2\mu)} \begin{bmatrix} 1 & \dfrac{\mu}{1-\mu} & 0 \\ \dfrac{\mu}{1-\mu} & 1 & 0 \\ 0 & 0 & \dfrac{1-2\mu}{2(1-\mu)} \end{bmatrix} \left\{ \begin{array}{c} \varepsilon_x \\ \varepsilon_y \\ \gamma_{xy} \end{array} \right\} \tag{1.26}$$

对比式（1.24）与式（1.21），可以看出，只要在式（1.21）中将 E 换成 $\dfrac{E}{1-\mu^2}$，μ 换成 $\dfrac{\mu}{1-\mu}$ 就变成了式（1.24）。因此，可以统一地将两种平面问题的应力应变关系写为如下简洁的矩阵形式

$$\boldsymbol{\sigma} = \boldsymbol{D}\boldsymbol{\varepsilon} \tag{1.27}$$

其中 $\boldsymbol{D}$ 称为弹性矩阵

$$\boldsymbol{D} = \frac{E_1}{1-\mu_1^2} \begin{bmatrix} 1 & \mu_1 & 0 \\ \mu_1 & 1 & 0 \\ 0 & 0 & \dfrac{1-\mu_1}{2} \end{bmatrix} \tag{1.28}$$

式中，E_1 与 μ_1 是两个"弹性常数表征值"。

对于平面应力问题

$$E_1 = E \quad \mu_1 = \mu \tag{1.29}$$

此外，当关心 z 向线应变时还有式（1.22）。

对于平面应变问题，式（1.28）中的"弹性常数"与真实弹性常数的关系是

$$E_1 = \frac{E}{1-\mu^2} \quad \mu_1 = \frac{\mu}{1-\mu} \tag{1.30}$$

对于横截面上 z 向的正应力分量还有式（1.25）。

1.4.4 边界条件

对弹性力学平面问题，边界上每一点都必须满足两个边界条件。最基本也是最常见的边界条件有两种，即给定位移的位移边界条件和给定面力的力边界条件。

图 1.7 为弹性力学平面问题的边界描述。

（1）位移边界条件

在给定位移的边界上，如图 1.7 中的 S^u 边界，物体的位移分量必须等于边界上的已知位移，即已知该点位移的两个分量

$$\boldsymbol{u}\big|_{S^u} = \left\{ \begin{matrix} \overline{u} \\ \overline{v} \end{matrix} \right\}_{S^u} \qquad (1.31)$$

式中　S^u——给定位移的边界；

　　　$\overline{u}, \overline{v}$——在 S^u 上该点已知的 x 方向及 y 方向的位移分量。

（2）力边界条件

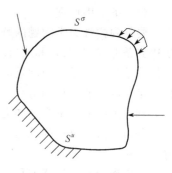

图 1.7　边界条件图示

在给定面力的边界上，如图 1.7 中的 S^σ 边界，应力分量与面力分量之间应满足平衡关系。物体在边界上所受的外力一般分为分布面力与作用于一点的集中力，集中力可看作是分布面力的极限，故这里只考虑分布力。所谓力边界点即已知在该点的分布面力的两个分量

$$\overline{\boldsymbol{f}}\big|_{S^\sigma} = \left\{ \begin{matrix} \overline{f}_x \\ \overline{f}_y \end{matrix} \right\}_{S^\sigma} \qquad (1.32)$$

S^σ 表示给定面力的边界，$\overline{f}_x, \overline{f}_y$ 分别表示在 S^σ 上已知的面力矢量在 x 和 y 方向的分量。

在沿边界与垂直于边界的两个方向上，若已知一个位移分量和一个应力分量称为混合边界条件。实际情况可能还要复杂，但每一边界点都必须给出两个边界值。

1.4.5　弹性力学平面问题的基本解法

综合起来，平面问题共有 8 个未知变量及域内 8 个独立的方程。基本方程的数目恰好等于未知函数的数目，从数学上讲，只要给出合适的定解条件，就可能从 8 个方程中求解出 8 个未知量。实际求解中，取少数未知函数作为基本未知量，在求出基本未知量后可以求出其它的未知量。根据所取基本未知量的不同，弹性力学平面问题的基本解法可以分为两类：以应力分量为基本未知量的称为应力法求解；以位移分量作为基本未知量的称为位移法求解。

如果以位移作为基本未知量（这是有限元分析的基本方法），则域内的控制方程可以减少为两个，即用位移表示的平衡微分方程。先将几何方程（1.18）代入式（1.27），再将结果代入平衡微分方程（1.20），得到用位移表示的控制方程

$$\boldsymbol{L}^{\mathrm{T}} \boldsymbol{D} \boldsymbol{L} \boldsymbol{u} + \boldsymbol{f} = 0 \qquad (1.33)$$

边界条件也均以位移的函数给出。

得到问题的解后，可通过几何方程（1.18）求得应变分量，然后用物理方程式（1.27）求得应力分量。

1.5　弹性力学的一般原理

除了域内的控制微分方程，边界上的边界条件之外，弹性力学还有以下重要的基本原理。

(1) 圣维南原理

要得到弹性力学问题的解，不仅要在弹性体内满足微分方程(1.33)，在边界上还必须满足边界条件式(1.31) 和式(1.32)。只有满足域内所有 8 个方程及每个边界点上的 2 个边界条件才是弹性力学平面问题的解。换言之，弹性力学平面问题的精确解要求每个变量必须严格满足域内控制方程和边界条件，如在力边界上要求知道每一点的面力分量，这在实际中很难做到。工程问题常常只知道作用在某处的合力的大小、方向和作用区域，而并不知道其精确的分布方式，这使弹性力学的工程应用受到一定限制。而圣维南原理可以在某种程度上较好地解决这一问题。

圣维南原理：对于作用在物体边界上一小块表面上的外力系可以用静力等效（主矢量、主矩相同）并且作用于同一小块表面上的外力系替换，这种替换造成的区别仅在离该小块表面的近处是显著的，而在较远处的影响可以忽略。

圣维南原理的要点有两处：一是两个力系必须是按照刚体力学原则的"等效"力系；二是替换所在的表面必须小，并且替换导致在小表面附近失去精确解。一般对连续体而言，替换所造成显著影响的区域深度与小表面的直径有关。

圣维南原理对弹性力学在工程中应用有着重要的意义。如图 1.8 所示的悬臂梁在自由端受集中力偶的作用，显然，在自由端的表面无法提出逐点的力边界条件。但利用圣维南原理，可以用如图 1.8 所示静力等效的分布面力表示力偶作用，这样得到的解答对梁的绝大部分区域的解是准确的，而只对自由端局部小范围可能不够精确。

圣维南原理对于有限元法的应用有着重要的技术意义。

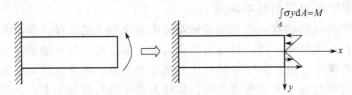

图 1.8 按圣维南原理等效处理的弯矩

(2) 叠加原理

对线弹性体在小变形下，多组外力同时作用所得解答等于每组外力分别作用所得解答之和。

叠加原理是线性问题的又一种表述。对受复杂外力作用的物体，利用叠加原理，可以将复杂受力分解为几组简单受力情况，分别求出各组的解后叠加得到复杂受力问题的解。

(3) 解的唯一性

在满足叠加原理的条件下，弹性力学问题的解是唯一的。

这一定理表明只要是正确的解答，其结果与方法及过程无关。

1.6 虚功原理

从构造数值解的角度看，一个解答要能逐点地满足平衡微分方程与全部的边界条件是比较困难的。为此，可以使用平衡微分方程的等价形式——虚功原理。

虚功原理又称虚位移原理。虚位移指的是假想的、几何可能的、任意的微小位移，在平面问题中记为

$$\boldsymbol{u}^* = (u^* \quad v^*)^{\mathrm{T}} \tag{1.34}$$

式中 u^*，v^*——沿 x，y 的虚位移分量。

由虚位移引起的应变称为虚应变，在平面问题中为

$$\boldsymbol{\varepsilon}^* = (\varepsilon_x^* \quad \varepsilon_y^* \quad \gamma_{xy}^*)^{\mathrm{T}} \tag{1.35}$$

在平面问题中，物体所受的体力为

$$\boldsymbol{f} = (f_x \quad f_y)^{\mathrm{T}} \tag{1.36}$$

物体所受的分布在物体表面的面力是

$$\overline{\boldsymbol{f}} = (\overline{f}_x \quad \overline{f}_y)^{\mathrm{T}} \tag{1.37}$$

集中力可以看作分布面力的极限。

虚功原理：对于处于平衡状态的变形体，外力在虚位移上所作的虚功等于变形体应力在相应虚应变上的总虚变形功。其数学表达式即虚功方程为

$$\int_V \boldsymbol{f}^{\mathrm{T}} \boldsymbol{u}^* \, \mathrm{d}V + \int_{S^\sigma} \overline{\boldsymbol{f}}^{\mathrm{T}} \boldsymbol{u}^* \, \mathrm{d}S = \int_V \boldsymbol{\sigma}^{\mathrm{T}} \boldsymbol{\varepsilon}^* \, \mathrm{d}V \tag{1.38}$$

对于平面问题，虚功方程的简化形式为

$$t \int_\Omega \boldsymbol{f}^{\mathrm{T}} \boldsymbol{u}^* \, \mathrm{d}\Omega + t \int_{S^\sigma} \overline{\boldsymbol{f}}^{\mathrm{T}} \boldsymbol{u}^* \, \mathrm{d}S = t \int_\Omega \boldsymbol{\sigma}^{\mathrm{T}} \boldsymbol{\varepsilon}^* \, \mathrm{d}\Omega \tag{1.39}$$

式中 t——物体的厚度；

Ω——平面域；

S^σ——Ω 的力边界。

可以证明，虚功原理等价于平衡微分方程和力边界条件。

应该注意，虚功方程(1.38) 和式(1.39) 中并未出现应力应变的线弹性关系，因此是一个普遍的方程，既可适用弹性力学问题，也可解决塑性力学问题。

1.7 势能原理

如果将弹性关系引入虚功原理，再利用变分学的知识便可得到势能原理。

一般说，处于稳定平衡状态的弹性体具有弹性应变能 U，设应变能密度为 W，即

$$U = \int_V W \, \mathrm{d}V \tag{1.40}$$

对于没有初应力、初应变的线弹性体，应变能密度为

$$W = \frac{1}{2} \boldsymbol{\sigma}^{\mathrm{T}} \boldsymbol{\varepsilon} \tag{1.41}$$

定义系统总势能

$$\prod = \int_V W dV - \int_V \pmb{f}^{\mathrm{T}} \pmb{u} dV - \int_{S^{\sigma}} \overline{\pmb{f}}^{\mathrm{T}} \pmb{u} dS \tag{1.42}$$

式中后两项又可称为外力势，可写作

$$-A = -\int_V \pmb{f}^{\mathrm{T}} \pmb{u} dV - \int_{S^{\sigma}} \overline{\pmb{f}}^{\mathrm{T}} \pmb{u} dS \tag{1.43}$$

A 的形式非常像"外力功"，但实际上不是。例如，对简单拉杆，当在拉力作用下杆伸长了 Δ，拉力的最终大小是 F，则 F 对杆所做的功为 $\frac{1}{2} F \Delta$，而不是 $F \Delta$。

总势能的一般形式可以简写为

$$\prod = U - A \tag{1.44}$$

势能原理：对处于稳定平衡的弹性体，在一切几何可能的位移中，问题的真解使总势能 $\prod$ 取最小值，反之亦然。

对于平面问题，式(1.42) 可简化为

$$\prod = \frac{1}{2} t \int_{\Omega} \pmb{\sigma}^{\mathrm{T}} \cdot \pmb{\varepsilon} d\Omega - t \int_{\Omega} \pmb{f}^{\mathrm{T}} \pmb{u} d\Omega - t \int_{S^{\sigma}} \overline{\pmb{f}}^{\mathrm{T}} \cdot \pmb{u} dS \tag{1.45}$$

习　题

1.1　已知一平面应变问题的位移分量为

$$u = a_1(x^2 + y^2), \quad v = a_2 xy (a_1, a_2 \text{ 为常量})$$

试求应变分量和应力分量（E、μ 为已知）。

1.2　图示悬臂梁为平面应力问题，试写出边界条件。

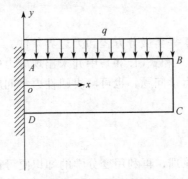

图 1.9　习题 1.2 图

1.3　证明虚功原理等价于平衡微分方程和力的边界条件。

16

2 平面问题的三角形单元（一）单元分析

平面问题三结点三角形单元是有限单元法中最早提出来的单元类型，本章通过对三角形单元的剖析介绍有限单元法最核心的基本概念以及弹性力学问题有限元分析的基本技术路线。

2.1 离散化

按位移求解弹性力学平面问题，就是以位移作为基本未知量，在平面域 Ω 上，求解位移函数 u、v。可以将定义在 Ω 上的 $u(x,y)$ 想像成一个待求的未知曲面，由于 Ω 含有的几何点有无穷多个，因此这个未知曲面 $u(x,y)$ 可以看作具有无穷多个自由度。有限元求解路线是将 Ω 划分为有限个小单元（有限元），每个单元用单元结点相连接，单元内的位移函数用结点值和插值函数近似表示，以结点位移作为基本未知量。这样，将无限个自由度的连续体变为通过有限个结点联结起来的"单元组合体"，使问题转变成有限个结点上有限个未知量问题。每个单元上所取的近似曲面模式（如平面、二次曲面）被用来逼近真解，从而实现了从整体上用"折面"逼近待求曲面。为实现这一过程，首先要将 Ω 域划分为有限个小单元，这个过程称为离散化。图 2.1、图 2.2 为离散化的例子。

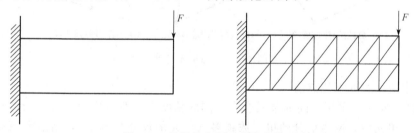

图 2.1 悬臂梁有限元离散化模型

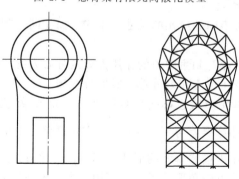

图 2.2 拉杆局部有限元离散化模型

17

离散化就是将域划分为有限个单元。建立坐标系，选择单元类型，划分网格，对单元和结点进行编号，给出每一结点的坐标、每一单元的结点号（称为单元结点信息）。离散化还包含将载荷及位移约束表示在结点上。

在划分单元之前，首先是合理地选择单元类型。单元类型主要取决于单元形状、单元结点个数、单元内插值函数（即形状函数）。随着技术的发展，根据单元的其它数学性质又细分为许多种类。但是，单元内的插值函数或形状函数即单元上的"曲面模式"是区分单元类型的核心。

作为二维的平面问题，主要的单元类型有三结点三角形单元、六结点三角形单元、四结点矩形单元、四结点四边形单元、八结点四边形单元、九结点四边形单元等，如图 2.3 所示，其中最简单的是三结点三角形单元。

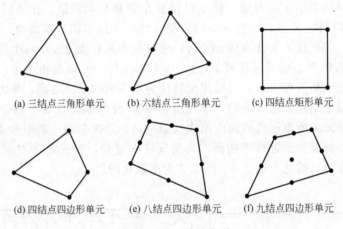

| (a) 三结点三角形单元 | (b) 六结点三角形单元 | (c) 四结点矩形单元 |

| (d) 四结点四边形单元 | (e) 八结点四边形单元 | (f) 九结点四边形单元 |

图 2.3　平面单元类型

离散化中应注意如下几点。

ⅰ. 对同一问题，采用不同的单元会有不同的精度，一般而言，比较复杂的单元精度比较高。在选定单元后，网格划分的单元数越多（单元的尺寸会越小），结点数就越多，计算的精度越高，但计算量也越大。

ⅱ. 在边界曲折、应力集中处单元的尺寸要小些。而在同一问题中最大与最小单元的尺寸倍数不宜过大。

ⅲ. 在划分单元时，要注意到集中力的作用点以及分布力突变的点最好选为结点。

ⅳ. 厚度变化、物性变化也应在划分单元时区分开来。

ⅴ. 从单个单元看，单元形状也影响计算精度。三角形单元以内角接近于 60° 为最好。有分析表明三角形单元的计算误差与 $\dfrac{1}{\sin\alpha}$ 相关，其中 α 是单元中最小的内角。通常除了内角也用单元内长边与短边之比来描述单元的形状好坏，这个比值接近于 1 是最好的。

本章讨论最简单的三结点三角形单元。下面用一个例子来说明有限单元法离散化过程。

例 2.1　一平面应力问题如图 2.4(a)。板厚为 t，其余尺寸如图所示。试建立一个最简

18

单的有限元离散模型。

ⅰ. 首先是建立坐标系，如图 2.4(b) 所示；

ⅱ. 划分单元，将其划分为两个三角形单元，共有四个结点；

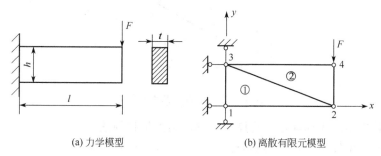

(a) 力学模型　　　　　　　　(b) 离散有限元模型

图 2.4　例 2.1 图

ⅲ. 将载荷及位移约束表示在相应结点上；

ⅳ. 对四个结点和单元编号；

ⅴ. 用数组给出结点坐标，以及描述单元的构成与单元内点的次序的单元结点信息数组。结点坐标列于表 2.1。

表 2.1　各结点坐标

点号	x 坐标	y 坐标	点号	x 坐标	y 坐标
1	0	0	3	0	h
2	l	0	4	l	h

单元结点信息数组列于表 2.2。

表 2.2　各单元结点信息

单元号	①			②		
内部次序	1	2	3	1	2	3
点号	3	1	2	2	4	3

表 2.2 中内部次序其实是可以不写出来，由点号在数组中的位置来表示，而且这种次序可以顺序轮换。在本题中，单元结点信息数组（矩阵）可记为

$$\begin{matrix} 3 & 1 & 2 \\ 2 & 4 & 3 \end{matrix}$$

用数组元素的行号隐含单元号，列号隐含为内部次序，数组元素的值是结点号。

2.2　三结点单元的位移模式

设有任意一个三角形单元（如图 2.5 所示），其有三个结点，在整个问题中三个结点的编号为 i、j、m。同时，在单元内部 i、j、m 又相当于单元内次序 1、2、3，按逆时针排列。显然，i、j、m 可以轮换，表示为 $\overset{m}{\underset{j}{\curvearrowleft}}$ 或表示为 $\overrightarrow{i, j, m}$。

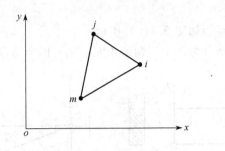

图 2.5　三结点三角形单元

单元的形状由结点坐标确定。物体的变形由结点位移描述。

在图 2.5 所示坐标系下，i 结点坐标为 (x_i, y_i)，i 结点位移为

$$\boldsymbol{\delta}_i = \begin{Bmatrix} u_i \\ v_i \end{Bmatrix} \qquad \overleftarrow{i, j, m} \tag{2.1}$$

由平面逼近曲面的想法，设单元内任一点的位移是 x、y 的线性函数，即

$$\left.\begin{aligned} u &= \alpha_1 + \alpha_2 x + \alpha_3 y \\ v &= \alpha_4 + \alpha_5 x + \alpha_6 y \end{aligned}\right\} \tag{2.2}$$

式(2.2) 共有 6 个待定常数。由于问题的最终变量是结点位移，可用结点位移替代这 6 个待定常数。式(2.2) 既然适于单元内各点，当然适于结点。将三个结点的坐标代入式 (2.2) 的第一式，可得三个结点沿 x 方向的位移，为

$$\left.\begin{aligned} u_i &= \alpha_1 + \alpha_2 x_i + \alpha_3 y_i \\ u_j &= \alpha_1 + \alpha_2 x_j + \alpha_3 y_j \\ u_m &= \alpha_1 + \alpha_2 x_m + \alpha_3 y_m \end{aligned}\right\} \tag{2.3}$$

写作矩阵形式

$$\begin{Bmatrix} u_i \\ u_j \\ u_m \end{Bmatrix} = \begin{pmatrix} 1 & x_i & y_i \\ 1 & x_j & y_j \\ 1 & x_m & y_m \end{pmatrix} \begin{Bmatrix} \alpha_1 \\ \alpha_2 \\ \alpha_3 \end{Bmatrix} = \boldsymbol{C} \begin{Bmatrix} \alpha_1 \\ \alpha_2 \\ \alpha_3 \end{Bmatrix} \tag{2.3a}$$

可以看出，在式(2.3a) 中只要将矩阵 $\boldsymbol{C}$ 求逆，即可将待定的中间参量 α_1、α_2、α_3 用结点位移 u_i 等表示出来。即

$$\begin{Bmatrix} \alpha_1 \\ \alpha_2 \\ \alpha_3 \end{Bmatrix} = \boldsymbol{C}^{-1} \begin{Bmatrix} u_i \\ u_j \\ u_m \end{Bmatrix} \tag{2.4}$$

由解析几何知

$$|\boldsymbol{C}| = \begin{vmatrix} 1 & x_i & y_i \\ 1 & x_j & y_j \\ 1 & x_m & y_m \end{vmatrix} = 2A \tag{2.5}$$

20

其中 A 是三角形单元 ijm 的面积。只要 i、j、m 三点彼此不重合则 $A \neq 0$；当 i、j、m 呈逆时针排列时 $|\boldsymbol{C}| > 0$，由线性代数

$$\boldsymbol{C}^{-1} = \frac{\boldsymbol{C}^*}{|\boldsymbol{C}|} = \frac{1}{2A} \begin{pmatrix} \begin{vmatrix} x_j & y_j \\ x_m & y_m \end{vmatrix} & \begin{vmatrix} x_m & y_m \\ x_i & y_i \end{vmatrix} & \begin{vmatrix} x_i & y_i \\ x_j & y_j \end{vmatrix} \\ \begin{vmatrix} 1 & y_m \\ 1 & y_j \end{vmatrix} & \begin{vmatrix} 1 & y_i \\ 1 & y_m \end{vmatrix} & \begin{vmatrix} 1 & y_j \\ 1 & y_i \end{vmatrix} \\ \begin{vmatrix} 1 & x_j \\ 1 & x_m \end{vmatrix} & \begin{vmatrix} 1 & x_m \\ 1 & x_i \end{vmatrix} & \begin{vmatrix} 1 & x_i \\ 1 & x_j \end{vmatrix} \end{pmatrix} \tag{2.6}$$

$\boldsymbol{C}^*$ 为矩阵 $\boldsymbol{C}$ 的伴随矩阵。

设

$$\boldsymbol{C}^{-1} = \frac{1}{2A} \begin{pmatrix} a_i & a_j & a_m \\ b_i & b_j & b_m \\ c_i & c_j & c_m \end{pmatrix} \tag{2.7}$$

式中

$$\left. \begin{aligned} a_i &= x_j y_m - x_m y_j = \begin{vmatrix} x_j & y_j \\ x_m & y_m \end{vmatrix} \\ b_i &= y_j - y_m = - \begin{vmatrix} 1 & y_j \\ 1 & y_m \end{vmatrix} \\ c_i &= x_m - x_j = \begin{vmatrix} 1 & x_j \\ 1 & x_m \end{vmatrix} \end{aligned} \right\} \quad \overleftarrow{i,j,m} \tag{2.8}$$

将式(2.7) 代入式(2.4)，得

$$\begin{Bmatrix} \alpha_1 \\ \alpha_2 \\ \alpha_3 \end{Bmatrix} = \frac{1}{2A} \begin{pmatrix} a_i & a_j & a_m \\ b_i & b_j & b_m \\ c_i & c_j & c_m \end{pmatrix} \begin{Bmatrix} u_i \\ u_j \\ u_m \end{Bmatrix} \tag{2.9}$$

再将式(2.9) 代入式(2.2) 之第一式，有

$$u = \begin{pmatrix} 1 & x & y \end{pmatrix} \begin{Bmatrix} \alpha_1 \\ \alpha_2 \\ \alpha_3 \end{Bmatrix} = \frac{1}{2A} \begin{pmatrix} 1 & x & y \end{pmatrix} \begin{pmatrix} a_i & a_j & a_m \\ b_i & b_j & b_m \\ c_i & c_j & c_m \end{pmatrix} \begin{Bmatrix} u_i \\ u_j \\ u_m \end{Bmatrix} \equiv \begin{pmatrix} N_i & N_j & N_m \end{pmatrix} \begin{Bmatrix} u_i \\ u_j \\ u_m \end{Bmatrix} \tag{2.10}$$

或

$$u = N_i u_i + N_j u_j + N_m u_m \tag{2.10a}$$

式中，N_i、N_j、N_m 为 x、y 的函数

$$N_i(x, y) = \frac{a_i + b_i x + c_i y}{2A} \quad \overleftarrow{i,j,m} \tag{2.11}$$

N_i 为 i 点的形状函数，简称形函数，N_j 为 j 点的形函数，N_m 为 m 点的形函数。它们只定义在该三角形（单元）上，如果画出它们的三维函数图形，可以看到每一个形函数的图

形都是一个小平面。有限元法实际上就是要用这些小平面构成的折面去逼近"解曲面"。

同样，从三个结点的 y 方向位移 v_i、v_j、v_m 也能得出单元内任一点的 y 方向位移

$$v = N_i v_i + N_j v_j + N_m v_m \tag{2.12}$$

v 的三个形函数 N_i、N_j、N_m 与 u 的三个形函数完全相同。

于是，单元内任一点的位移矢量可记为

$$\boldsymbol{u}^e = \begin{Bmatrix} u \\ v \end{Bmatrix} = \begin{bmatrix} N_i & 0 & N_j & 0 & N_m & 0 \\ 0 & N_i & 0 & N_j & 0 & N_m \end{bmatrix} \begin{Bmatrix} u_i \\ v_i \\ u_j \\ v_j \\ u_m \\ v_m \end{Bmatrix} \tag{2.13}$$

$\boldsymbol{u}^e$ 为单元内位移矢量。

式 (2.13) 给出了单元内任意一点的位移与结点位移的关系。为了描述简单，引入单元结点位移列阵

$$\boldsymbol{\delta}^e = \begin{Bmatrix} \boldsymbol{\delta}_i \\ \boldsymbol{\delta}_j \\ \boldsymbol{\delta}_m \end{Bmatrix} = \begin{Bmatrix} u_i \\ v_i \\ u_j \\ v_j \\ u_m \\ v_m \end{Bmatrix} \tag{2.14}$$

及单元形函数矩阵

$$\boldsymbol{N}^e = \begin{bmatrix} N_i & 0 & N_j & 0 & N_m & 0 \\ 0 & N_i & 0 & N_j & 0 & N_m \end{bmatrix} = \begin{bmatrix} \boldsymbol{N}_i^e & \boldsymbol{N}_j^e & \boldsymbol{N}_m^e \end{bmatrix} \tag{2.15}$$

其中子块

$$\boldsymbol{N}_i^e = N_i \boldsymbol{I} = N_i \begin{bmatrix} 1 & 0 \\ 0 & 1 \end{bmatrix} \qquad \overrightarrow{i, j, m} \tag{2.16}$$

则式 (2.13) 可写为

$$\boldsymbol{u}^e = \boldsymbol{N}^e \boldsymbol{\delta}^e = \begin{pmatrix} \boldsymbol{N}_i^e & \boldsymbol{N}_j^e & \boldsymbol{N}_m^e \end{pmatrix} \begin{Bmatrix} \boldsymbol{\delta}_i \\ \boldsymbol{\delta}_j \\ \boldsymbol{\delta}_m \end{Bmatrix} \tag{2.17}$$

显然，形函数 $\boldsymbol{N}_i^e(x, y)$ 决定了单元内的"位移模式"，反映了 i 结点位移对单元内任意点位移的贡献率。

形函数具有以下性质。

ⅰ. 形函数 N_i 在 i 结点值为 1，在其余结点为零；即

$$N_i(x_k, y_k) = \begin{cases} 1 & k = i \\ 0 & k \neq i \end{cases} \qquad \overrightarrow{i, j, m} \tag{2.18}$$

22

其中，$k=i$，j，m。根据行列式的性质，由式(2.5)，行列式$|C|=2A$的第一行各元素与相应的代数余子式乘积之和等于该行列式的值

$$|C|=\begin{vmatrix} x_j & y_j \\ x_m & y_m \end{vmatrix} - x_i \times \begin{vmatrix} 1 & y_j \\ 1 & y_m \end{vmatrix} + y_i \times \begin{vmatrix} 1 & x_j \\ 1 & x_m \end{vmatrix} = a_i + b_i x_i + c_i y_i = 2A$$

因此有

$$N_i(x_i, y_i) = \frac{a_i + b_i x_i + c_i y_i}{2A} = 1$$

而行列式$|C|$的第二行和第三行的各元素分别与第一行元素的代数余子式乘积之和为零，

$$N_i(x_j, y_j) = \frac{a_i + b_i x_j + c_i y_j}{2A} = 0, \quad N_i(x_m, y_m) = \frac{a_i + b_i x_m + c_i y_m}{2A} = 0$$

ⅱ．在单元内任一点三个形函数之和等于1。即

$$N_i + N_j + N_m = 1 \tag{2.19}$$

由上式可见，三个形函数中只有两个是独立的。

根据式(2.11)，有

$$N_i(x,y) + N_j(x,y) + N_m(x,y) = \frac{1}{2A}(a_i + b_i x + c_i y + a_j + b_j x + c_j y + a_m + b_m x + c_m y)$$

$$= \frac{1}{2A}[(a_i + a_j + a_m) + (b_i + b_j + b_m)x + (c_i + c_j + c_m)y]$$

上式三个圆括号的各常数分别是行列式$|C|$中第一列、第二列和第三列各元素的代数余子式。由式(2.5)的行列式$|C|=2A$，很容易得出式(2.19)的结论。

当单元各结点的位移均相同并等于u_0，v_0，则根据式(2.10)、式(2.12)，单元内任一点的位移为

$$u(x,y) = N_i u_i + N_j u_j + N_m u_m = u_0(N_i + N_j + N_m) = u_0$$
$$u(x,y) = N_i v_i + N_j v_j + N_m v_m = v_0(N_i + N_j + N_m) = v_0$$

显然，式(2.19)反映了单元的刚体平移。也就是说，当单元做刚体运动时，单元内任意点的位移均等于刚体位移。

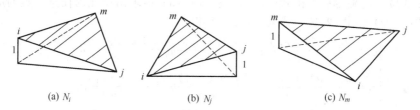

(a) N_i (b) N_j (c) N_m

图 2.6 三结点三角形单元形函数的"形状"

令$z=N_i$，则在直角坐标系中很容易画出$N_i(x,y)$，$N_j(x,y)$，$N_m(x,y)$的函数图形如图2.6。由形函数的上两条性质及与坐标的线性关系，结点位移影响单元的位移场，而单元位移场是线性分布的，并由此可得出

在三角形 ijm 的形心有 $N_i = \dfrac{1}{3}$　　$\overleftarrow{i,j,m}$

在 ij 及 im 两边的中点有 $N_i = \dfrac{1}{2}$　　$\overleftarrow{i,j,m}$

在三角形单元 ijm 面积上积分有 $\displaystyle\int_{\Omega_e} N_i \mathrm{d}x\mathrm{d}y = \dfrac{A}{3}$　　$\overleftarrow{i,j,m}$ 　　　　(2.20)

在三角形单元 ijm 的 ij 边上积分有

$$\int_{ij} N_i \mathrm{d}S = \frac{l_{ij}}{2}　　\overleftarrow{i,j,m}　　　　(2.21)$$

式中　l_{ij}——单元的 ij 边长度。

　　ⅲ. 三角形单元 ijm 在 ij 边上的形函数与第三个结点的坐标无关。

　　这从图 2.6 可以很直观地看出。利用形函数这一性质可以证明，相邻单元在公共边上的位移是连续的。这一证明留给读者。如图 2.7 所示，两个相邻单元在公共边 ij 上的位移是连续的，因此，单元相邻边的位移只取决于单元相邻公共边上的结点而与其它结点无关，无论以哪个单元计算相邻边的位移，所得结果一定相同。

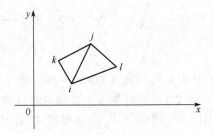

图 2.7　两个相邻单元

2.3　用结点位移表示单元应变——几何矩阵 $\boldsymbol{B}^e$

　　当单元的位移场确定后，由式(1.17) 或式(1.18) 能求出单元内任意一点的应变。将式(2.10)、式(2.12) 及式(2.17) 代入式(1.17) 得

$$
\begin{cases}
\varepsilon_x = \dfrac{\partial u}{\partial x} = \dfrac{\partial N_i(x,y)}{\partial x}u_i + \dfrac{\partial N_j(x,y)}{\partial x}u_j + \dfrac{\partial N_m(x,y)}{\partial x}u_m \\[2mm]
\varepsilon_y = \dfrac{\partial v}{\partial y} = \dfrac{\partial N_i(x,y)}{\partial y}v_i + \dfrac{\partial N_j(x,y)}{\partial y}v_j + \dfrac{\partial N_m(x,y)}{\partial y}v_m \\[2mm]
\gamma_{xy} = \dfrac{\partial u}{\partial y} + \dfrac{\partial v}{\partial x} = \dfrac{\partial N_i(x,y)}{\partial y}u_i + \dfrac{\partial N_j(x,y)}{\partial y}u_j + \dfrac{\partial N_m(x,y)}{\partial y}u_m \\[2mm]
\qquad\qquad + \dfrac{\partial N_i(x,y)}{\partial x}v_i + \dfrac{\partial N_j(x,y)}{\partial x}v_j + \dfrac{\partial N_m(x,y)}{\partial x}v_m
\end{cases}
$$

简写为　　　　　　　　　　　　　　$\boldsymbol{\varepsilon}^e = \boldsymbol{L}u^e = \boldsymbol{L}N^e\boldsymbol{\delta}^e$

式中 $\boldsymbol{\varepsilon}^e$——单元应变列阵。

由于 $\dfrac{\partial N_i}{\partial x}=\dfrac{b_i}{2A}$，$\dfrac{\partial N_i}{\partial y}=\dfrac{c_i}{2A}$ $\overrightarrow{i、j、m}$，容易得到

$$\boldsymbol{\varepsilon}^e=\frac{1}{2A}\begin{bmatrix} b_i & 0 & b_j & 0 & b_m & 0 \\ 0 & c_i & 0 & c_j & 0 & c_m \\ c_i & b_i & c_j & b_j & c_m & b_m \end{bmatrix}\begin{Bmatrix} u_i \\ v_i \\ \text{----} \\ u_j \\ v_j \\ \text{----} \\ u_m \\ v_m \end{Bmatrix}=\begin{bmatrix} \boldsymbol{B}_i^e & \boldsymbol{B}_j^e & \boldsymbol{B}_m^e \end{bmatrix}\begin{Bmatrix} \boldsymbol{\delta}_i \\ \boldsymbol{\delta}_j \\ \boldsymbol{\delta}_m \end{Bmatrix}=\boldsymbol{B}^e\boldsymbol{\delta}^e \qquad (2.22)$$

$\boldsymbol{B}^e$ 为单元的应变转换矩阵，或称单元几何矩阵，$\boldsymbol{B}^e=\begin{bmatrix} \boldsymbol{B}_i^e & \boldsymbol{B}_j^e & \boldsymbol{B}_m^e \end{bmatrix}$，为 3×6 矩阵。其子矩阵为 $\boldsymbol{B}_i^e$、$\boldsymbol{B}_j^e$、$\boldsymbol{B}_m^e$

$$\boldsymbol{B}_i^e=\frac{1}{2A}\begin{bmatrix} b_i & 0 \\ 0 & c_i \\ c_i & b_i \end{bmatrix} \qquad \overrightarrow{i、j、m} \qquad (2.23)$$

分析 $\boldsymbol{B}_i^e$ 在式(2.22)中对应变起的作用，可以看出 $\boldsymbol{B}_i^e$ 表示 i 点位移对单元应变的贡献率。一旦单元确定，$\boldsymbol{B}_i^e$ 也就确定了，此时单元内的应变仅依赖于结点位移。

对三结点三角形单元，由式(2.23)可见，$\boldsymbol{B}^e$ 中的所有元素都是与坐标 x、y 无关的常数，说明该单元内的应变是常数，即单元内各点应变相同。因此称这种三结点单元为常应变单元。

2.4 用结点位移表示单元应力——矩阵 $\boldsymbol{S}^e$

求出了用结点位移表示应变的公式，下面给出用结点位移表示应力的公式。

将式(2.22)代入式(1.27)，容易得出用结点位移表示的单元内各点应力

$$\boldsymbol{\sigma}^e=\boldsymbol{D}\boldsymbol{\varepsilon}^e=\boldsymbol{D}\boldsymbol{B}^e\boldsymbol{\delta}^e=\boldsymbol{S}^e\boldsymbol{\delta}^e \qquad (2.24)$$

式中，$\boldsymbol{\sigma}^e$ 是单元应力列阵，$\boldsymbol{S}^e=\boldsymbol{D}\boldsymbol{B}^e$ 称为单元应力转换矩阵，同单元应变转换矩阵一样，也是 3×6 的矩阵，$\boldsymbol{S}^e\boldsymbol{\delta}^e$ 同样有与结点号对应的子矩阵

$$\boldsymbol{S}^e\boldsymbol{\delta}^e=(\boldsymbol{S}_i^e \quad \boldsymbol{S}_j^e \quad \boldsymbol{S}_m^e)\begin{Bmatrix} \boldsymbol{\delta}_i \\ \boldsymbol{\delta}_j \\ \boldsymbol{\delta}_m \end{Bmatrix}$$

结合弹性矩阵式(1.28)和几何矩阵式(2.23)，子矩阵为

$$\boldsymbol{S}_i^e=\boldsymbol{D}\boldsymbol{B}_i^e=\frac{E_1}{2A(1-\mu_1^2)}\begin{pmatrix} b_i & c_i\mu_1 \\ b_i\mu_1 & c_i \\ \dfrac{1-\mu_1}{2}\cdot c_i & \dfrac{1-\mu_1}{2}\cdot b_i \end{pmatrix} \qquad \overrightarrow{i、j、m} \qquad (2.25)$$

同样，分析 S_i^e 在式(2.24) 中对应力起的作用，可以看出 S_i^e 表示 i 点位移对单元应力的贡献率。从式(2.25) 可知，一旦单元确定，S_i^e 也就确定了，此时单元内的应力仅依赖于结点位移。

对这种单元，由于 S^e 中每一个元素都是常数，所以 σ^e 的三个分量也是常数，与单元内点的位置 x、y 无关，这种单元称为常应力单元。

例 2.2 写出例 2.1 中有限元模型中单元①的 $N^①$、$B^①$ 和 $S^①$。

对于单元①，有 $2A=lh$，由式(2.8)，有

$$a_1=lh \qquad\qquad b_1=-h \qquad\qquad c_1=-l$$
$$a_2=0 \qquad\qquad b_2=h \qquad\qquad c_2=0$$
$$a_3=0 \qquad\qquad b_3=0 \qquad\qquad c_3=1$$

根据式(2.11) 可得单元①的三个形函数

$$N_1=1-\frac{x}{l}-\frac{y}{h}; \qquad N_2=\frac{x}{l}; \qquad N_3=\frac{y}{h}$$

对应的形函数矩阵为

$$N^①=\begin{bmatrix} 1-\dfrac{x}{l}-\dfrac{y}{h} & 0 & \dfrac{x}{l} & 0 & \dfrac{y}{h} & 0 \\ 0 & 1-\dfrac{x}{l}-\dfrac{y}{h} & 0 & \dfrac{x}{l} & 0 & \dfrac{y}{h} \end{bmatrix}$$

由式(2.22) 和式(2.23) 得几何矩阵

$$B^①=\frac{1}{lh}\begin{bmatrix} 0 & 0 & -h & 0 & h & 0 \\ 0 & l & 0 & -l & 0 & 0 \\ l & 0 & -l & -h & 0 & h \end{bmatrix}=\begin{bmatrix} 0 & 0 & -\dfrac{1}{l} & 0 & \dfrac{1}{l} & 0 \\ 0 & \dfrac{1}{h} & 0 & -\dfrac{1}{h} & 0 & 0 \\ \dfrac{1}{h} & 0 & -\dfrac{1}{h} & -\dfrac{1}{l} & 0 & \dfrac{1}{l} \end{bmatrix}$$

根据式(2.25)，写出应力转换矩阵

$$S^①=\frac{E}{1-\mu^2}\begin{bmatrix} 0 & \dfrac{\mu}{h} & -\dfrac{1}{l} & -\dfrac{\mu}{h} & \dfrac{1}{l} & 0 \\ 0 & \dfrac{1}{h} & -\dfrac{\mu}{l} & -\dfrac{1}{h} & \dfrac{\mu}{l} & 0 \\ \dfrac{1-\mu}{2}\dfrac{1}{h} & 0 & -\dfrac{1-\mu}{2}\dfrac{1}{h} & -\dfrac{1-\mu}{2}\dfrac{1}{l} & 0 & \dfrac{1-\mu}{2}\dfrac{1}{l} \end{bmatrix}$$

特别当 $h=l$，$\mu=0$ 时，$B^①$ 和 $S^①$ 可以简化为

$$B^①=\frac{1}{l}\begin{bmatrix} 0 & 0 & -1 & 0 & 1 & 0 \\ 0 & 1 & 0 & -1 & 0 & 0 \\ 1 & 0 & -1 & -1 & 0 & 1 \end{bmatrix}$$

26

$$S^{①} = \frac{E}{l} \begin{bmatrix} 0 & 0 & -1 & 0 & 1 & 0 \\ 0 & 1 & 0 & -1 & 0 & 0 \\ \frac{1}{2} & 0 & -\frac{1}{2} & -\frac{1}{2} & 0 & \frac{1}{2} \end{bmatrix}$$

2.5 单元刚度矩阵 K^e

单元在结点处受力，单元会发生变形，也就是说单元在结点处受到的力与单元结点位移有必然的关系。单元间正是通过与结点间的相互作用力连接起来成为整体。而一个单元是一个"弹性元件"，如果将每一个单元的受力-位移关系找出来，整体的受力-位移关系也就容易清楚了。为了求出整体的受力-位移关系，指出单元在结点处受力与单元结点位移的关系就成了单元分析的目标。由于在单元内可以假设简单的位移模式，并因此有了单元应力、应变的表达式，下面利用虚功原理导出单元结点力和结点位移的关系。

单元在结点处受到的力，称为单元结点力，是单元和结点相连接的内力。单元的三个结点共有 6 个结点力分量，记为

$$F^e = (F_{ix} \quad F_{iy} \quad F_{jx} \quad F_{jy} \quad F_{mx} \quad F_{my})^T \tag{2.26}$$

F_{ix} 表示 i 结点沿 x 方向结点力分量，F_{iy} 表示沿 y 方向结点力分量。设单元结点有虚位移

$$\boldsymbol{\delta}^{*e} = (u_i^* \quad v_i^* \quad u_j^* \quad v_j^* \quad u_m^* \quad v_m^*)^T \tag{2.27}$$

相应的单元内的虚位移场为

$$u^{*e} = \begin{Bmatrix} u^* \\ v^* \end{Bmatrix}^e = N^e \boldsymbol{\delta}^{*e}$$

则单元内的虚应变

$$\boldsymbol{\varepsilon}^{*e} = Lu^* = B^e \boldsymbol{\delta}^{*e}$$

设单元仅在结点上受力，则单元结点力在结点虚位移上的虚功为

$$(\boldsymbol{\delta}^{*e})^T F^e = F_{ix}u_i^* + F_{iy}v_i^* + F_{jx}u_j^* + F_{jy}v_j^* + F_{mx}u_m^* + F_{my}v_m^* \tag{a}$$

单元吸收的总虚变形功为

$$t \int_{\Omega_e} \boldsymbol{\varepsilon}^{*eT} \boldsymbol{\sigma}^e \, d\Omega = t(\boldsymbol{\delta}^{*e})^T \int_{\Omega_e} B^{eT} DB^e \, d\Omega \boldsymbol{\delta}^e \tag{b}$$

根据虚功原理，由于式（a）与式（b）相等，再由虚位移的任意性，得出

$$F^e = t \int_{\Omega_e} B^{eT} DB^e \, d\Omega \, \boldsymbol{\delta}^e \tag{2.28}$$

特别，其中 i 点的单元结点力

$$F_i^e = t \int_{\Omega_e} B_i^{eT} DB^e \, d\Omega \, \boldsymbol{\delta}^e \tag{2.28a}$$

由于 B，D 中元素都是常数，式中积分为

$$\int_{\Omega_e} \boldsymbol{B}^{e\mathrm{T}} \boldsymbol{DB}^e \mathrm{d}\Omega = \boldsymbol{B}^{e\mathrm{T}} \boldsymbol{DB}^e A$$

其中 A 是单元面积。式（2.28）常常简化为

$$\boldsymbol{F}^e = tA\boldsymbol{B}^{e\mathrm{T}} \boldsymbol{DB}^e \boldsymbol{\delta}^e = \boldsymbol{K}^e \boldsymbol{\delta}^e \tag{2.29}$$

式（2.29）是单元结点力与单元结点位移的关系公式，即单元结点平衡方程。其中矩阵 $\boldsymbol{K}^e$ 是由单元结点位移求单元结点力的转换矩阵，称为单元刚度矩阵，简称单刚。

$$\boldsymbol{K}^e = t\int_{\Omega_e} \boldsymbol{B}^{e\mathrm{T}} \boldsymbol{DB}^e \mathrm{d}\Omega = tA\boldsymbol{B}^{e\mathrm{T}} \boldsymbol{DB}^e \tag{2.30}$$

由于在 $\boldsymbol{F}^e$、$\boldsymbol{\delta}^e$、$\boldsymbol{B}^e$ 中都有相应于某个结点的子块，$\boldsymbol{K}^e$ 也有相应于结点号的子块，可表示为

$$\boldsymbol{K}^e = tA \begin{Bmatrix} \boldsymbol{B}_i^{e\mathrm{T}} \\ \boldsymbol{B}_j^{e\mathrm{T}} \\ \boldsymbol{B}_m^{e\mathrm{T}} \end{Bmatrix} \boldsymbol{D} \begin{bmatrix} \boldsymbol{B}_i^e & \boldsymbol{B}_j^e & \boldsymbol{B}_m^e \end{bmatrix} = \begin{bmatrix} \boldsymbol{K}_{ii}^e & \boldsymbol{K}_{ij}^e & \boldsymbol{K}_{im}^e \\ \boldsymbol{K}_{ji}^e & \boldsymbol{K}_{jj}^e & \boldsymbol{K}_{jm}^e \\ \boldsymbol{K}_{mi}^e & \boldsymbol{K}_{mj}^e & \boldsymbol{K}_{mn}^e \end{bmatrix}$$

将几何矩阵式（2.23）和弹性矩阵表达式（1.28）代入，可得每个子块的矩阵表达式

$$\boldsymbol{K}_{rs}^e = tA\boldsymbol{B}_r^{e\mathrm{T}} \boldsymbol{DB}_s^e = \frac{tE_1}{4A(1-\mu_1^2)} \begin{bmatrix} b_r b_s + \dfrac{1-\mu_1}{2} c_r c_s & b_r c_s \mu_1 + \dfrac{1-\mu_1}{2} c_r b_s \\ c_r b_s \mu_1 + \dfrac{1-\mu_1}{2} b_r c_s & c_r c_s + \dfrac{1-\mu_1}{2} b_r b_s \end{bmatrix} \quad (r,s=i,j,m) \tag{2.31}$$

单刚 $\boldsymbol{K}^e$ 的计算可以从式（2.31）将其 9 个子块分别算出。也可以直接从式（2.30）算出其 36 个元素。

2.6　单元刚度矩阵 $\boldsymbol{K}^e$ 的性质

单元刚度矩阵 $\boldsymbol{K}^e$ 有以下重要性质：

ⅰ. $\boldsymbol{K}^e$ 中的每个元素都是一个刚度系数，表示单位结点位移分量所引起的结点力分量。如元素 K_{14} 表示在单元第二个结点即 j 点有单位 y 向位移，而其它结点位移分量均为零时，在第一个结点即 i 点引起的水平结点力 F_{ix}。又如元素 K_{51} 表示在单元 i 结点有单位水平位移，而其它结点位移分量均为零时，在 m 结点引起的水平结点力 F_{mx}。$\boldsymbol{K}^e$ 中的每个子块表示单元某个结点位移矢量对单元某个结点力矢量的贡献率。

ⅱ. $\boldsymbol{K}^e$ 是对称矩阵。

这可以由式（2.30）得出。

如 $K_{25}=K_{52}$，表示 m 结点的单位水平位移引起的 i 结点的垂直结点力等于 i 结点的单位垂直位移引起的 m 结点的水平结点力。

$\boldsymbol{K}^e$ 的对称性质也可以由功互等定理得出。

根据对称性质，在单刚计算中可以减少存储量和计算量。

ⅲ. $\boldsymbol{K}^e$ 是奇异矩阵，即 $|\boldsymbol{K}^e|=0$。

根据这一条性质，当已知单元结点位移可以从式(2.29)求出单元结点力。反之，由于单元刚度矩阵为奇异矩阵，不存在逆矩阵，因此，当已知单元结点力时不能求出单元上的结点位移。从物体变形的实际情况来说，$\boldsymbol{K}^e$ 的奇异性是必须的。因为在物体变形时受力相同的部分可以有不同的运动，最简单的情况是同样不受力的部分可以有不同的运动，或者说，单元除了产生变形外，还会产生任意的刚体位移。而仅仅依靠结点力是无法唯一地确定刚体位移的。事实上，当单元的结点力为零时，单元仍可做刚体运动。

这种单元的单元刚度矩阵 $\boldsymbol{K}^e$ 的秩是 3。可以证明 $\boldsymbol{K}^e$ 中每行（列）元素之和等于零。利用这一点可以帮助检查单元刚度计算中的错误。

ⅳ. 当两个单元大小、形状、对应点次序相同且在整体坐标系中方位相同，则它们的单元刚度矩阵也是相同的。

这条性质是 $\boldsymbol{K}^e$ 刚度性质的再次体现，即单元刚度矩阵只取决于单元的形状、大小、方向和弹性系数，而与单元的位置无关，不随单元坐标的平移而改变。因此，只要单元的形状、大小、方向和弹性系数相同，不论单元出现在整体坐标的任何位置均有相同的单元刚度矩阵。利用这一性质，有时可以用来减少计算工作量。

读者可以证明当单元旋转 180°，只要点的次序不变，则单元刚度矩阵不变。

例 2.3 边长 $2\sqrt{2}$ m 的薄方板如图 2.8 所示，板厚 $t=10$ mm，杨氏模量 $E=2.0\times10^5$ MPa，泊松比 $\mu=0$，周边受均布压力 $q=1$ kPa。试建立有限元离散模型并写出一个单元的单元刚度矩阵。

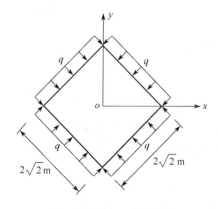

图 2.8　例 2.3 力学模型

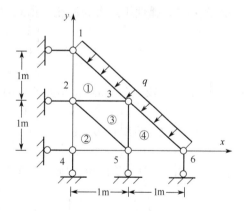

图 2.9　有限元模型

该问题为平面应力问题，由对称性，取方板的 1/4 建立有限元模型，坐标系如图 2.9 所示。在 $x=0$ 的对称面上，对称边界条件是 $u_1=0$、$u_2=0$、$u_4=0$ 及 1、2 点 y 方向内力为零；在 $y=0$ 的面上有 $v_4=0$、$v_5=0$、$v_6=0$ 及 5、6 点的 x 方向内力为零。划分单元及结点如图 2.9 所示。反映单元划分的结点坐标如表 2.3 所示。

表 2.3　单元结点坐标

结点号	x 坐标/mm	y 坐标/mm	结点号	x 坐标/mm	y 坐标/mm
1	0	2000	4	0	0
2	0	1000	5	1000	0
3	1000	1000	6	2000	0

反映单元划分的另一组数是单元结点信息

1　2　3

2　4　5

5　3　2

3　5　6

如例 2.1，该数值以行号隐示单元号，以列号隐示点在单元内次序。单元内点的次序是逆时针的，这样才保证式 (2.5) 的正确性。

如单元①，面积 $A^{①}=0.5\times10^6$，由式 (2.8) 可算出（单位 mm）

$$b_1=0 \qquad c_1=1\times10^3$$
$$b_2=-1\times10^3 \qquad c_2=-1\times10^3$$
$$b_3=1\times10^3 \qquad c_3=0$$

由式 (2.23)，单元的几何矩阵为

$$\boldsymbol{B}^{①}=\begin{bmatrix} 0 & 0 & -1 & 0 & 1 & 0 \\ 0 & 1 & 0 & -1 & 0 & 0 \\ 1 & 0 & -1 & -1 & 0 & 1 \end{bmatrix}\times10^{-3}\,1/\mathrm{mm}$$

由于 $\mu=0$，弹性矩阵大为简化，由式 (1.28)

$$\boldsymbol{D}=E\begin{bmatrix} 1 & 0 & 0 \\ 0 & 1 & 0 \\ 0 & 0 & 0.5 \end{bmatrix}\,\mathrm{N/mm^2}$$

由式 (2.24) 或式 (2.25) 得单元的应力矩阵

$$\boldsymbol{S}^{①}=E\begin{bmatrix} 0 & 0 & -1 & 0 & 1 & 0 \\ 0 & 1 & 0 & -1 & 0 & 0 \\ 0.5 & 0 & -0.5 & -0.5 & 0 & 0.5 \end{bmatrix}\times10^{-3}\,\mathrm{N/mm^3}$$

由式 (2.30)，单元①的单元刚度矩阵为

$$\boldsymbol{K}^{①}=tA\boldsymbol{B}^{①\mathrm{T}}\boldsymbol{S}^{①}=1\times10^6\begin{bmatrix} 0.5 & 0 & -0.5 & -0.5 & 0 & 0.5 \\ 0 & 1 & 0 & -1 & 0 & 0 \\ -0.5 & 0 & 1.5 & 0.5 & -1 & -0.5 \\ -0.5 & -1 & 0.5 & 1.5 & 0 & -0.5 \\ 0 & 0 & -1 & 0 & 1 & 0 \\ 0.5 & 0 & -0.5 & -0.5 & 0 & 0.5 \end{bmatrix}\,\mathrm{N/mm}$$

用同样的方法，可以容易地写出另外三个单元的单元刚度矩阵。根据单刚的性质，显然有 $\boldsymbol{K}^{①}=\boldsymbol{K}^{②}=\boldsymbol{K}^{④}$。

计算单元刚度矩阵的流程可以如图 2.10 所示。

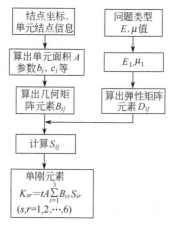

图 2.10　单刚计算流程

2.7　外力等效移置到结点

如前所述，在有限元法中，单元内任一点（也就是物体内任一点）的位移、应变、应力等变量最终都用单元结点位移来表示。同样，作用在物体上的各种外力也必须用作用在结点上的力表示。

作用在物体上的集中外力可以直接作用在结点上，理论上也可以不作用在结点上，用等效的结点力替代；而分布外力必须用等效作用在结点上的力代替。这一替代过程被称为外力的等效移置，所得到的结点力称为分布外力的等效结点力。

外力向结点移置的等效原则是"虚功相等"。若单元上作用有不在结点上的集中力及分布力，则集中力和分布力在其作用点的虚位移上的虚功应等于其等效结点力在结点虚位移上的虚功。

由此可得出，分布力向结点的分配与位移模式相关。

（1）体力 $\boldsymbol{f}$

设单元 e 受体力

$$\boldsymbol{f}=(f_x \quad f_y)^{\mathrm{T}}$$

式中　f_x，f_y——体力分量。

将体力的等效结点力记为

$$\boldsymbol{F}_b^e=(F_{bix} \quad F_{biy} \quad F_{bjx} \quad F_{bjy} \quad F_{bmx} \quad F_{bmy})^{\mathrm{T}} \tag{2.32}$$

等效结点力在结点虚位移上的虚功应当等于体力在虚位移上的虚功

$$(\boldsymbol{\delta}^{*e})^{\mathrm{T}}\boldsymbol{F}_b^e=t\int_{\Omega_e}(u^* f_x+v^* f_y)\mathrm{d}x\mathrm{d}y=t(\boldsymbol{\delta}^{*e})^{\mathrm{T}}\int_{\Omega^e}\boldsymbol{N}^{e\mathrm{T}}\boldsymbol{f}\mathrm{d}x\mathrm{d}y$$

式中 t——厚度；

N^e——形函数；

u^*, v^*——单元内任意点的虚位移分量。

由结点虚位移的任意性可以得出

$$\boldsymbol{F}_b^e = t \int_{\Omega_e} \boldsymbol{N}^{e\mathrm{T}} \boldsymbol{f} \mathrm{d}x\mathrm{d}y \tag{2.33}$$

式(2.33)是单元受体力的等效结点力公式，亦适用于其它复杂的单元类型。

特别地，当均质等厚度单元仅有 y 方向自重，单位体积自重为 γ，如图 2.11 所示

$$\boldsymbol{f} = \left\{ \begin{matrix} 0 \\ -\gamma \end{matrix} \right\} \tag{2.34}$$

代入式(2.33)，利用三结点三角形单元形函数的性质可得

$$\boldsymbol{F}_b^e = -\frac{1}{3} tA\gamma [0 \quad 1 \quad 0 \quad 1 \quad 0 \quad 1]^{\mathrm{T}} \tag{2.35}$$

即当单元有均匀自重时，三个结点上每个结点 y 方向的等效结点力是单元总重量的 1/3。

(2) 边界分布力 $\overline{f}$

设单元 e 受分布面力，集度为 $\overline{f} = (\overline{f}_x, \overline{f}_y)^{\mathrm{T}}$，其等效结点力记为

$$\boldsymbol{F}_q^e = (F_{qix} \quad F_{qiy} \quad F_{qjx} \quad F_{qjy} \quad F_{qmx} \quad F_{qmy})^{\mathrm{T}} \tag{2.36}$$

不失一般性，设分布外力 $\overline{f}$ 作用在单元的 ij 边上。由虚功相等原则

$$(\boldsymbol{\delta}^{*e})^{\mathrm{T}} \boldsymbol{F}_q^e = t \int_{ij} (u^* \overline{f}_x + v^* \overline{f}_y) \mathrm{d}s = t(\boldsymbol{\delta}^{*e})^{\mathrm{T}} \int_{ij} \boldsymbol{N}^{\mathrm{T}} \overline{f} \mathrm{d}s$$

再由于 $\boldsymbol{\delta}^{*e}$ 的任意性得

$$\boldsymbol{F}_q^e = t \int_{ij} \boldsymbol{N}^{e\mathrm{T}} \overline{f} \mathrm{d}s \tag{2.37}$$

式(2.37)是求分布力等效结点力的一般公式，适用更加复杂的单元。一种常见的情况是在 ij 边上受均布压力 q_0，如图 2.12 所示。

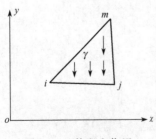

图 2.11 体积力作用

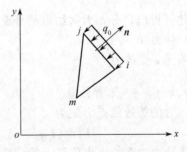

图 2.12 ij 边上均布压力

设 ij 边外法线单位矢量为

$$n = \left\{ \begin{matrix} n_x \\ n_y \end{matrix} \right\}$$

若 ij 边长 l_{ij}，则 n 的方向余弦

$$n_x = \frac{y_j - y_i}{l_{ij}}, \quad n_y = \frac{x_i - x_j}{l_{ij}}$$

则 ij 边上已知的分布面力矢量（均布压力 q_0）可写为

$$\overline{f} = -q_0 n = \left\{ \begin{matrix} (y_i - y_j) \dfrac{q_0}{l_{ij}} \\[2mm] (x_j - x_i) \dfrac{q_0}{l_{ij}} \end{matrix} \right\}$$

代入式（2.37）得

$$\boldsymbol{F}_t^e = \frac{q_0 t}{2} \left\{ \begin{matrix} y_i - y_j \\ x_j - x_i \\ y_i - y_j \\ x_j - x_i \\ 0 \\ 0 \end{matrix} \right\} = -q_0 t l_{ij} \left\{ \begin{matrix} n_x/2 \\ n_y/2 \\ n_x/2 \\ n_y/2 \\ 0 \\ 0 \end{matrix} \right\} \tag{2.38}$$

即一条边上的均布压力等分在两端结点上。

（3）作用在单元任意点的集中力

设 e 单元任一点 c 处受集中力 $\boldsymbol{F}$，$\boldsymbol{F} = (F_x \quad F_y)^{\mathrm{T}}$，将集中力的等效结点力记为

$$\boldsymbol{F}_c^e = (F_{cix} \quad F_{ciy} \quad F_{cjx} \quad F_{cjy} \quad F_{cmx} \quad F_{cmy})^{\mathrm{T}} \tag{2.39}$$

c 处产生的虚位移为 $(u_c^* \quad v_c^*)^{\mathrm{T}}$。根据等效结点力在结点虚位移上的虚功等于集中力在虚位移上所作的虚功，有

$$(\boldsymbol{\delta}^{*e})^{\mathrm{T}} \boldsymbol{F}_c^e = u_c^* F_x + v_c^* F_y = (\boldsymbol{\delta}^{*e})^{\mathrm{T}} (\boldsymbol{N}_c^e)^{\mathrm{T}} \boldsymbol{F}$$

由虚位移的任意性可得

$$\boldsymbol{F}_c = \boldsymbol{N}_c^{e\mathrm{T}} \boldsymbol{F} = [N_{ic} F_x \quad N_{ic} F_y \quad N_{jc} F_x \quad N_{jc} F_y \quad N_{mc} F_x \quad N_{mc} F_y]^{\mathrm{T}} \tag{2.40}$$

式中 N_{ic}，N_{jc}，N_{mc}——形函数在集中力作用处的值。

若 e 单元受集中力、体积力和分布面力的共同作用，在线弹性范围内，可将上述三种情况进行叠加，有

$$\boldsymbol{F}^e = (F_{ix} \quad F_{iy} \quad F_{jx} \quad F_{jy} \quad F_{mx} \quad F_{my})^{\mathrm{T}} = (\boldsymbol{N}_c^e)^{\mathrm{T}} \boldsymbol{F} + t \int_{\Omega_e} \boldsymbol{N}^{e\mathrm{T}} \boldsymbol{f} \mathrm{d}x \mathrm{d}y + t \int_{ij} \boldsymbol{N}^{e\mathrm{T}} \overline{\boldsymbol{f}} \mathrm{d}s \tag{2.41}$$

从式（2.37）和式（2.38）看出，"虚功相等"的等效理论原则与"静力等效"的简单实用原则在这两个简单例子中没有区别。对于复杂些的情况，"静力等效"原则往往也是可行的。

本 章 小 结

① 离散化是将物体划分为有限个单元　其内容包括：建立坐标系，选取单元类型，确定结点坐标，结点与单元编号，单元内结点的次序（单元结点信息），作用在单元上的力要等效移置到结点上，位移约束也都要加在结点上。这一过程在技术上叫做建立有限元几何模型。

② 单元内的"位移模式"是单元类型的核心　平面三结点三角形单元取最简单的线性位移模式。先设 $u = \alpha_1 + \alpha_2 x + \alpha_3 y$，再用结点位移取代参数 $\alpha_1 \sim \alpha_3$，并给出更有普遍意义的表达式

$$u^e = N^e \delta^e$$

在这一表达式中，核心是形函数矩阵 N^e 中的非零元素——形函数 $N_i = \dfrac{a_i + b_i x + c_i y}{2A}$

$\overrightarrow{i, j, m}$，它是由单元结点的坐标与顺序确定的线性函数，定义在该单元内，每个结点对应一个形函数。

③ 单元应变与结点位移的关系　其公式为

$$\varepsilon^e = B^e \delta^e$$

同时定义了单元应变转换矩阵 B^e。

单元应力与结点位移的关系是

$$\sigma^e = S^e \delta^e$$

同时定义了单元应力转换矩阵 S^e。

④ 单元结点力与结点位移的关系　其公式为

$$F^e = K^e \delta^e$$

这描述了单元弹性性质，确定了整个结构的外力-位移关系。

⑤ 单元刚度矩阵的计算　其公式为

$$K^e = t \int_{\Omega_e} B^{e\mathrm{T}} D B^e \, \mathrm{d}x \mathrm{d}y$$

此式从虚功原理得到的，并且这一式子适合更一般的单元。K^e 有一些重要的性质。对于三结点三角形单元，$K^e = t A B^{e\mathrm{T}} D B^e$

⑥ 非结点外力向结点"等效移置"的原则是虚功相等　显然这是推导单元刚度矩阵公式的自然延伸。

习　题

2.1　试写出例 2.2 中②单元的各点形函数；几何矩阵 $B^{②}$；应力转换矩阵 $S^{②}$；并与①单元进行对比。

2.2　习题 2.1 中若单元内点的次序按顺序轮换，$B^{②}$ 及其子块 $B_r^{②}$（$r = i$、j、m）如何变化？若坐标系绕原点转过 $180°$，各形函数及 $B^{②}$ 又会如何变化？

2.3　试证 $A = \dfrac{1}{2}(a_i + a_j + a_m)$。

2.4　习题 2.3 中若结点号错用成顺时针顺序，则 A、$\boldsymbol{B}_r^{②}$、$\boldsymbol{S}_r^{②}$、$\boldsymbol{K}_{rs}^{②}$（$r, s = i, j, m$）如何变化？

2.5　图 2.13 中已知 t，E 及 $\mu = 0$ 写出 4 个单元的单元刚度矩阵并标明各自与点号对应的子块。

2.6　在图 2.13 中，以④单元为例，通过实算，讨论在单元点号按顺序轮换时单元刚度矩阵 $\boldsymbol{K}^{④}$ 及其变化规律。

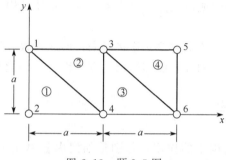

图 2.13　题 2.5 图

2.7　讨论图 2.14 所示 ij 边上一点 $M(x_M, y_M)$ 处作用的集中力 $F_M(F_{M_x}, F_{M_y})$ 在 i、j 点的等效结点力。

2.8　如图 2.15 所示，在三角形单元的 ij 边上作用有线性分布压力，其强度在 i 点是 q_i，在 j 点是 q_j，试求该分布压力的等效结点力 $\left(\text{在 } ij \text{ 边上的压强为 } q = q_i + \dfrac{q_j - q_i}{l_{ij}} s\right)$。

2.9　用 MATLAB 编写一段计算单元刚度矩阵的程序。

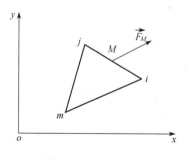

图 2.14　题 2.7 图

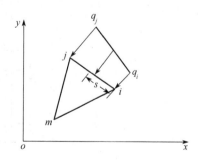

图 2.15　线性分布压力

3 平面问题的三角形单元（二）整体分析

在第 2 章的单元分析中，将一个单元上所有未知量归结为用结点位移来表示，并且将分布在单元上的外力等效地分放在结点上。而整体分析是将结构的所有单元通过结点连接起来，形成一个整体的离散结构以替代实际的连续体。

整体分析的目标是正确形成以结点位移为未知量的整体结构的有限元代数方程组，然后解方程组求出结点位移。

在这一章里要通过结点平衡法将单元连接起来，形成代数方程组；分析系数矩阵的组装方法及性质；还要引入结点力列阵及位移约束使方程组完善并能求解。

3.1 两个单元的结构

为了看清单元在整体结构中的作用，特别是如何由各单元刚度矩阵得到有限元整体方程，首先研究只有两个单元的问题。

如图 3.1 所示，力学模型是矩形薄平板，一端固支，一端受集中力。划分为两个三角形单元，共 4 个结点。第一个单元结点排序 1,2,3，第二个单元结点排序 3,4,1。

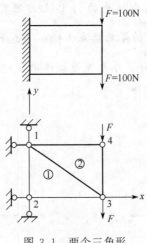

图 3.1 两个三角形
单元的例子

对于一个单元，由式(2.29) 知

$$K^e \boldsymbol{\delta}^e = \boldsymbol{F}^e$$

对于①单元，由于 1,2 结点为全位移约束，

36

$$u_1=0, \ v_1=0, \ u_2=0, \ v_2=0, \ 有$$

$$\boldsymbol{\delta}^{①} = \left\{ \begin{matrix} \boldsymbol{\delta}_1 \\ \boldsymbol{\delta}_2 \\ \boldsymbol{\delta}_3 \end{matrix} \right\} = \left\{ \begin{matrix} 0 \\ 0 \\ 0 \\ 0 \\ u_3 \\ v_3 \end{matrix} \right\}$$

$$\boldsymbol{F}^{①} = \left\{ \begin{matrix} \boldsymbol{F}_1^{①} \\ \boldsymbol{F}_2^{①} \\ \boldsymbol{F}_3^{①} \end{matrix} \right\}$$

表示①单元的三个结点上受到的单元结点力。

相应的单元刚度矩阵记为

$$\boldsymbol{K}^{①} = \begin{bmatrix} \boldsymbol{K}_{11}^{①} & \boldsymbol{K}_{12}^{①} & \boldsymbol{K}_{13}^{①} \\ \boldsymbol{K}_{21}^{①} & \boldsymbol{K}_{22}^{①} & \boldsymbol{K}_{23}^{①} \\ \boldsymbol{K}_{31}^{①} & \boldsymbol{K}_{32}^{①} & \boldsymbol{K}_{33}^{①} \end{bmatrix}$$

其中每个子块的下标，由式(2.29)描述了单元结点力与结点位移中点号的对应关系。此时恰好与其在单刚矩阵中的位置号重合，这是个意外。式(2.29)为单元平衡方程

$$\begin{bmatrix} \boldsymbol{K}_{11}^{①} & \boldsymbol{K}_{12}^{①} & \boldsymbol{K}_{13}^{①} \\ \boldsymbol{K}_{21}^{①} & \boldsymbol{K}_{22}^{①} & \boldsymbol{K}_{23}^{①} \\ \boldsymbol{K}_{31}^{①} & \boldsymbol{K}_{32}^{①} & \boldsymbol{K}_{33}^{①} \end{bmatrix} \left\{ \begin{matrix} \boldsymbol{\delta}_1 \\ \boldsymbol{\delta}_2 \\ \boldsymbol{\delta}_3 \end{matrix} \right\} = \left\{ \begin{matrix} \boldsymbol{F}_1^{①} \\ \boldsymbol{F}_2^{①} \\ \boldsymbol{F}_3^{①} \end{matrix} \right\} \tag{A}$$

同理②单元有

$$\boldsymbol{\delta}^{②} = \left\{ \begin{matrix} u_3 \\ v_3 \\ u_4 \\ v_4 \\ 0 \\ 0 \end{matrix} \right\}$$

所受单元结点力

$$\boldsymbol{F}^{②} = \left\{ \begin{matrix} \boldsymbol{F}_3^{②} \\ \boldsymbol{F}_4^{②} \\ \boldsymbol{F}_1^{②} \end{matrix} \right\}$$

单元刚度矩阵

$$\boldsymbol{K}^{②} = \begin{bmatrix} \boldsymbol{K}_{33}^{②} & \boldsymbol{K}_{34}^{②} & \boldsymbol{K}_{31}^{②} \\ \boldsymbol{K}_{43}^{②} & \boldsymbol{K}_{44}^{②} & \boldsymbol{K}_{41}^{②} \\ \boldsymbol{K}_{13}^{②} & \boldsymbol{K}_{14}^{②} & \boldsymbol{K}_{11}^{②} \end{bmatrix}$$

注意子块的下标、意义和子块在矩阵中的位置。对于单元②式(2.29) 为

$$\begin{bmatrix} \boldsymbol{K}_{33}^{②} & \boldsymbol{K}_{34}^{②} & \boldsymbol{K}_{31}^{②} \\ \boldsymbol{K}_{43}^{②} & \boldsymbol{K}_{44}^{②} & \boldsymbol{K}_{41}^{②} \\ \boldsymbol{K}_{13}^{②} & \boldsymbol{K}_{14}^{②} & \boldsymbol{K}_{11}^{②} \end{bmatrix} \begin{Bmatrix} \boldsymbol{\delta}_3 \\ \boldsymbol{\delta}_4 \\ \boldsymbol{\delta}_1 \end{Bmatrix} = \begin{Bmatrix} \boldsymbol{F}_3^{②} \\ \boldsymbol{F}_4^{②} \\ \boldsymbol{F}_1^{②} \end{Bmatrix} \tag{B}$$

下面通过考虑 4 个结点的受力平衡，建立有限元方程。四个结点受的外力不同，1、2 点所受为支反力，3、4 点为已知外力。

$$\boldsymbol{F}_1 = \begin{Bmatrix} F_{R1X} \\ F_{R1Y} \end{Bmatrix} \qquad\qquad \boldsymbol{F}_2 = \begin{Bmatrix} F_{R2X} \\ F_{R2Y} \end{Bmatrix}$$

$$\boldsymbol{F}_3 = \begin{Bmatrix} 0 \\ -100 \end{Bmatrix} \qquad\qquad \boldsymbol{F}_4 = \begin{Bmatrix} 0 \\ -100 \end{Bmatrix}$$

支反力是未知的。用隔离法，各点所受外力与相关单元给该结点的作用力之和为零，即

$$\boldsymbol{F}_1 - \boldsymbol{F}_1^{①} - \boldsymbol{F}_1^{②} = 0$$
$$\boldsymbol{F}_2 - \boldsymbol{F}_2^{①} = 0$$
$$\boldsymbol{F}_3 - \boldsymbol{F}_3^{①} - \boldsymbol{F}_3^{②} = 0$$
$$\boldsymbol{F}_4 - \boldsymbol{F}_4^{②} = 0$$

由式(A)、式(B) 有

$$\begin{Bmatrix} \boldsymbol{F}_1 \\ \boldsymbol{F}_2 \\ \boldsymbol{F}_3 \\ \boldsymbol{F}_4 \end{Bmatrix} = \begin{Bmatrix} \boldsymbol{F}_1^{①} + \boldsymbol{F}_1^{②} \\ \boldsymbol{F}_2^{①} \\ \boldsymbol{F}_3^{①} + \boldsymbol{F}_3^{②} \\ \boldsymbol{F}_4^{②} \end{Bmatrix} = \begin{Bmatrix} \boldsymbol{K}_{11}^{①}\boldsymbol{\delta}_1 + \boldsymbol{K}_{12}^{①}\boldsymbol{\delta}_2 + \boldsymbol{K}_{13}^{①}\boldsymbol{\delta}_3 + \boldsymbol{K}_{13}^{②}\boldsymbol{\delta}_3 + \boldsymbol{K}_{14}^{②}\boldsymbol{\delta}_4 + \boldsymbol{K}_{11}^{②}\boldsymbol{\delta}_1 \\ \boldsymbol{K}_{21}^{①}\boldsymbol{\delta}_1 + \boldsymbol{K}_{22}^{①}\boldsymbol{\delta}_2 + \boldsymbol{K}_{23}^{①}\boldsymbol{\delta}_3 \\ \boldsymbol{K}_{31}^{①}\boldsymbol{\delta}_1 + \boldsymbol{K}_{32}^{①}\boldsymbol{\delta}_2 + \boldsymbol{K}_{33}^{①}\boldsymbol{\delta}_3 + \boldsymbol{K}_{33}^{②}\boldsymbol{\delta}_3 + \boldsymbol{K}_{34}^{②}\boldsymbol{\delta}_4 + \boldsymbol{K}_{31}^{②}\boldsymbol{\delta}_1 \\ \boldsymbol{K}_{43}^{②}\boldsymbol{\delta}_3 + \boldsymbol{K}_{44}^{②}\boldsymbol{\delta}_4 + \boldsymbol{K}_{41}^{②}\boldsymbol{\delta}_1 \end{Bmatrix}$$

$$= \begin{bmatrix} \boldsymbol{K}_{11}^{①} + \boldsymbol{K}_{11}^{②} & \boldsymbol{K}_{12}^{①} & \boldsymbol{K}_{13}^{①} + \boldsymbol{K}_{13}^{②} & \boldsymbol{K}_{14}^{②} \\ \boldsymbol{K}_{21}^{①} & \boldsymbol{K}_{22}^{①} & \boldsymbol{K}_{23}^{①} & \\ \boldsymbol{K}_{31}^{①} + \boldsymbol{K}_{31}^{②} & \boldsymbol{K}_{32}^{①} & \boldsymbol{K}_{33}^{①} + \boldsymbol{K}_{33}^{②} & \boldsymbol{K}_{34}^{②} \\ \boldsymbol{K}_{41}^{②} & & \boldsymbol{K}_{43}^{①} & \boldsymbol{K}_{44}^{②} \end{bmatrix} \begin{Bmatrix} \boldsymbol{\delta}_1 \\ \boldsymbol{\delta}_2 \\ \boldsymbol{\delta}_3 \\ \boldsymbol{\delta}_4 \end{Bmatrix} = \boldsymbol{K}\boldsymbol{\delta}$$

略去中间过程，就得到了这个结构的有限元方程。注意到 $\boldsymbol{F}_1$、$\boldsymbol{F}_2$ 为未知，而 $\boldsymbol{F}_3$、$\boldsymbol{F}_4$ 已知。求解的方程简化为

$$\begin{Bmatrix} \boldsymbol{F}_3 \\ \boldsymbol{F}_4 \end{Bmatrix} = \begin{bmatrix} \boldsymbol{K}_{33}^{①} + \boldsymbol{K}_{33}^{②} & \boldsymbol{K}_{34}^{②} \\ \boldsymbol{K}_{43}^{③} & \boldsymbol{K}_{44}^{②} \end{bmatrix} \begin{Bmatrix} \boldsymbol{\delta}_3 \\ \boldsymbol{\delta}_4 \end{Bmatrix}$$

这个方程组的未知量是 3、4 结点的位移，它是有唯一解的。

其中 $\boldsymbol{K}$ 称为整体结构系数矩阵或总刚度矩阵，它是有限元方程的核心，这里是通过结

点平衡的方法构造它的。

整体结构的系数矩阵的每一个子块都是由所有单元的子块按照其点号下标求和得到。即只需将每个单刚子块按相同点号下标叠加，就会得到总刚度矩阵所有的子块。

对一般情况的讨论见下节。

3.2 结构的整体刚度矩阵

假设所考虑的物体被离散为 NE 个单元，共有 NJ 个结点。一个结点一般会出现在多个单元上，很自然地称这些单元为该结点的相关单元，同时又称这些单元上的所有结点（也包括该结点本身）为结点的相关结点。

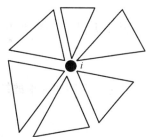

图 3.2 i 结点与相关单元

用隔离法考虑 i 结点受力的平衡。如图 3.2 所示。将结点从相关单元中分离出来，结点 i 上所受到的力可分为两部分：一部分是外力，由直接作用在 i 点的集中力与相关单元上移置过来的分布外力的等效结点力共同构成，记为

$$\boldsymbol{F}_i = (F_{ix} \quad F_{iy})^{\mathrm{T}} \tag{3.1}$$

另一部分是内力，即相关单元给 i 点的作用力（这些力是相关单元在 i 结点受的单元结点力的反作用力）组成，如 e 单元给 i 点的力是

$$-\boldsymbol{F}_{Ji}^e = -(F_{Jix}^e \quad F_{Jiy}^e)^{\mathrm{T}} \tag{3.2}$$

其中，$(F_{Jix}^e \quad F_{Jiy}^e)^{\mathrm{T}}$ 是 e 单元在 i 点所受的单元结点力分量。

从 i 点的受力平衡知道

$$\boldsymbol{F}_i = \sum_{i\text{的相关单元}e} \boldsymbol{F}_{Ji}^e$$

由于其它与 i 不相关的单元是不会给 i 点作用力的，因此可以将上式扩充为对所有单元求和

$$\sum_e \boldsymbol{F}_{Ji}^e = \boldsymbol{F}_i \tag{3.3}$$

式(3.3) 可以理解为：任何结点所受外力等于该结点给所有相关单元的单元结点力之和（"流入"等于"流出"）。

式(3.3) 右边是 i 点所受外力，左边是所有 i 点相关单元中的单元结点力 $\boldsymbol{F}_{Ji}^e$ 之和。先看左边，对每一个单元的 $\boldsymbol{F}_{Ji}^e$ 通过式(2.28a) 可以用该单元的 3 个相关结点的位移的线性组合来表示。而当对所有单元求和时，$\sum_e \boldsymbol{F}_{Ji}^e$ 即可以表示为所有结点位移的线性组合，其中结点位移按点号排列。由于 i 点的相关结点只是有限几个，所以许多不相关结点位移的系数为零。

对平面问题，每个结点都有两个平衡方程，式(3.3) 只是一个结点的两个方程，由于总共有 NJ 个结点，所以应当有 $2NJ$ 个方程。将这 $2NJ$ 个方程按照点号的次序排列起来，作为未知量的结点位移值在每个方程里也按点号次序排列，原则上一定可以得到 $2NJ$ 阶的线

性代数方程组，记为

$$\boldsymbol{K}_{(2NJ \times 2NJ)}\boldsymbol{\delta}_{(2NJ \times 1)} = \boldsymbol{F}_{(2NJ \times 1)} \tag{3.4}$$

这就是全部结点的平衡方程，即结构的有限元方程。其中下标指示出矩阵的行、列数，如 $\boldsymbol{F}$ 是有 $2NJ$ 行的结点力列阵

$$\boldsymbol{F} = (F_{1x} \quad F_{1y} \quad \cdots \quad F_{ix} \quad F_{iy} \quad \cdots \quad F_{NJx} \quad F_{NJy})^{\mathrm{T}} = \begin{Bmatrix} \boldsymbol{F}_1 \\ \vdots \\ \boldsymbol{F}_i \\ \vdots \\ \boldsymbol{F}_{NJ} \end{Bmatrix} \tag{3.5}$$

其中 $\boldsymbol{F}_i$ 是 i 结点外力子块

$$\boldsymbol{F}_i = \begin{Bmatrix} F_{ix} \\ F_{iy} \end{Bmatrix} \tag{3.5a}$$

$\boldsymbol{\delta}$ 是整个问题待求的结点位移列阵

$$\boldsymbol{\delta} = (u_1 \quad v_1 \quad \cdots \quad u_i \quad v_i \quad \cdots \quad u_{NJ} \quad v_{NJ})^{\mathrm{T}} = \begin{Bmatrix} \boldsymbol{\delta}_1 \\ \vdots \\ \boldsymbol{\delta}_i \\ \vdots \\ \boldsymbol{\delta}_{NJ} \end{Bmatrix} \tag{3.6}$$

平衡方程(3.4)中的系数矩阵 $\boldsymbol{K}$ 是 $2NJ \times 2NJ$ 的方阵，由于它与结点位移 $\boldsymbol{\delta}$ 相乘等于结点力 $\boldsymbol{F}$，称为结构整体刚度矩阵，又称之为总刚度矩阵，简称总刚。显然，它也可以按结点号写为 $NJ \times NJ$ 个子块的组合

$$\boldsymbol{K} = \begin{bmatrix} \boldsymbol{K}_{11} & \boldsymbol{K}_{12} & \cdots & \boldsymbol{K}_{1,j} & \cdots & \boldsymbol{K}_{1,NJ} \\ \boldsymbol{K}_{21} & \boldsymbol{K}_{22} & \cdots & \cdots & \cdots & \boldsymbol{K}_{2,NJ} \\ \vdots & \vdots & & \vdots & & \vdots \\ \boldsymbol{K}_{i,1} & \boldsymbol{K}_{i,2} & \cdots & \boldsymbol{K}_{i,j} & \cdots & \boldsymbol{K}_{i,NJ} \\ \vdots & \vdots & & \vdots & & \vdots \\ \boldsymbol{K}_{NJ,1} & \boldsymbol{K}_{NJ,2} & \cdots & \boldsymbol{K}_{NJ,j} & \cdots & \boldsymbol{K}_{NJ,NJ} \end{bmatrix}$$

每个子块 $\boldsymbol{K}_{ij}(i, j=1, \cdots, NJ)$ 与 $\boldsymbol{\delta}_j$ 相乘即是 j 点位移引起的 i 点的"对约束的反力"，也可以看成是 j 点位移对 i 点平衡的贡献。$\boldsymbol{K}_{ij}$ 是由与 i 和 j 相关的单刚子块叠加而成，可简记为

$$\boldsymbol{K}_{ij} = \sum_e \boldsymbol{K}_{ij}^e \tag{3.7}$$

粗一看式(3.7)的意义很清楚，但细想却会发现一个问题。式中的 i、j 是点的整体号（如从 $1 \sim NJ$），而在每个单刚 $\boldsymbol{K}^e$ 中子块是按点在单元中的次序（仅从 $1 \sim 3$）来存放（即命名）的，式(3.7)的右边中 $\boldsymbol{K}_{ij}^e$ 的下标 ij 不是它在单刚中的位置。因此，式(3.7)不是一个真正意义的代数式，只是一个示意性的式子，它表示单刚中的子块要按照整体点号叠加而形成整体刚度 $\boldsymbol{K}$ 中的子块。

要实现这一叠加必须确定点的整体号与点在单元中的次序的对应关系。可以通过"单元

结点信息"来实现这一目标。如采用数组 $JM(e,r)$，数组元素的值是整体点号（从 $1\sim NJ$），e 是单元号从 $1\sim NE$，r 是点在单元内次序从 $1\sim3$。

为了能更加严谨地表示出在形成结点平衡方程（3.4）时，单刚子块是如何叠加成总刚度矩阵的，采用线性变换的方法是个好的选择。为此，先引入辅助工具。

先看一个简单的行向量

$$g_i^{NJ}=\begin{bmatrix} 0 & 0 & \cdots & 0 & 1 & 0 & \cdots & 0 \end{bmatrix} \quad (3.8)$$
$$\underset{i列}{}$$

该向量有 NJ 列（为简便，以后省略上标 NJ），仅在 i 列为 1，其余元素均为零。g_i 有如下性质：

ⅰ．用一个数去乘 g_i 相当于将数扩大为 NJ 维的行向量，并将该数放入 i 列的位置，而其余列空着（为零）；

ⅱ．g_i 右乘 NJ 维列向量，相当于将被乘列向量中第 i 行元素"挑出来"。

以上两点是线性变换的基本要素。

针对二维平面问题将 g_i 中的元素推扩为 2×2 的子块。引入

$$G_i=\begin{bmatrix} 0 & 0 & \cdots & 0 & \boldsymbol{I} & 0 & \cdots & 0 \end{bmatrix}=\begin{bmatrix} 0 & 0 & \cdots & 0 & \overset{2i-1列}{1} & 0 & 0 & \cdots & 0 & 0 \\ 0 & 0 & \cdots & 0 & 0 & 1 & 0 & \cdots & 0 & 0 \end{bmatrix} \quad (3.9)$$
$$\underset{2i列}{}$$

显然 G_i 与 g_i 有相同的性质，只是元素换成了子块 $\boldsymbol{I}$，$\boldsymbol{I}=\begin{bmatrix} 1 & 0 \\ 0 & 1 \end{bmatrix}$。

为了书面表达上更加清楚，引入单元点号转换矩阵

$$G^e=\begin{Bmatrix} \boldsymbol{G}_{JM(e,1)} \\ \boldsymbol{G}_{JM(e,2)} \\ \boldsymbol{G}_{JM(e,3)} \end{Bmatrix}=\begin{bmatrix} 0 & \cdots & 0 & 0 & 0 & 0 & \cdots & 0 & \overset{2i-1\quad 2i}{1} & 0 & \cdots & 0 & 0 & 0 & 0 & \cdots & 0 \\ 0 & \cdots & 0 & 0 & 0 & 0 & \cdots & 0 & 0 & 1 & \cdots & 0 & 0 & 0 & 0 & \cdots & 0 \\ 0 & \cdots & 0 & 1 & 0 & 0 & \cdots & 0 & 0 & 0 & \cdots & 0 & 0 & 0 & 0 & \cdots & 0 \\ 0 & \cdots & 0 & 0 & 1 & 0 & \cdots & 0 & 0 & 0 & \cdots & 0 & 0 & 0 & 0 & \cdots & 0 \\ 0 & \cdots & 0 & 0 & 0 & 0 & \cdots & 0 & 0 & 0 & \cdots & 0 & 1 & 0 & 0 & \cdots & 0 \\ 0 & \cdots & 0 & 0 & 0 & 0 & \cdots & 0 & 0 & 0 & \cdots & 0 & 0 & 1 & 0 & \cdots & 0 \end{bmatrix} \quad (3.10)$$
$$\underset{2j}{}\qquad\qquad\underset{2m}{}$$

其中，设 $i=JM(e,1)$，$j=JM(e,2)$，$m=JM(e,3)$。

单元有 3 个点 6 个自由度，G^e 有 6 行 $2NJ$ 列。很显然（读者可以验证），用整体位移列阵 $\boldsymbol{\delta}$ 右乘 G^e，有

$$G^e\boldsymbol{\delta}=\boldsymbol{\delta}^e=\begin{Bmatrix} \boldsymbol{\delta}_{JM(e,1)} \\ \boldsymbol{\delta}_{JM(e,2)} \\ \boldsymbol{\delta}_{JM(e,3)} \end{Bmatrix} \quad (3.11)$$

这一表达式实现了从整体位移列阵中"挑出"属于该单元的三个结点的位移并按单元内部次序排列。相应的有

$$G^{e\mathrm{T}}F^e = \begin{Bmatrix} 0 \\ \vdots \\ F_{JM(e,2)} \\ \vdots \\ F_{JM(e,1)} \\ \vdots \\ F_{JM(e,3)} \\ \vdots \\ 0 \end{Bmatrix} \qquad (3.12)$$

它表示将一个单元的结点力列阵 F^e 扩展为 $2NJ$ 行（即整体结点力列阵的大小），F^e 中的元素放到三个点的总体号相应的位置上。

现在再来看从式(3.3) 到式(3.4) 的过渡。先考虑一个单元，仿照式(3.12) 将每个单元的单元结点力列阵扩充为整体列阵的大小，将三个点的单元结点力放在与总体点号相应的位置上，然后对所有单元求和

$$\sum_e G^{e\mathrm{T}}F^e = F \qquad (3.13)$$

这也是所有各点的全部平衡方程。而在每个单元上有

$$F^e = K^e\delta^e = K^eG^e\delta$$

代入式(3.13) 得

$$\left(\sum_e G^{e\mathrm{T}}K^eG^e\right)\delta = F \qquad (3.14)$$

这就是式(3.4) 更细致的形式。由此式知总刚度矩阵的组装是由

$$K = \sum_e (G^{e\mathrm{T}}K^eG^e) \qquad (3.15)$$

来描述的。K^e 右乘 G^e 是将 K^e 在列上扩展，而 K^e 中的元素取得与点号相应的列号；而 K^e 左乘 $G^{e\mathrm{T}}$ 是将 K^e 在行上扩展，将 K^e 中元素的行号改为与点号相应的总体行号；然后对所有单元求和得到总刚 K。

G^e 的引入只是为了书面上的推导工作清楚严谨，并使公式遵从矩阵的计算规则。由于左乘 $G^{e\mathrm{T}}$ 与右乘 G^e 只不过是将单刚中子块的行号、列号"改变为"总体号，实际在编程技术中是可以不用它的。

刚度集成法是形成总刚度矩阵的方法之一，用此方法组装总刚度矩阵可能更容易理解。由刚度集成法，总刚度矩阵 K 的"组装"可以采用以下路线：

ⅰ. 总刚度矩阵 K 中元素赋零，单元号赋初值如 $e=1$；

ⅱ. 读入 e 单元信息，如 $JM(e,1)$，$JM(e,2)$，$JM(e,3)$ 及结点坐标等；

ⅲ. 计算 e 单元的单元刚度矩阵，子块 K^e_{rs}（r，$s=1$、2、3）被赋值；

ⅳ. 实现单元内各点的次序与总结点的对号入座；

$$m \Leftarrow JM(e,r)，n \Leftarrow JM(e,s)，r,s＝1、2、3$$

ⅴ. 将单元 e 刚度矩阵中的每个子块叠加到总刚相应子块上；

$$\boldsymbol{K}_{mn} \Leftarrow \boldsymbol{K}_{mn} + \boldsymbol{K}_{rs}^e$$

ⅵ. 给下一个待组装单元号赋值，$e \Leftarrow e+1$；若 $e \leqslant$ 单元总数，返回 ⅰ.，若 $e>$ 单元总数，总刚度矩阵组装完成，停止组装。

例 3.1 如图 3.3 所示的有限元模型，共有 6 个结点、4 个单元。厚度 t、弹性常数 E、μ 为已知，为简单取 $\mu=0$，试用刚度集成法求总刚度矩阵 $\boldsymbol{K}$。

解 组装总刚须从计算单刚开始，而计算单刚必须知道单元结点信息，而有了单元结点信息也就确定了各单刚中子块所对应的点号（见表 3.1）。

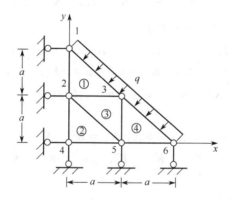

图 3.3 例 3.1 有限元模型

表 3.1 单刚子块及其在总刚中的位置

单 元 号	①			②			③			④		
点号(单元结点信息)	1	2	3	2	4	5	5	3	2	3	5	6
点在单元内次序	1	2	3	1	2	3	1	2	3	1	2	3
以点号为标记的单刚子块	$\boldsymbol{K}_{11}^{①}$ $\boldsymbol{K}_{21}^{①}$ $\boldsymbol{K}_{31}^{①}$	$\boldsymbol{K}_{12}^{①}$ $\boldsymbol{K}_{22}^{①}$ $\boldsymbol{K}_{32}^{①}$	$\boldsymbol{K}_{13}^{①}$ $\boldsymbol{K}_{23}^{①}$ $\boldsymbol{K}_{33}^{①}$	$\boldsymbol{K}_{22}^{②}$ $\boldsymbol{K}_{42}^{②}$ $\boldsymbol{K}_{52}^{②}$	$\boldsymbol{K}_{24}^{②}$ $\boldsymbol{K}_{44}^{②}$ $\boldsymbol{K}_{54}^{②}$	$\boldsymbol{K}_{25}^{②}$ $\boldsymbol{K}_{45}^{②}$ $\boldsymbol{K}_{55}^{②}$	$\boldsymbol{K}_{55}^{③}$ $\boldsymbol{K}_{35}^{③}$ $\boldsymbol{K}_{25}^{③}$	$\boldsymbol{K}_{53}^{③}$ $\boldsymbol{K}_{33}^{③}$ $\boldsymbol{K}_{23}^{③}$	$\boldsymbol{K}_{52}^{③}$ $\boldsymbol{K}_{32}^{③}$ $\boldsymbol{K}_{22}^{③}$	$\boldsymbol{K}_{33}^{④}$ $\boldsymbol{K}_{53}^{④}$ $\boldsymbol{K}_{63}^{④}$	$\boldsymbol{K}_{35}^{④}$ $\boldsymbol{K}_{55}^{④}$ $\boldsymbol{K}_{65}^{④}$	$\boldsymbol{K}_{36}^{④}$ $\boldsymbol{K}_{56}^{④}$ $\boldsymbol{K}_{66}^{④}$

同例 2.3 类似的分析，得

$$\boldsymbol{K}^{②}=\frac{Et}{4}\begin{bmatrix} 1 & 0 & -1 & -1 & 0 & 1 \\ 0 & 2 & 0 & -2 & 0 & 0 \\ -1 & 0 & 3 & 1 & -2 & -1 \\ -1 & -2 & 1 & 3 & 0 & -1 \\ 0 & 0 & -2 & 0 & 2 & 0 \\ 1 & 0 & -1 & -1 & 0 & 1 \end{bmatrix}$$

根据单元刚度矩阵的性质，有 $\boldsymbol{K}^{②}=\boldsymbol{K}^{①}=\boldsymbol{K}^{④}$，且由于 $\boldsymbol{B}^{③}=-\boldsymbol{B}^{②}$，有 $\boldsymbol{K}^{③}=\boldsymbol{K}^{②}$

在整体结构刚度矩阵 K 中子块是对所有单元求和（其实也只是对相关单元求和）的结果，K 用各子块表示为

$$K=\begin{array}{c@{\quad}c@{\quad}c@{\quad}c@{\quad}c@{\quad}c}&1&2&3&4&5&6\end{array}$$
$$K=\begin{array}{c}1\\2\\3\\4\\5\\6\end{array}\begin{bmatrix}K_{11}&K_{12}&K_{13}&K_{14}&K_{15}&K_{16}\\K_{21}&K_{22}&K_{23}&K_{24}&K_{25}&K_{26}\\K_{31}&K_{32}&K_{33}&K_{34}&K_{35}&K_{36}\\K_{41}&K_{42}&K_{43}&K_{44}&K_{45}&K_{46}\\K_{51}&K_{52}&K_{53}&K_{54}&K_{55}&K_{56}\\K_{61}&K_{62}&K_{63}&K_{64}&K_{65}&K_{66}\end{bmatrix}$$

整体结构刚度矩阵 K 中各子块分别为

$K_{11}=K_{11}^{①}$，$K_{12}=K_{12}^{①}$，$K_{13}=K_{13}^{①}$，$K_{14}=0$，$K_{15}=0$，$K_{16}=0$

$K_{21}=K_{21}^{①}$，$K_{22}=K_{22}^{①}+K_{22}^{②}+K_{22}^{③}$，$K_{23}=K_{23}^{①}+K_{23}^{③}$，$K_{24}=K_{24}^{②}$，$K_{25}=K_{25}^{②}+K_{25}^{③}$，$K_{26}=0$

$K_{31}=K_{31}^{①}$，$K_{32}=K_{32}^{①}+K_{32}^{③}$，$K_{33}=K_{33}^{①}+K_{33}^{③}+K_{33}^{④}$，$K_{34}=0$，$K_{35}=K_{35}^{③}+K_{35}^{④}$，$K_{36}=K_{36}^{④}$

$K_{41}=0$，$K_{42}=K_{42}^{②}$，$K_{43}=0$，$K_{44}=K_{44}^{②}$，$K_{45}=K_{45}^{②}$，$K_{46}=0$

$K_{51}=0$，$K_{52}=K_{52}^{②}+K_{52}^{③}$，$K_{53}=K_{53}^{③}+K_{53}^{④}$，$K_{54}=K_{54}^{②}$，$K_{55}=K_{55}^{②}+K_{55}^{③}+K_{55}^{④}$，$K_{56}=K_{56}^{④}$

如：$K_{22}=K_{22}^{①}+K_{22}^{②}+K_{22}^{③}$

$$=\begin{bmatrix}3&1\\1&3\end{bmatrix}+\begin{bmatrix}1&0\\0&2\end{bmatrix}+\begin{bmatrix}2&0\\0&1\end{bmatrix}=\begin{bmatrix}6&1\\1&6\end{bmatrix}$$

整理得

$$K=\frac{Et}{4}\begin{bmatrix}1&0&-1&-1&0&1&0&0&0&0&0&0\\0&2&0&-2&0&0&0&0&0&0&0&0\\-1&0&6&1&-4&-1&-1&-1&0&1&0&0\\-1&-2&1&6&-1&-2&0&-2&1&0&0&0\\0&0&-4&-1&6&1&0&0&-2&-1&0&1\\1&0&-1&-2&1&6&0&-1&-4&-1&0&-1\\0&0&-1&0&0&0&3&1&-2&-1&0&0\\0&0&-1&-2&0&0&1&3&0&-1&0&0\\0&0&0&1&-2&-1&-2&0&6&1&-2&-1\\0&0&1&0&-1&-4&-1&-1&1&6&0&-1\\0&0&0&0&0&0&0&0&-2&0&2&0\\0&0&0&0&1&0&0&0&-1&-1&0&1\end{bmatrix}$$

44

3.3　整体刚度矩阵的性质

结构整体刚度矩阵有如下性质。

（1）K 是对称矩阵

同单元刚度矩阵一样，总刚度矩阵亦为对称矩阵，即 $K_{ij} = K_{ji}$（i，$j=1$，…，$2NJ$）。式（3.15）实际已经指出了这一点，也可以从例3.1得到验证。利用对称性质，在计算机程序中可以只存储矩阵的上三角或下三角部分。

（2）K 是稀疏矩阵

总刚度矩阵的大多数元素为零。这是由于一个结点的相关结点数一般远少于结点总数，而非相关结点对该结点刚度没有贡献，故相应的刚度系数为零。有限元网格分得越细，总刚度矩阵的稀疏性特点越突出。在选择方程组解法时必须注意到这一性质。

（3）K 的非零元素呈带状分布

这是上一性质的一部分。当点号规则排列时，总刚度矩阵中的所有非零元素分布在以对角线为中心的一个带状区域内，超过这个区域的所有元素均为零。这个带状区域的宽度称为带宽，包括对角线元素在内的半个带状区域行元素的个数称作半带宽。

在许多情况下结点号的排列是有规律的。每个结点与自己的相关结点都有一个最大点号差。令所有结点与相关结点的最大点号差为 $D_{\max}$。当点的总数 NJ 远大于 $D_{\max}$ 时，带状分布这一性质非常明显。K 中非零元素半带宽为

$$d = (D_{\max} + 1) \times 2 \qquad (3.16)$$

显然，d 的值与点号的规则有关。根据带状分布这一性质，在 K 中每行（列）距对角元素的距离大于等于 d 的元素都是零。

总刚 K 在计算机程序中的存储方式可采用半带宽储存，将 $2NJ \times 2NJ$ 方阵 K 中的非零元素存在 $2NJ \times d$ 的矩阵中，既减少了计算机的存储空间也便于提高求解代数方程组的效率。

如图3.4所示，总刚度矩阵 K 中 r 行 s 列元素存入半带宽刚度矩阵 T 中的 r^* 行 s^* 列。即，将 $2NJ \times 2NJ$ 的总刚度矩阵变换为 $2NJ \times d$ 的刚度矩阵后，矩阵元素的行编码不变，新的列编码等于原列编码减行编码加1。

$$\left. \begin{array}{l} r^* = r \\ s^* = s - r + 1 \ (\text{当 } r \leqslant s \leqslant r + d - 1) \end{array} \right\} \qquad (3.17)$$

显然，由对称性对于 $s < r$ 的元素可以不进行存储。

半带宽存储受控于点号的排列。对于同一结构、相同的结点数，采用不同的结点编码排列及不同的网格划分，会得到不同的半带宽。减小半带宽能提高解题的效率，方程组的解法也要适合这种储存方式。

若解题规模更大，总刚度矩阵会更加稀疏，即使半带宽的总刚度矩阵 T 中也会有大量的零元素，这时可以采用更加高效的存储方法与解法。

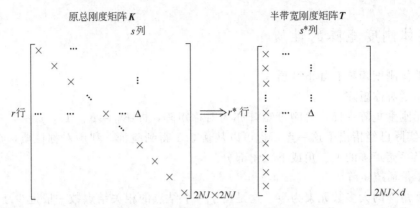

图 3.4 半带宽储存的元素对应关系

（4）$\boldsymbol{K}$ 是奇异矩阵

同单元刚度矩阵一样，总刚度矩阵亦为奇异矩阵，即 $\boldsymbol{K}$ 不是满秩矩阵，不能求得逆矩阵。这就是说即便给出所有结点力，也不能算出位移。整个物体可以在无约束下有刚体运动，即位移是不能确定的。因此，在对方程组求解前应对总刚度矩阵进行修改，这将在后面讨论。利用总刚度矩阵的这条性质，可以在程序中检查总刚度矩阵的正确性（矩阵中每行元素之和为零，读者可自行证明）。

3.4 载荷列阵

代数方程（3.4）的右端项 $\boldsymbol{F}$ 是整体载荷列阵。$\boldsymbol{F}$ 的第 i 个子块 $\boldsymbol{F}_i$ 是 i 点所受的全部外力，既包括直接作用到 i 点的集中力 $\boldsymbol{F}_{ci}$，也包括作用到 i 点的相关单元的分布力等效移置到 i 点的力 $\boldsymbol{F}_{bi}$ 和 $\boldsymbol{F}_{qi}$。当在 i 点有位移约束时，$\boldsymbol{F}_i$ 中还应当包含约束反力 $\boldsymbol{F}_{Ri}$。一般情况下对于 i 点，有

$$\boldsymbol{F}_i = \boldsymbol{F}_{ci} + \sum_e \boldsymbol{F}_{bi}^e + \sum_e \boldsymbol{F}_{qi}^e \tag{3.18a}$$

整体为

$$\boldsymbol{F} = \boldsymbol{F}_c + \sum_e \boldsymbol{G}^{e\mathrm{T}} \boldsymbol{F}_b^e + \sum_e \boldsymbol{G}^{e\mathrm{T}} \boldsymbol{F}_q^e \tag{3.18}$$

式（3.18）中一般将第一项 $\boldsymbol{F}_c$ 理解为直接作用到结点上的已知的结点集中力列阵；第二项是体力的等效结点力列阵；第三项是边界上分布面力的等效结点力列阵。

如果在 i 结点处有约束，在位移求解之前约束反力是未知的，因而 $\boldsymbol{F}_i$ 也是未知的。若引入符号表示

$$\boldsymbol{F}_i = \boldsymbol{F}_i^{\text{已知}} + \boldsymbol{F}_{Ri} \tag{3.19}$$

式中　$\boldsymbol{F}_i^{\text{已知}}$——已知部分，包含式（3.18a）右端各项内容；

　　　$\boldsymbol{F}_{Ri}$——i 点约束反力。

当位移解出之后，所有位移约束点均可算出约束反力，因为此时有

$$\left.\begin{array}{l} F_{ix} = \displaystyle\sum_{s=1}^{2NJ} K_{2i-1,s}\delta_s \\[4mm] F_{iy} = \displaystyle\sum_{s=1}^{2NJ} K_{2i,s}\delta_s \end{array}\right\} \tag{3.20}$$

其中，δ_s 是已解出的位移列向量中第 s 个值。i 点的约束反力为

$$\left.\begin{array}{l} F_{Rix} = \displaystyle\sum_{s=1}^{2NJ} K_{2i-1,s}\delta_s - F_{ix}^{已知} \\[4mm] F_{Riy} = \displaystyle\sum_{s=1}^{2NJ} K_{2i,s}\delta_s - F_{iy}^{已知} \end{array}\right\} \tag{3.21}$$

例 3.2　试写出图 3.3 的已知结点载荷。

解　首先求出边界上均布压力的等效结点力。

①、④单元的边界外法线的单位矢量为

$$\boldsymbol{n} = \left(\begin{array}{cc} \dfrac{\sqrt{2}}{2} & \dfrac{\sqrt{2}}{2} \end{array}\right)^{\mathrm{T}}$$

边界分布力集度

$$\overline{\boldsymbol{f}}^{①} = \overline{\boldsymbol{f}}^{④} = -q\boldsymbol{n} = -\dfrac{\sqrt{2}}{2}q\begin{Bmatrix} 1 \\ 1 \end{Bmatrix}$$

由式(2.37)，可得该分布力的等效结点力

$$\boldsymbol{F}_q^{①} = t\int_{31} \begin{bmatrix} N_1^{①} & 0 \\ 0 & N_1^{①} \\ 0 & 0 \\ 0 & 0 \\ N_3^{①} & 0 \\ 0 & N_3^{①} \end{bmatrix} \overline{\boldsymbol{f}}\,\mathrm{d}l = -\dfrac{qta}{2}\begin{Bmatrix} 1 \\ 1 \\ 0 \\ 0 \\ 1 \\ 1 \end{Bmatrix} = \begin{Bmatrix} F_{q1x}^{①} \\ F_{q1y}^{①} \\ F_{q2x}^{①} \\ F_{q2y}^{①} \\ F_{q3x}^{①} \\ F_{q3y}^{①} \end{Bmatrix}$$

$$\boldsymbol{F}_q^{④} = t\int_{63} \begin{bmatrix} N_3^{④} & 0 \\ 0 & N_3^{④} \\ 0 & 0 \\ 0 & 0 \\ N_6^{④} & 0 \\ 0 & N_6^{④} \end{bmatrix} \overline{\boldsymbol{f}}\,\mathrm{d}l = -\dfrac{qta}{2}\begin{Bmatrix} 1 \\ 1 \\ 0 \\ 0 \\ 1 \\ 1 \end{Bmatrix} = \begin{Bmatrix} F_{q3x}^{④} \\ F_{q3y}^{④} \\ F_{q5x}^{④} \\ F_{q5y}^{④} \\ F_{q6x}^{④} \\ F_{q6y}^{④} \end{Bmatrix}$$

考虑到 6 个位移约束可能存在约束反力，设为 F_{R1x}，F_{R2x}，F_{R4x}，F_{R4y}，F_{R5y}，F_{R6y}，其约束反力列阵为

$$\boldsymbol{F}_R = (F_{R1x} \quad 0 \quad F_{R2x} \quad 0 \quad 0 \quad 0 \quad F_{R4x} \quad F_{R4y} \quad 0 \quad F_{R5y} \quad 0 \quad R_{R6y})^{\mathrm{T}}$$

利用式(3.18)，通过计算整理得整体载荷列阵 $\boldsymbol{F}$

$$[(F_{R1x}-0.5qta) \quad -0.5qta \quad F_{R2x} \quad 0 \quad -qta \quad -qta \quad F_{R4x} \quad F_{R4y} \quad 0$$
$$F_{R5y} \quad -0.5qta \quad (F_{R6y}-0.5qta)]^{\mathrm{T}}$$

可见，其中只有 6 个方程的右端项是已知的，分别等于

$$F_{1y}=-\frac{1}{2}qta, \quad F_{2y}=0$$

$$F_{3x}=F_{q3x}^{①}+F_{q3x}^{④}=-qta, \quad F_{3y}=F_{q3y}^{①}+F_{q3y}^{④}=-qta, \quad F_{5x}=0, \quad F_{6x}=F_{q6x}^{④}=-\frac{1}{2}qta$$

3.5 位移约束

方程(3.4) 是整个结构所有结点的平衡方程。得到总刚度矩阵 K 后，即使右端项 F 都已知，δ 也不能解出来，因为 K 是奇异的。

在以结点位移为待求变量的有限元问题中，不消除刚体位移就不能消除总刚度矩阵的奇异性。另一方面，许多问题存在着实际的位移边界。因此，引入位移约束的作用有两个。

ⅰ. 消除结构的刚体位移，使代数方程组有唯一解。即便原问题是完全的力边界没有位移约束条件，也必须人为地合理施加不产生多余约束反力的位移约束。如图 3.5、图 3.6 所示。

ⅱ. 尽可能真实地反映有约束反力的位移约束，包括对称结构在对称面、反对称面上的位移约束，如图 3.5(c) 所示。

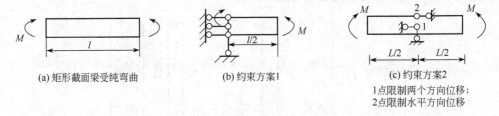

(a) 矩形截面梁受纯弯曲   (b) 约束方案1   (c) 约束方案2

1点限制两个方向位移；
2点限制水平方向位移

图 3.5 位移约束示例（一）

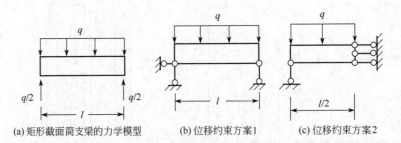

(a) 矩形截面简支梁的力学模型   (b) 位移约束方案1   (c) 位移约束方案2

图 3.6 位移约束示例（二）

初学者容易在约束上发生错误，而一旦约束上发生错误，计算结果往往是完全不可信的，这要引起特别注意。

引入位移约束就是修改方程组(3.4)。

原则上，若在结点 i 已知 x 方向位移 $u_i = \bar{u}_i$，如 3.4 节的例 3.2 所示，则平衡方程 (3.4) 中第 $(2i-1)$ 个方程的右端项是未知的。应当去掉第 $(2i-1)$ 个方程而代之以 $u_i = \bar{u}_i$ 同时将左端有关项移到右端来。而这一原则在技术上实现起来又可大体分为两种方法。

（1）减少未知量个数的直接代入法

对每个已知位移如 $u_i = \bar{u}_i$ 要做两件事，其一是去掉相应号的方程，即方程 (3.4) 中第 $(2i-1)$ 个方程；其二是以 $u_i = \bar{u}_i$ 乘以方程 (3.4) 中系数矩阵 $\boldsymbol{K}$ 的 $(2i-1)$ 列的各元素，然后移项到方程的另一边，亦即每一个已知位移能使 $\boldsymbol{K}$ 减少一行一列，并且右端列阵变化一次；直至引入所有已知位移。最后系数矩阵的行、列数等于未知位移的总数。理论表述上是先将已知位移与未知位移分开，据此改变刚度矩阵的行、列号及右端项的行号。可示意如下：

$$\boldsymbol{K}^* \delta^* = \begin{bmatrix} \boldsymbol{K}_{aa} & \boldsymbol{K}_{ac} \\ \boldsymbol{K}_{ca} & \boldsymbol{K}_{cc} \end{bmatrix} \begin{Bmatrix} \boldsymbol{\delta}_a \\ \boldsymbol{\delta}_c \end{Bmatrix} = \begin{Bmatrix} \boldsymbol{F}_a \\ \boldsymbol{F}_{Rc} \end{Bmatrix} \tag{3.22}$$

式中 $\boldsymbol{\delta}_c$——已知位移列阵；

$\boldsymbol{\delta}_a$——待求位移列阵；

$\boldsymbol{F}_a$——已知结点力列阵；

$\boldsymbol{F}_{Rc}$——包含有约束反力的外力列阵。

求解方程组化为

$$\boldsymbol{K}_{aa}\boldsymbol{\delta}_a = \boldsymbol{F}_a - \boldsymbol{K}_{ac}\boldsymbol{\delta}_c \tag{3.23}$$

这种方法接近于人工解方程。虽然此方法直观且会使求解矩阵规模变小，但因为排序变化，程序复杂，效率低，一般不采用。

（2）对角线元素乘大数法

对已知 $u_i = \bar{u}_i$，则只改动 $\boldsymbol{K}$ 中的对角线元素 $K_{2i-1,2i-1}$。将其乘以一个很大的数 A（例如 $A = 10^{20}$）。

$$K^*_{2i-1,2i-1} = A \times K_{2i-1,2i-1} \tag{3.24}$$

在 $\boldsymbol{K}$ 中以 $K^*_{2i-1,2i-1}$ 代替原有元素 $K_{2i-1,2i-1}$ 的同时给右端项赋值

$$F^*_{2i-1} = \bar{u}_i \times K^*_{2i-1,2i-1} \tag{3.25}$$

修改后方程组(3.4) 中的第 $2i-1$ 个方程为

$$K_{2i-1,1}u_1 + K_{2i-1,2}v_1 + \cdots + AK_{2i-1,2i-1}u_i + K_{2i-1,2}v_i + \cdots = AK_{2i-1,2i-1}\bar{u}_i$$

由于 A 很大，第 $(2i-1)$ 个方程几乎就是 $u_i = \bar{u}_i$。而原有行、列号等均不用变化。这一方法程序简单，被广泛采用。它的不足之处是引入了一个误差源。修正后平衡方程(3.4) 变成了

$$\boldsymbol{K}^* \boldsymbol{\delta} = \boldsymbol{F}^* \tag{3.26}$$

通过这样的修改，在代数方程组中引入了已知位移，又使系数矩阵的阶次不变，$\boldsymbol{K}^*$ 的阶数仍为 $2NJ$ 阶，即形式上还保留这些已知位移的方程。修改后的总刚度矩阵消除了刚体位移的影响，变为非奇异且正定的矩阵，但系数矩阵 $\boldsymbol{K}^*$ 仍保持了 $\boldsymbol{K}$ 原有的对称性、稀疏性及带状分布等性质。方程右端项也全部已知，使式(3.26)是可以求解的有限元方程（组）。

例 3.3 例 3.2 中，设已知 t、E、μ，其中 $\mu = 0$，解出结点位移及单元①的应力。

解 已知位移约束

$$u_1=0,\ u_2=0,\ u_4=0,\ v_4=0,\ v_5=0,\ v_6=0$$

则式(3.4) 所对应的整体平衡方程组是

$$\frac{Et}{4}\begin{bmatrix}
1 & 0 & -1 & -1 & 0 & 1 & 0 & 0 & 0 & 0 & 0 & 0\\
 & 2 & 0 & -2 & 0 & 0 & 0 & 0 & 0 & 0 & 0 & 0\\
 & & 6 & 1 & -4 & -1 & -1 & -1 & 0 & 1 & 0 & 0\\
 & & & 6 & -1 & -2 & 0 & -2 & 1 & 0 & 0 & 0\\
 & & & & 6 & 1 & 0 & 0 & -2 & -1 & 0 & 1\\
 & & & & & 6 & 0 & 0 & -1 & -4 & 0 & 0\\
 & & & & & & 3 & 1 & -2 & -1 & 0 & 0\\
\text{对} & & \text{称} & & & & & 3 & 0 & -1 & 0 & 0\\
 & & & & & & & & 6 & 1 & -2 & 1\\
 & & & & & & & & & 6 & 0 & -1\\
 & & & & & & & & & & 2 & 0\\
 & & & & & & & & & & & 1
\end{bmatrix}\begin{Bmatrix}u_1\\v_1\\u_2\\v_2\\u_3\\v_3\\u_4\\v_4\\u_5\\v_5\\u_6\\v_6\end{Bmatrix}=\begin{Bmatrix}F_{R1x}-0.5qat\\-0.5qat\\R_{2x}\\0\\-qat\\-qat\\F_{R4x}\\F_{R4y}\\0\\F_{R5y}\\-0.5qat\\F_{R6y}-0.5qat\end{Bmatrix}$$

用减少未知量的代入法修正后的方程简化为 6 个方程，如从 $u_1=0$，去掉第一个方程，且由于 $u_1=0$ 乘以系数矩阵的第一列都等于零，移到右端相当于去掉了系数矩阵的第一列。由 $v_5=0$，则是去掉了第 10 个方程和系数矩阵的第 1 列…结果只剩下相当于式(3.23) 的以下方程组

$$\frac{Et}{4}\begin{bmatrix}
2 & -2 & 0 & 0 & 0 & 0\\
-2 & 6 & -1 & -2 & 1 & 0\\
0 & -1 & 6 & 1 & -2 & 0\\
0 & -2 & 1 & 6 & -1 & 0\\
0 & 1 & -2 & -1 & 6 & -2\\
0 & 0 & 0 & 0 & -2 & 2
\end{bmatrix}\begin{Bmatrix}v_1\\v_2\\u_3\\v_3\\u_5\\u_6\end{Bmatrix}=\frac{-qta}{2}\begin{Bmatrix}1\\0\\2\\2\\0\\1\end{Bmatrix}$$

若用乘大数方法，方程组(3.26) 为

$$\frac{Et}{4}\begin{bmatrix}
A & 0 & -1 & -1 & 0 & 1 & 0 & 0 & 0 & 0 & 0 & 0\\
 & 2 & 0 & -2 & 0 & 0 & 0 & 0 & 0 & 0 & 0 & 0\\
 & & 6A & 1 & -4 & -1 & -1 & -1 & 0 & 1 & 0 & 0\\
 & & & 6 & -1 & -2 & 0 & -2 & 1 & 0 & 0 & 0\\
 & & & & 6 & 1 & 0 & 0 & -2 & -1 & 0 & 1\\
 & & & & & 6 & 0 & 0 & -1 & -4 & 0 & 0\\
 & & & & & & 3A & 1 & -2 & -1 & 0 & 0\\
\text{对} & & \text{称} & & & & & 3A & 0 & -1 & 0 & 0\\
 & & & & & & & & 6 & 1 & -2 & 1\\
 & & & & & & & & & 6A & 0 & -1\\
 & & & & & & & & & & 2 & 0\\
 & & & & & & & & & & & A
\end{bmatrix}\begin{Bmatrix}u_1\\v_1\\u_2\\v_2\\u_3\\v_3\\u_4\\v_4\\u_5\\v_5\\u_6\\v_6\end{Bmatrix}=\begin{Bmatrix}0\\-0.5qat\\0\\0\\-qat\\-qat\\0\\0\\0\\0\\-0.5qat\\0\end{Bmatrix}$$

上式中 A 为大数，例如 $A=10^{20}$。

无论哪一个方程组，均可解出

$$(v_1 \quad v_2 \quad u_3 \quad v_3 \quad u_5 \quad u_6)^{\mathrm{T}}=-\frac{qa}{E}(2 \quad 1 \quad 1 \quad 1 \quad 1 \quad 2)^{\mathrm{T}}$$

计算①单元应力，由于

$$\boldsymbol{S}^{\textcircled{1}}=\frac{E}{a}\begin{bmatrix} 0 & 0 & -1 & 0 & 1 & 0 \\ 0 & 1 & 0 & -1 & 0 & 0 \\ \frac{1}{2} & 0 & -\frac{1}{2} & -\frac{1}{2} & 0 & \frac{1}{2} \end{bmatrix}$$

$$\boldsymbol{\delta}^{\textcircled{1}}=(u_1 \quad v_1 \quad u_2 \quad v_2 \quad u_3 \quad v_3)^{\mathrm{T}}=-\frac{qa}{E}(0 \quad 2 \quad 0 \quad 1 \quad 1 \quad 1)^{\mathrm{T}}$$

$$\boldsymbol{\sigma}=\boldsymbol{S}^{\textcircled{1}}\boldsymbol{\delta}^{\textcircled{1}}=-q\begin{Bmatrix} 1 \\ 1 \\ 0 \end{Bmatrix}$$

即

$$\sigma_x=-q, \quad \sigma_y=-q, \quad \tau_{xy}=0$$

其它单元应力请读者自己进行计算。

熟悉弹性力学的读者应当知道，图 3.2 的问题是均匀应力问题，以上得到的应力解答是精确解。

例 3.4 如图 3.7 所示，方板边长 $2\sqrt{2}a$，厚 t；受纯剪切。已知 E，$\mu=0$。由对称性，取右上 1/4 为求解对象，共分 4 个三角形单元。离散模型见图 3.8。求结点位移及单元应力。

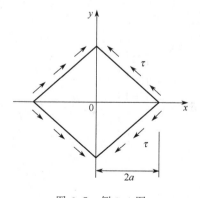

图 3.7　例 3.4 图

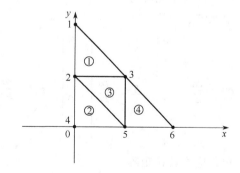

图 3.8　例 3.4 有限元离散模型

解

（1）计算结点位移

分布面力矢量在斜边上

$$\bar{f} = \begin{Bmatrix} \bar{f}_{nx} \\ \bar{f}_{ny} \end{Bmatrix} = \tau \begin{Bmatrix} -\dfrac{\sqrt{2}}{2} \\[2mm] \dfrac{\sqrt{2}}{2} \end{Bmatrix} = \dfrac{\sqrt{2}}{2}\tau \begin{Bmatrix} -1 \\ 1 \end{Bmatrix}$$

在①，④单元上，分布力的等效结点力：$\boldsymbol{F}_q^{①} = \dfrac{\tau t a}{2}\begin{Bmatrix} -1 \\ 1 \\ 0 \\ 0 \\ -1 \\ 1 \end{Bmatrix}$，$\boldsymbol{F}_q^{④} = \dfrac{\tau t a}{2}\begin{Bmatrix} -1 \\ 1 \\ 0 \\ 0 \\ -1 \\ 1 \end{Bmatrix}$

去掉含约束的方程，有效的载荷列阵

$$(F_{1y} \quad F_{2y} \quad F_{3x} \quad F_{3y} \quad F_{5x} \quad F_{6x})^{\mathrm{T}} = \dfrac{\tau t a}{2}(1 \quad 0 \quad -2 \quad 2 \quad 0 \quad -1)^{\mathrm{T}}$$

按第一种方法求解的方程为

$$\dfrac{Et}{4}\begin{bmatrix} 2 & -2 & 0 & 0 & 0 & 0 \\ -2 & 6 & -1 & -2 & 1 & 0 \\ 0 & -1 & 6 & 1 & -2 & 0 \\ 0 & -2 & 1 & 6 & -1 & 0 \\ 0 & 1 & -2 & -1 & 6 & -2 \\ 0 & 0 & 0 & 0 & -2 & 2 \end{bmatrix}\begin{Bmatrix} v_1 \\ v_2 \\ u_3 \\ v_3 \\ u_5 \\ u_6 \end{Bmatrix} = \dfrac{\tau t a}{2}\begin{Bmatrix} 1 \\ 0 \\ -2 \\ 2 \\ 0 \\ -1 \end{Bmatrix}$$ 解方程，得出位移解

$$(v_1 \quad v_2 \quad u_3 \quad v_3 \quad u_5 \quad u_6)^{\mathrm{T}} = \dfrac{\tau a}{E}(2 \quad 1 \quad -1 \quad 1 \quad -1 \quad -2)^{\mathrm{T}}$$

（2）计算单元应力

单元结点位移

$$\boldsymbol{\delta}^{①} = \dfrac{\tau a}{E}\begin{Bmatrix} 0 \\ 2 \\ 0 \\ 1 \\ -1 \\ 1 \end{Bmatrix} \quad \boldsymbol{\delta}^{②} = \dfrac{\tau a}{E}\begin{Bmatrix} 0 \\ 1 \\ 0 \\ 0 \\ -1 \\ 0 \end{Bmatrix} \quad \boldsymbol{\delta}^{③} = \dfrac{\tau a}{E}\begin{Bmatrix} -1 \\ 0 \\ -1 \\ 1 \\ 0 \\ 1 \end{Bmatrix} \quad \boldsymbol{\delta}^{④} = \dfrac{\tau a}{E}\begin{Bmatrix} -1 \\ 1 \\ -1 \\ 0 \\ -2 \\ 0 \end{Bmatrix}$$

单元应力转换矩阵

$$\boldsymbol{S}^{①} = \boldsymbol{S}^{②} = \boldsymbol{S}^{④} = -\boldsymbol{S}^{③} = \dfrac{E}{a}\begin{bmatrix} 0 & 0 & -1 & 0 & 1 & 0 \\ 0 & 1 & 0 & -1 & 0 & 0 \\ \dfrac{1}{2} & 0 & -\dfrac{1}{2} & -\dfrac{1}{2} & 0 & \dfrac{1}{2} \end{bmatrix}$$

各单元应力为

$$\boldsymbol{\sigma}^{\textcircled{1}}=\boldsymbol{\sigma}^{\textcircled{2}}=\boldsymbol{\sigma}^{\textcircled{3}}=\boldsymbol{\sigma}^{\textcircled{4}}=\tau\left\{\begin{array}{c}-1\\1\\0\end{array}\right\}$$

3.6 有限元的解

3.6.1 位移解

只要正确地得到方程(3.26)或方程(3.23)，就可以有唯一的结点位移解 $\boldsymbol{\delta}$。

修正后得到的有限元方程组(3.26)的解法有直接解法与迭代解法。直接解法中的各种方法都是高斯消去法的变种。技术中流行的各种直接解法是针对系数矩阵的性质（如对称性、稀疏性、带状分布等）与各自系数矩阵的存储方式而创造的各种高效率的解法。大多数的工程结构的静力分析均可采用直接解法，它有一个优点是可同时计算多种载荷工况，即右端项可以是多列的矩阵。由于直接解法本质上相当于矩阵求逆，即

$$\boldsymbol{\delta}=\boldsymbol{K}^{*-1}\boldsymbol{F}^{*}$$

当有多种载荷工况时，式(3.26)变为

$$\boldsymbol{K}^{*}\boldsymbol{A}=\boldsymbol{B}$$

其中 $\boldsymbol{A}=[\delta_1,\delta_2,\cdots,\delta_n]$，$\boldsymbol{B}=[\boldsymbol{F}_1^{*},\boldsymbol{F}_2^{*},\cdots,\boldsymbol{F}_n^{*}]$，$\boldsymbol{B}$ 矩阵表示 n 种载荷工况。逆矩阵一旦求出，多种载荷工况可共用 $\boldsymbol{A}=\boldsymbol{K}^{*-1}\boldsymbol{B}$。

当方程阶次较高（如 10^5 阶次以上），直接解法会出现累积误差过大，效率降低等问题。此时宜采用迭代解法。迭代解法同样有多种方法，往往一个软件会提供多种解法，读者可以参考有关计算数学方面的书。认真阅读软件所提供的说明也是很重要的。

应当指出，结点位移值是有限元位移法的第一解答。考虑到在单元内设定的位移模式，也可认为最终得到了整个结构的位移场。本章的三角形单元得到的位移曲面是折面形式的。一般而言，位移解答是近似的。解可以通过增加单元个数，减小单元尺寸，随着最大单元的尺寸趋于零而逼近于精确解。

3.6.2 应力解

结构分析的目的往往是要确定应力。

从已经解出来的全部结点位移 $\boldsymbol{\delta}$ 中可以将每一单元的结点位移 $\boldsymbol{\delta}^e$ 挑出来，$\boldsymbol{\delta}^e=\boldsymbol{G}^e\boldsymbol{\delta}$。由于单元内的位移场为 $\boldsymbol{u}^e=\boldsymbol{N}^e\boldsymbol{\delta}^e$；可以求出单元的应变和应力。

由式(2.24)，单元应力 $\boldsymbol{\sigma}^e$

$$\boldsymbol{\sigma}^e=\left\{\begin{array}{c}\sigma_x\\\sigma_y\\\tau_{xy}\end{array}\right\}=\boldsymbol{S}^e\boldsymbol{\delta}^e$$

这里给出的是单元内每一点的应力值，即一个单元的应力场，各单元组合起来便可得到

整个应力场。对于三结点三角形单元，单元内各点的应力值相等，由于单元应力是常数，则整个结构的全场应力呈台阶状，在单元之间不连续。以数学观点来看，此时在单元的公共边、结点上位移函数不可导，应力与应变没有定义，而在工程问题中，边界上与结点上的值常常是人们最关心的。因此必须对式(2.24)得到的应力再次处理，得到更加合理的应力场，并得到所需点上的应力值。

通常有一些简单处理方法。用结点的所有相关单元应力的平均值作为结点应力，称为绕结点平均法；用相邻两单元应力的平均值当做公共边界中点的应力；用插值方法获得结构边界上的应力等。若将式(2.24)得到的应力当作是单元几何中心的应力，以单元中心的应力值再构造连续的、有一定光滑程度的应力曲面，一般要比直接得到的应力场更接近于实际情况。这种方法本身也具有一般性，可以推广到更加复杂的情况。

无论后期怎样处理，应力场来源于单元应力的计算，或者说来自于对单元位移场的微分。应力的精确程度主要依赖于单元的尺寸、单元的类型（位移模式）。

$\boldsymbol{\sigma}^e$ 的分量 σ_x、σ_y、τ_{xy} 与坐标系相关，人们常常会更加关心应力状态，关心主应力及主方向。平面问题的主应力可由下面的公式得到

$$\sigma_{\max,\min}=\frac{\sigma_x+\sigma_y}{2}\pm\sqrt{\left(\frac{\sigma_x-\sigma_y}{2}\right)^2+\tau_{xy}^2} \tag{3.27}$$

式中　$\sigma_{\max},\sigma_{\min}$——单元的两个主应力。

主应力方向可以由 θ 描述。当 $\sigma_x\neq\sigma_y$ 时得

$$\theta=\frac{1}{2}\arctan\left(\frac{2\tau_{xy}}{\sigma_x-\sigma_y}\right) \tag{3.28}$$

式中　θ——主应力方向与 x 方向夹角。

当 $\sigma_x=\sigma_y$ 时，又有两种情况：

ⅰ. $\tau_{xy}\neq0$，$\theta=\pm\dfrac{\pi}{4}$；

ⅱ. $\tau_{xy}=0$，θ 可以是任意值。

在许多有限元软件中除计算单元的各应力分量、主应力外还可以计算各种相当应力（如第三强度理论和第四强度理论的相当应力等）；可以按结点输出应力；可以输出各量值的图表、曲线、彩色云图以及主应力矢量流图等，非常直观且适于应用。然而应力最初的值是单元内的应力值。如果称结点位移为有限元的第一层解答，则单元内的应力称为第二层解答。

3.6.3　解的收敛性

有限元解的收敛指的是当单元尺寸趋于零（即最大单元的尺寸趋于零）时有限元解趋于精确解。

一般说单元的收敛性首先取决于单元位移模式。

单元的位移模式中必须含有刚体位移与常应变项，含有刚体位移的必要性是显而易见的，含有常应变则能保证单元尺寸趋于零时单元应变趋向于常数，这种单元称为完备单元。显然，完备单元是收敛的必要条件。

如果位移模式能保证相邻单元在公共边上位移连续，这种单元称为协调单元或保续单元。完备又保续的单元是收敛的充分条件。

某些完备单元不保续也可能收敛，这时要保证其收敛必须通过"分片试验"的测试，关于"分片试验"请参见相关书籍。

应用有限元技术涉及收敛性往往实际谈及的是计算精度及效率。在这方面，有以下原则应注意。

ⅰ．由于应力解是由位移场做"数值微分"得到的，因此应力的精度总是低于位移的精度。

ⅱ．在同样的计算工作量之下，精度主要取决于单元类型（即位移模式），其次是单元大小、形状及单元划分的合理性（单元类型与单元的具体划分就决定了定义在结点上的函数基，所求得的结点位移就是在这组基上使总势能最小的那一组结点位移）。平面问题的三角形单元最简单，一般说精度也最差。但通过书上的例子可以看出，用少数的单元解均匀应力的问题，三角形单元也能给出精确解。这也同时说明了收敛的"快慢"一定与物理问题本身有密切关系。

ⅲ．某些结构会有奇异性问题，如结构受集中力处、边界有尖锐缺口的地方、不同曲面的相交处、材料突变等。这时除了必须使用肯定收敛的单元外，往往还应设计数值试验以保证模型的合理与结果的可靠性。

3.7 从虚功原理导出有限元方程

从结点平衡得到整体平衡方程(3.4)的方法的物理概念清晰，但这种方法在数学上不够严谨，对有些问题推导有困难，有时还会有不确定的结果。本节介绍的从虚功原理导出有限元方程是一种更加严谨、适用性更加广泛的方法。

将平面问题的虚功方程式(1.39)改写为

$$t\int_\Omega \boldsymbol{\varepsilon}^{*\mathrm{T}}\boldsymbol{\sigma}\mathrm{d}\Omega = t\int_\Omega \boldsymbol{u}^{*\mathrm{T}}\boldsymbol{f}\mathrm{d}\Omega + t\int_{S^\sigma} \boldsymbol{u}^{*\mathrm{T}}\overline{\boldsymbol{f}}\mathrm{d}s \qquad (3.29\mathrm{a})$$

第一项是总虚变形功，或者叫应力在虚应变上的总虚功，其可以化为离散化后各单元总虚变形功之和。虚变形中的虚应变是由结点虚位移引起的，$\boldsymbol{\varepsilon}^* = \boldsymbol{B}\boldsymbol{\delta}^{*e}$，结点虚位移与积分变量无关，可以提到积分号外（为简单计以下设厚度 $t=1$）

$$\int_\Omega \boldsymbol{\varepsilon}^{*\mathrm{T}}\boldsymbol{\sigma}\mathrm{d}\Omega = \sum_e \left[\int_{\Omega_e}(\boldsymbol{\varepsilon}^{*e})^{\mathrm{T}}\boldsymbol{\sigma}^e\mathrm{d}\Omega\right] = \sum_e \left[\int_{\Omega_e}(\boldsymbol{\delta}^{*e})^{\mathrm{T}}\boldsymbol{B}^{e\mathrm{T}}\boldsymbol{D}\boldsymbol{B}^e\boldsymbol{\delta}^e\mathrm{d}\Omega\right]$$

$$= \sum_e \left[(\boldsymbol{\delta}^{*e})^{\mathrm{T}}\int_{\Omega_e}\boldsymbol{B}^{e\mathrm{T}}\boldsymbol{D}\boldsymbol{B}^e\mathrm{d}\Omega\boldsymbol{\delta}^e\right] = \boldsymbol{\delta}^{*\mathrm{T}}\left\{\sum_e\left[(\boldsymbol{G}^{*e})^{\mathrm{T}}\int_{\Omega_e}\boldsymbol{B}^{e\mathrm{T}}\boldsymbol{D}\boldsymbol{B}^e\mathrm{d}\Omega\,\boldsymbol{G}^e\right]\right\}\boldsymbol{\delta}$$

方程(1.39a)右端第一项是体力在虚位移上的虚功，积分也可表为各单元积分之和，在

每个单元上，$u^{*e} = N^e \delta^{*e}$

$$\int_\Omega u^{*\mathrm{T}} f \mathrm{d}\Omega = \sum_e \left[(\delta^{*e})^\mathrm{T} \int_{\Omega_e} N^{e\mathrm{T}} f \mathrm{d}\Omega \right] = \delta^{*\mathrm{T}} \left\{ \sum_e \left[G^{e\mathrm{T}} \int_{\Omega_e} N^{e\mathrm{T}} f \mathrm{d}\Omega \right] \right\}$$

方程(3.29a) 右端第二项是边界分布力的虚功，同样可有

$$\int_{S^\sigma} u^{*\mathrm{T}} \overline{f} \mathrm{d}s = \sum_{\text{含有} S^\sigma \text{的单元}} \left[(\delta^{*e})^\mathrm{T} \int_{S_e^\sigma} N^{e\mathrm{T}} \overline{f} \mathrm{d}s \right] = \delta^{*\mathrm{T}} \left\{ \sum_{\text{含有} S^\sigma \text{的单元}} \left[G^{e\mathrm{T}} \int_{S_e^\sigma} N^{e\mathrm{T}} \overline{f} \mathrm{d}s \right] \right\}$$

有限元离散模型中，可能有已知结点集中外力列阵 F_C，其在结点虚位移上的虚功 $\delta^{*\mathrm{T}}$ F_c。将这些都代入虚功方程(3.29a) 中，由于 δ^* 的任意性便可得到阶数与 δ^* 相同的代数方程组

$$\left\{ \sum_e \left[G^{e\mathrm{T}} t \int_{\Omega_e} B^{e\mathrm{T}} DB^e \mathrm{d}\Omega G^e \right] \right\} \delta = \sum_e \left[G^{e\mathrm{T}} t \int_{\Omega_e} N^{e\mathrm{T}} f \mathrm{d}\Omega \right] + \sum_e \left[G^{e\mathrm{T}} t \int_{S_e^\sigma} N^{e\mathrm{T}} \overline{f} \mathrm{d}s \right] + F_c$$

$$(3.29\mathrm{b})$$

因此也可写出

$$K\delta = F_b + F_q + F_c \tag{3.29c}$$

式(3.29c) 即结构整体平衡方程(3.4)。式(3.29b) 将总刚度矩阵 K 的定义、总刚度矩阵 K 与单元刚度矩阵 K^e 的关系、单元刚度矩阵的计算式、体力的等效结点力、面力的等效结点力等方面的关系表达得很清楚了，再加上补充的位移约束方程，有限元方程从数学上就完整了。

在推导中除了虚功原理，还利用了整体离散为单元组、几何方程（位移-应变关系）、物理方程（弹性应力-应变关系）。弹性力学中讲，虚功原理加上线弹性的应力-应变关系就应该有势能原理。

3.8　从势能原理导出有限元方程

平面问题的总势能

$$\prod = \frac{t}{2} \int_\Omega \sigma^\mathrm{T} \varepsilon \mathrm{d}\Omega - t \int_\Omega f^\mathrm{T} u \mathrm{d}\Omega - t \int_{S^\sigma} \overline{f}^\mathrm{T} u \mathrm{d}S$$

如果有集中力则右端还应附加一项

$$-F_c^\mathrm{T} \delta_\mathrm{J}$$

其中，δ_J 为集中力作用处的位移。

势能原理：对于处于稳定平衡状态的弹性体，位移真解应使总势能 $\prod$ 取最小值，反之

亦然。

当把 Ω 离散为有限个单元，并在各单元内假设了位移模式，在单元内应力与应变用结点位移 $\boldsymbol{\delta}$（或单元中 $\boldsymbol{\delta}^e$）来描述，$\boldsymbol{\varepsilon}^e = \boldsymbol{B}\boldsymbol{\delta}^e$，$\boldsymbol{\sigma}^e = \boldsymbol{DB}\boldsymbol{\delta}^e$，全域 Ω 上的积分等于全体单元 Ω_e 上的积分和，有如下形式

$$\prod \approx \frac{1}{2}\sum_e \left[t\int_{\Omega_e} \boldsymbol{\sigma}^{e\mathrm{T}}\boldsymbol{\varepsilon}^e \,\mathrm{d}\Omega \right] - \sum_e \left[t\int_{\Omega_e} \boldsymbol{f}^{\mathrm{T}}\boldsymbol{u}\,\mathrm{d}\Omega \right] - \sum_e \left[t\int_{S_e^\sigma} \overline{\boldsymbol{f}}^{\mathrm{T}}\boldsymbol{u}\,\mathrm{d}s \right]$$

$$= \frac{1}{2}\sum_e \left[t\boldsymbol{\delta}^{e\mathrm{T}}\int_{\Omega_e} \boldsymbol{B}^{e\mathrm{T}}\boldsymbol{DB}^e \,\mathrm{d}\Omega\boldsymbol{\delta}^e \right] - \sum_e \left[t\int_{\Omega_e} \boldsymbol{f}^{\mathrm{T}}\boldsymbol{N}^e \,\mathrm{d}\Omega\boldsymbol{\delta}^e \right] - \sum_e \left[t\int_{S_e^\sigma} \overline{\boldsymbol{f}}^{\mathrm{T}}\boldsymbol{N}^e \,\mathrm{d}s\boldsymbol{\delta}^e \right]$$

$$= \frac{1}{2}\boldsymbol{\delta}^{\mathrm{T}}\left\{ \sum_e \left[\boldsymbol{G}^{e\mathrm{T}} t\int_{\Omega_e} \boldsymbol{B}^{e\mathrm{T}}\boldsymbol{DB}^e \,\mathrm{d}\Omega\boldsymbol{G}^e \right] \right\}\boldsymbol{\delta} - \left\{ \sum_e \left[t\int_{\Omega_e} \boldsymbol{f}^{\mathrm{T}}\boldsymbol{N}^e \,\mathrm{d}\Omega\boldsymbol{G}^e \right] \right\}\boldsymbol{\delta} - \left\{ \sum_e \left[t\int_{S_e^\sigma} \overline{\boldsymbol{f}}^{\mathrm{T}}\boldsymbol{N}^e \,\mathrm{d}s\boldsymbol{G}^e \right] \right\}\delta$$

式中只有结点位移是变量，即总势能 $\prod$ 成了结点位移 $\boldsymbol{\delta}$ 的二次函数。

$\prod$ 取极值的必要条件是 $\dfrac{\partial \prod}{\partial \boldsymbol{\delta}} = 0$，得

$$\left\{ \sum_e \left[\boldsymbol{G}^{e\mathrm{T}} t\int_{\Omega_e} \boldsymbol{B}^e\boldsymbol{DB}^e \,\mathrm{d}\Omega\boldsymbol{G}^e \right] \right\}\boldsymbol{\delta} = \left\{ \sum_e \left[\boldsymbol{G}^{e\mathrm{T}} t\int \boldsymbol{N}^{e\mathrm{T}} f\,\mathrm{d}\Omega \right] \right\} + \left\{ \sum_e \left[\boldsymbol{G}^{e\mathrm{T}} t\int_{S_e^\sigma} \boldsymbol{N}^{e\mathrm{T}} \overline{f}\,\mathrm{d}s \right] \right\} + \boldsymbol{F}_c$$

结果与（3.29a）完全相同。整个推导过程是将假设的位移代入总势能 $\prod$，对结点位移求导数就得到了有限元方程。

这个假设的位移场在每个单元上等于结点位移乘结点形函数之和。现在不妨在概念上把结点形函数的定义延拓到全场，构成一个个广义函数。每个结点有一个广义函数——形函数，该函数在结点上的值是 1，在相关单元内非零，而在全域的其它地方都是零（包括相关结点处），函数的图象像一个小山丘。假设的位移场曲面就是由这些小山丘为基而"张成"，即整个位移场等于各结点的位移乘以结点形函数之和（也可以写成级数形式）。调整结点位移值就调整了 $\prod$ 的值，使 $\prod$ 取极小值的那一组位移值就是在这一组基上最好的，就是有限元的解答。这就是有限元解的本质意义。

关于矩阵求导 $\dfrac{\partial [\quad]}{\partial \boldsymbol{\delta}}$ 的保留约定说明

$\boldsymbol{\delta}$ 约定为一列阵，元素为 δ_i，$\dfrac{\partial [\quad]}{\partial \boldsymbol{\delta}}$ 表示将 [ ] 对 δ_i 求导后按行排列，有如下规则：

① 当 $\boldsymbol{B}$ 仅是一个数，$\dfrac{\partial \boldsymbol{B}}{\partial \boldsymbol{\delta}}$ 是列阵，其元素是 $\dfrac{\partial \boldsymbol{B}}{\partial \delta_i}$；

② 当 $\boldsymbol{B}$ 是行阵，元素为 b_j，$\dfrac{\partial \boldsymbol{B}}{\partial \boldsymbol{\delta}}$ 是矩阵，其元素是 $\dfrac{\partial b_j}{\partial \delta_i}$，$i$ 为行号，j 为列号；

③ $\boldsymbol{B}$ 是列阵与矩阵不考虑，即 $\dfrac{\partial \boldsymbol{B}}{\partial \boldsymbol{\delta}}$ 暂无定义；

④ 对于列阵 $\boldsymbol{b}$、$\boldsymbol{c}$ 因为 $\dfrac{\partial}{\partial \delta_i}(b_j c_j) = \dfrac{\partial b_j}{\partial \delta_i}c_j + b_j \dfrac{\partial c_j}{\partial \delta_i}$

所以 $\dfrac{\partial}{\partial \boldsymbol{\delta}}(\boldsymbol{b}^{\mathrm{T}}\boldsymbol{c}) = \dfrac{\partial \boldsymbol{b}^{\mathrm{T}}}{\partial \boldsymbol{\delta}}\boldsymbol{c} + \dfrac{\partial \boldsymbol{c}^{\mathrm{T}}}{\partial \boldsymbol{\delta}}\boldsymbol{b}$

例： i . 当矩阵 $\boldsymbol{K}$ 中每个元素均与 δ_i 无关时有 $\dfrac{\partial(\boldsymbol{b}^{\mathrm{T}}\boldsymbol{K})}{\partial \boldsymbol{\delta}} = \dfrac{\partial \boldsymbol{b}^{\mathrm{T}}}{\partial \boldsymbol{\delta}}\boldsymbol{K}$

ii . 当矩阵 $\boldsymbol{K}$ 中每个元素均与 δ_i 有关时有

$$\frac{\partial(\boldsymbol{\delta}^{\mathrm{T}}\boldsymbol{K}\boldsymbol{\delta})}{\partial \boldsymbol{\delta}} = \boldsymbol{K}\boldsymbol{\delta} + \frac{\partial(\boldsymbol{K}\boldsymbol{\delta})^{\mathrm{T}}}{\partial \boldsymbol{\delta}}\boldsymbol{\delta} = (\boldsymbol{K} + \boldsymbol{K}^{\mathrm{T}})\boldsymbol{\delta}$$

以上约定可能与其它书中说明有略微不同。

本 章 小 结

i . 通过结点的受力平衡方程（在每个结点上流入等于流出）得到整体的平衡方程——有限元方程。实现了从微分方程到代数方程组的转化。结点平衡法是一个朴素的方法；

ii . 整体刚度矩阵 $\boldsymbol{K}$ 由每个单元的单元刚度矩阵 $\boldsymbol{K}^e$ 扩充到与整体刚度矩阵一样的大小，扩充时 $\boldsymbol{K}^e$ 的元素按照点号确定位置，然后逐个单元相加得到。

$$\boldsymbol{K} = \sum_e \boldsymbol{G}^{e\mathrm{T}}\boldsymbol{K}^e\boldsymbol{G}^e$$

单元刚度矩阵子块在单元刚度矩阵中的位置由其下标表示，其行号即第一下标是结点力在单元中的次序（1,2,3），其列号即第二下标是结点位移在单元中的次序（1,2,3）。扩充后该子块的新位置由这两个点在整个问题中的点号来确定。这个位置也就是该子块在总刚度矩阵中的位置；

iii . 载荷列阵中除了已知的结点集中外力列阵，各单元的单元等效结点力列阵 $\boldsymbol{F}_b^e$ 与 $\boldsymbol{F}_q^e$ 也扩充到与总点数相一致的结点力列阵，然后相加起来；

iv . 用虚功原理导出有限元方程是比较基本的方法，它也适用于非线性与非弹性；

v . 对线弹性问题，显然用势能原理导出的有限元方程的思路更加简单，数学上也更加严谨，同时它给出有限元解的解释；

vi . 正确看待有限元法的解是个重要问题。有限元法的直接解答是有限个结点的位移，因而是离散的数值解。但也可以将位移场的解看作是有限个广义函数（结点形函数）的线性组合，因而也是一种广义函数解；

vii . 对位移场做数值微分可以导出应变场，进一步得出应力场。但这个应力场是以逐个单元应力形式导出的，在全场上一般是不连续的。各种连续、光滑的应力结果都是在单元应力的基础上"光顺"处理的结果；

viii . 完备性是单元收敛的必要条件。完备的单元又"保续"是收敛的充分条件。

习 题

3.1 厚度为 h 的薄板如图 3.9 所示，已知 E，$\mu = 0$。由对称性，取 1/2 板为计算对象，且划分为两个单元。从单刚写起直至求出：①B 点位移；②单元应力；③C 点（或 D 点）支反力。

3.2 如图 3.10 所示,厚度为 h 的薄圆环受一对压力 F 的作用。试根据对称性选取几何模型、划分单元、给出位移约束及边界条件。

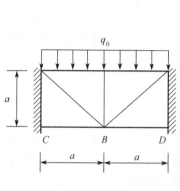

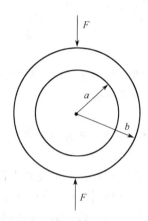

图 3.9 习题 3.1 图

图 3.10 习题 3.2 图

3.3 针对四边形薄板,采用三结点单元,用 MATLAB 编写有限元程序(要求能算出结点位移及单元应力)。

3.4 如图 3.11 所示,矩形截面简支梁跨长 $l=2\text{m}$,高 $h=0.4\text{m}$,厚 $b=0.05\text{m}$,受均布载荷作用。$q=0.4\text{MPa}$,$E=2\times10^4\text{MPa}$,$\mu=0.25$,试求梁下边缘中点挠度、弯曲正应力,并将所得结果与材料力学解对比[❶]。

3.5 如图 3.12 所示,正方形薄板边长 40mm,厚 1mm;中心有圆孔,半径 $r=4\text{mm}$;正方形的一对边受均匀单向拉力 $p=1\text{MPa}$。已知 $E=2.1\times10^5\text{MPa}$,$\mu=0.3$,试求两对称面上的正应力峰值及变化规律(用描点法画出正应力分布图)[❶]。

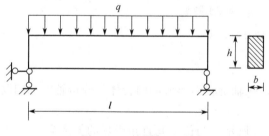

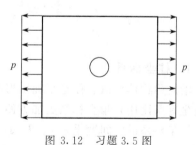

图 3.11 习题 3.4 图

图 3.12 习题 3.5 图

---

❶ 习题 3.4 和习题 3.5 可由习题 3.3 编写的程序或附录程序求解。

4 空间轴对称问题

本章介绍三角形单元的一种自然坐标——面积坐标；用虚功原理导出弹性力学空间轴对称问题的有限元方程。

4.1 弹性力学中轴对称空间问题

当物体几何形状、约束及外力都对称于某一轴线，则物体的位移、应变、应力也都对称于这一轴线，这种问题称为轴对称问题，如图 4.1 所示的受内压圆筒形容器、旋转圆盘等。下面给出弹性力学中轴对称空间问题数学描述和有关原理的应用。

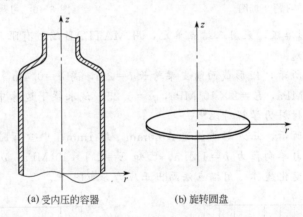

(a) 受内压的容器　　　　(b) 旋转圆盘

图 4.1　轴对称问题

4.1.1　柱坐标系

轴对称物体可以看作是平面图形绕平面某一轴旋转而形成的回转体。分析轴对称问题采用柱坐标系比用直角坐标系更加方便。

柱坐标系的空间变量是 r、θ、z，如图 4.2 所示，与笛卡儿直角坐标的关系为

$$\begin{Bmatrix} x \\ y \\ z \end{Bmatrix} = \begin{Bmatrix} r\cos\theta \\ r\sin\theta \\ z \end{Bmatrix} \tag{4.1}$$

柱坐标系是一种正交曲线坐标系。过任意一点（$r=0$ 的极轴上点除外）的三个坐标面（$r=$ 常数、$\theta=$ 常数、$z=$ 常数三个曲面）都是彼此正交。过一点的三个坐标面两两相交形成三条坐标曲线。在坐标曲线上沿坐标值增长方向上的单位长度的切向矢量 $\boldsymbol{r}$、$\boldsymbol{\theta}$、$\boldsymbol{k}$ 称为坐标

系在该点的坐标基矢量。显然，r 垂直于 $r=$ 常数的柱面，θ 垂直于 $\theta=$ 常数的半平面——子午面，k 垂直于 $z=$ 常数的平面。r 与 θ 的方向随点的不同而不同，k 的方向对各点是相同的。

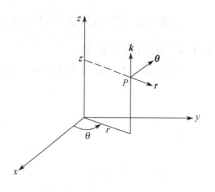

图 4.2　柱坐标中 P 点的
坐标及坐标基矢量

4.1.2　轴对称空间问题的变量

当把轴对称问题中的对称轴取为柱坐标系中的 z 轴时，由于轴对称的性质，一切场变量都仅为 r、z 的函数而与 θ 无关。空间的三维问题化为平面的二维问题，即定义在空间域回转体的物理量简化为定义在回转体的某个子午面平面域上的物理量。

物体发生轴对称变形，各点均无环向（θ 向）位移，位移矢量只能沿着子午面，即只能有两个分量。

$$\boldsymbol{u}=\begin{Bmatrix} u \\ w \end{Bmatrix} \overset{\text{或}}{=} \begin{Bmatrix} u_r \\ u_z \end{Bmatrix} \tag{4.2}$$

物体各点的应变可以用 4 个分量描述（其余两个分量为零）。

$$\boldsymbol{\varepsilon}=(\varepsilon_r \quad \varepsilon_\theta \quad \varepsilon_z \quad \gamma_{rz})^{\mathrm{T}} \tag{4.3}$$

式中，ε_r、ε_z、γ_{rz} 的含义类似于平面问题中的 ε_x、ε_y、γ_{xy}；而 ε_θ 表示环向（θ 方向）的线应变，或者说表示过该点的圆周（r、z 不变，θ 从 $0\sim2\pi$）的相对伸长。

应力也用 4 个分量描述（其余两个分量为零）。

$$\boldsymbol{\sigma}=(\sigma_r \quad \sigma_\theta \quad \sigma_z \quad \tau_{rz})^{\mathrm{T}} \tag{4.4}$$

式中 σ_r、σ_z、τ_{rz} 类似于平面问题中的 σ_x、σ_y、τ_{xy}，σ_θ 则表示作用在子午面上垂直于子午面的正应力分量。

以上这 10 个变量都只是 r、z 的函数，与 θ 无关。由于各变量在每个子午面上都是一样的，分析这样的问题只要考虑一个子午面即可。因此，有限元的离散化也只需在一个子午面上进行。但应当注意，这样划分出来的单元实质上是一个环状体，而子午面上的结点实质上是一个圆周。

4.1.3　应变与位移的关系

轴对称情况下位移与应变的关系是

$$\boldsymbol{\varepsilon}=\begin{Bmatrix} \varepsilon_r \\ \varepsilon_\theta \\ \varepsilon_z \\ \gamma_{rz} \end{Bmatrix}=\begin{Bmatrix} \dfrac{\partial u}{\partial r} \\[2mm] \dfrac{u}{r} \\[2mm] \dfrac{\partial w}{\partial z} \\[2mm] \dfrac{\partial u}{\partial z}+\dfrac{\partial w}{\partial r} \end{Bmatrix}=\begin{bmatrix} \dfrac{\partial}{\partial r} & 0 \\[2mm] \dfrac{1}{r} & 0 \\[2mm] 0 & \dfrac{\partial}{\partial z} \\[2mm] \dfrac{\partial}{\partial z} & \dfrac{\partial}{\partial r} \end{bmatrix}\begin{Bmatrix} u \\ w \end{Bmatrix} \tag{4.5}$$

容易看出与平面问题不同的是多了一项 $\varepsilon_\theta = \dfrac{u}{r}$，即轴对称的径向位移会引起环向应变。

4.1.4 应力应变关系

各向同性体轴对称问题的广义胡克定律可写作

$$\boldsymbol{\sigma} = \boldsymbol{D}\boldsymbol{\varepsilon} \tag{4.6a}$$

$$\boldsymbol{D} = \frac{E(1-\mu)}{(1+\mu)(1-2\mu)}\begin{bmatrix} 1 & \dfrac{\mu}{1-\mu} & \dfrac{\mu}{1-\mu} & 0 \\[2mm] \dfrac{\mu}{1-\mu} & 1 & \dfrac{\mu}{1-\mu} & 0 \\[2mm] \dfrac{\mu}{1-\mu} & \dfrac{\mu}{1-\mu} & 1 & 0 \\[2mm] 0 & 0 & 0 & \dfrac{1-2\mu}{2(1-\mu)} \end{bmatrix} = A_3\begin{bmatrix} 1 & A_1 & A_1 & 0 \\ A_1 & 1 & A_1 & 0 \\ A_1 & A_1 & 1 & 0 \\ 0 & 0 & 0 & A_2 \end{bmatrix} \tag{4.6b}$$

$$A_1 = \frac{\mu}{1-\mu}; \ A_2 = \frac{1-2\mu}{2(1-\mu)}; \ A_3 = \frac{E(1-\mu)}{(1+\mu)(1-2\mu)} \tag{4.6c}$$

式中　　E——杨氏模量；

　　　　μ——泊松比；

A_1、A_2、A_3——常数。

4.1.5 平衡微分方程

$$\left.\begin{array}{l} \dfrac{\partial \sigma_r}{\partial r} + \dfrac{\partial \tau_{zr}}{\partial z} + \dfrac{\sigma_r - \sigma_\theta}{r} + f_r = 0 \\[3mm] \dfrac{\partial \tau_{rz}}{\partial r} + \dfrac{\partial \sigma_z}{\partial z} + \dfrac{\tau_{rz}}{r} + f_z = 0 \end{array}\right\} \tag{4.7}$$

其中，f_r、f_z 为体力集度分别在 $\boldsymbol{r}$、$\boldsymbol{k}$ 方向的分量。由切应力互等定理，有 $\tau_{zr} = \tau_{rz}$。

式(4.5)、式(4.6a)、式(4.7) 共 10 个方程是 10 个未知函数在域内的控制方程。当以位移 u、w 为基本未知量时，可以用代入法使问题归结为用位移 u、w 表示的两个平衡微分方程。

4.1.6 边界条件

轴对称物体的边界是曲面，但边界曲面在子午面上是边界曲线 s。与平面问题相同，边界的每一点必须提供两个边界条件。

已知位移的点称为位移边界点。

$$\boldsymbol{u}\big|_{s^u} = \left\{\begin{array}{c} \overline{u} \\ \overline{w} \end{array}\right\}_{s^u} \tag{4.8}$$

式中　s^u——位移边界点的集合。

已知面力矢量的点称为力边界点。在这些点上，应力分量与已知的面力分量 $\overline{f}_r$、$\overline{f}_z$ 间有如下关系

$$\begin{pmatrix} l & 0 & 0 & n \\ 0 & 0 & n & l \end{pmatrix}\boldsymbol{\sigma} = \left\{\begin{array}{c} \overline{f}_r \\ \overline{f}_z \end{array}\right\} \tag{4.9}$$

式中 l——边界外法线与 r 夹角的余弦；

n——边界外法线与 k 夹角的余弦。显然边界外法线总是垂直于 θ 的。

方程(4.5)～方程(4.9)就是轴对称问题的方程与边界条件。在按位移求解时，可以简化为域内两个二阶微分方程与边界上每点两个边界条件❶。

4.1.7 虚功方程

虚功原理：外力在虚位移上的总虚功等于变形体内应力在虚应变上的总虚变形功。即

$$\int_V \boldsymbol{f}^{\mathrm{T}} \boldsymbol{u}^* \, \mathrm{d}V + \int_{S^\sigma} \overline{\boldsymbol{f}}^{\mathrm{T}} \boldsymbol{u}^* \, \mathrm{d}s = \int_V \boldsymbol{\sigma}^{\mathrm{T}} \boldsymbol{\varepsilon}^* \, \mathrm{d}V \tag{4.10}$$

当在几何可能的位移中寻求解时，虚功方程(4.10)式等价于平衡微分方程及力边界条件。

由于是轴对称问题，任一点的虚位移可表示为

$$\boldsymbol{u}^* = (u^* \quad w^*)^{\mathrm{T}} \tag{4.11}$$

虚应变

$$\boldsymbol{\varepsilon}^* = (\varepsilon_r^* \quad \varepsilon_\theta^* \quad \varepsilon_z^* \quad \varepsilon_{rz}^*)^{\mathrm{T}} \tag{4.12}$$

体力

$$\boldsymbol{f} = (f_r \quad f_z)^{\mathrm{T}} \tag{4.13}$$

面力

$$\overline{\boldsymbol{f}} = (\overline{f}_r \quad \overline{f}_z)^{\mathrm{T}} \tag{4.14}$$

由于所有变量均与 θ 无关，虚功方程(4.10)中积分可以简化。体积微元简化为

$$\mathrm{d}V = 2\pi r \mathrm{d}r \mathrm{d}z \tag{4.15}$$

边界曲面微元

$$\mathrm{d}S = 2\pi r \mathrm{d}s \tag{4.16}$$

$\mathrm{d}s$ 是环状曲面微元 $\mathrm{d}S$ 与子午面的交线，是一个弧微分。

简化后的虚功方程为

$$2\pi \int_\Omega \boldsymbol{u}^{*\mathrm{T}} \boldsymbol{f} r \mathrm{d}r \mathrm{d}z + 2\pi \int_{s^\sigma} \boldsymbol{u}^{*\mathrm{T}} \overline{\boldsymbol{f}} r \mathrm{d}s = 2\pi \int_\Omega \boldsymbol{\varepsilon}^{*\mathrm{T}} \boldsymbol{\sigma} r \mathrm{d}r \mathrm{d}z \tag{4.17}$$

式中 Ω 是体 V 与子午面相交的平面域；s^σ 是 S^σ 与子午面的交线，是 Ω 上的力边界曲线。

4.1.8 势能原理

物体总势能

$$\prod = \frac{1}{2} \int_V \boldsymbol{\sigma}^{\mathrm{T}} \boldsymbol{\varepsilon} \mathrm{d}V - \int_V \boldsymbol{f}^{\mathrm{T}} \boldsymbol{u} \mathrm{d}V - \int_{S^\sigma} \overline{\boldsymbol{f}}^{\mathrm{T}} \boldsymbol{u} \mathrm{d}S \tag{4.18}$$

类似于前面讲的，对于轴对称空间问题，总势能化为在 rz（子午面）二维域上的积分

---

❶ 严格讲还可能有混合边界条件，请参考弹性力学相关内容。

表达式

$$\prod = 2\pi\int_\Omega \boldsymbol{\sigma}^{\mathrm{T}}\boldsymbol{\varepsilon}r\,\mathrm{d}r\,\mathrm{d}z - 2\pi\int_\Omega \boldsymbol{f}^{\mathrm{T}}\boldsymbol{u}r\,\mathrm{d}r\,\mathrm{d}z - 2\pi\int_{s^\sigma} \overline{\boldsymbol{f}}^{\mathrm{T}}\boldsymbol{u}r\,\mathrm{d}s \qquad (4.19)$$

势能原理表明，按位移求解，真解使总势能 $\prod$ 取最小值，反之亦然。在实际使用中对于线性问题只要能使 $\prod$ 取驻值的就是问题的解。

当将问题离散为有限个单元，每个结点都定义了一个形函数，从而对每一种可能的结点位移组 $\boldsymbol{\delta}$ 都有对应的总势能 $\prod(\boldsymbol{\delta})$，能使 $\prod$ 取驻值的那一组 $\boldsymbol{\delta}$ 就是有限元的解。

4.2　面积坐标

在三角形单元上常常采用一种单元局部的自然坐标——面积坐标来构造单元的插值函数。使用面积坐标会给有限元的公式推导带来许多方便。

如图 4.3 所示，设在子午面 rz 面内（或是 xy 面也一样）$\triangle ijm$ 中有任意一点 P。P 与三角形三个顶点又形成三个子三角形，三个子三角形面积分别记为

$$\left.\begin{array}{l} A_i = \triangle pjm \text{ 的面积} \\ A_j = \triangle pmi \text{ 的面积} \\ A_m = \triangle pij \text{ 的面积} \end{array}\right\} \qquad (4.20)$$

则 P 点的面积坐标定义为

$$\left.\begin{array}{l} L_i(P) = \dfrac{A_i}{A} \\[2mm] L_j(P) = \dfrac{A_j}{A} \\[2mm] L_m(P) = \dfrac{A_m}{A} \end{array}\right\} \qquad (4.21)$$

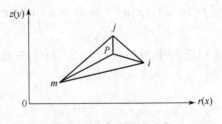

图 4.3　三角形面积坐标

式中 A 为 $\triangle ijm$ 的面积。P 点的面积坐标有三个值，这三个面积比值可确定 P 点在单元的位置。P 点的面积坐标有如下性质：

① 一点的三个坐标值是线性相关的

由于 $A_i + A_j + A_m = A$，因此由式（4.21）可得

$$L_i + L_j + L_m = 1 \qquad\qquad (4.22)$$

② $0 \leqslant L_i \leqslant 1$ (i,j,m)；当 L_i 为常数时，表示 $\triangle ijm$ 内平行于 jm 边的线段；对 L_j、L_m 也类似；

③ 在三个结点上

$$L_i(P_k) = \begin{cases} 1 & i = k \\ 0 & i \neq k \end{cases} \qquad\qquad (4.23)$$

$\triangle pjm$ 的面积可由三角形三个顶点的坐标表示，如

$$A_i = \frac{1}{2} \begin{vmatrix} 1 & r & z \\ 1 & r_j & z_j \\ 1 & r_m & z_m \end{vmatrix} = \frac{1}{2}(a_i + b_i r + c_i z) \quad \overleftarrow{i,j,m} \qquad (4.24)$$

式中 a_i、b_i、c_i 的含义与式(2.8) 相似。所以有

$$\begin{Bmatrix} L_i \\ L_j \\ L_m \end{Bmatrix} = \frac{1}{2A} \begin{pmatrix} a_i & b_i & c_i \\ a_j & b_j & c_j \\ a_m & b_m & c_m \end{pmatrix} \begin{Bmatrix} 1 \\ r \\ z \end{Bmatrix} \qquad (4.25)$$

注意到在式(2.6)、式(2.7)、式(2.8) 中 a_i、b_i、c_i 与 $\boldsymbol{C}^{-1}$ 的关系，很自然地，$\boldsymbol{C}$ 变为

$$\boldsymbol{C} = \begin{pmatrix} 1 & r_i & z_i \\ 1 & r_j & z_j \\ 1 & r_m & z_m \end{pmatrix}$$

且

$$(\boldsymbol{C}^{-1})^{\mathrm{T}} = \frac{1}{2A} \begin{pmatrix} a_i & b_i & c_i \\ a_j & b_j & c_j \\ a_m & b_m & c_m \end{pmatrix}$$

式(4.25) 又可改为

$$\begin{Bmatrix} 1 \\ r \\ z \end{Bmatrix} = \boldsymbol{C}^{\mathrm{T}} \begin{Bmatrix} L_i \\ L_j \\ L_m \end{Bmatrix} = \begin{pmatrix} 1 & 1 & 1 \\ r_i & r_j & r_m \\ z_i & z_j & z_m \end{pmatrix} \begin{Bmatrix} L_i \\ L_j \\ L_m \end{Bmatrix} \qquad (4.26)$$

这就是面积坐标与整体坐标的关系。其中第一个方程就是式(4.22)。

有时会用到微分及积分关系。显然

$$\frac{\partial L_i}{\partial r} = \frac{b_i}{2A} \quad \frac{\partial L_i}{\partial z} = \frac{c_i}{2A} \quad \overleftarrow{i,j,m} \qquad (4.27)$$

利用积分中的换元法和积分限变化辅图（图 4.4）读者不难得出两个精确的积分公式：

$$\iint\limits_A L_1^\alpha L_2^\beta L_3^\gamma \mathrm{d}\Omega = 2A \int_0^1 \int_0^{1-L_3} L_1^\alpha L_2^\beta L_3^\gamma \mathrm{d}L_2 \, \mathrm{d}L_3$$

$$= \frac{\alpha!\beta!\gamma!}{(\alpha+\beta+\gamma+2)!} 2A \qquad (4.28)$$

式中　A——三角形面积。

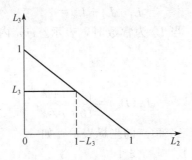

图 4.4　积分限变化辅图

在三角形任一边 ij 上

$$\int_{ij} L_i^\alpha L_j^\beta \mathrm{d}s = \frac{\alpha!\beta!}{(\alpha+\beta+1)!} l_{ij} \tag{4.29}$$

式中　l_{ij}——ij 边的长度。

4.3　三结点环状单元分析

既然轴对称空间问题中所有未知量都仅是 r、z 的函数，那么空间问题转化为在子午面（rz 面）上的二维数学问题。体 V 与 rz 面相交的域是平面域 Ω。将 Ω 域划分为有限个三角形单元的集合。在 Ω 上三角形单元与第 2 章平面问题几乎是一样的，从整体上看每个单元是环状的实体单元，如图 4.5 所示。

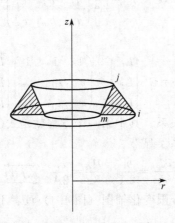

图 4.5　三角形环状单元

单元结点的位移列阵记为

$$\boldsymbol{\delta}^e = (u_i \quad w_i \quad u_j \quad w_j \quad u_m \quad w_m)^{\mathrm{T}} \tag{4.30}$$

66

4.3.1　单元位移模式

设单元内位移场是 r、z 的线性函数

$$\boldsymbol{u}^e = \begin{Bmatrix} u \\ w \end{Bmatrix} = \begin{pmatrix} \alpha_1 & \alpha_2 & \alpha_3 \\ \alpha_4 & \alpha_5 & \alpha_6 \end{pmatrix} \begin{Bmatrix} 1 \\ r \\ z \end{Bmatrix} \tag{4.31}$$

与平面问题一样，用结点位移取代 $\alpha_1 \sim \alpha_6$，可以得到

$$u = \frac{1}{2A} (1 \quad r \quad z) \begin{pmatrix} a_i & a_j & a_m \\ b_i & b_j & b_m \\ c_i & c_j & c_m \end{pmatrix} \begin{Bmatrix} u_i \\ u_j \\ u_m \end{Bmatrix} = (N_i \quad N_j \quad N_m) \begin{Bmatrix} u_i \\ u_j \\ u_m \end{Bmatrix} \tag{4.32a}$$

$$w = (N_i \quad N_j \quad N_m) \begin{Bmatrix} w_i \\ w_j \\ w_m \end{Bmatrix} \tag{4.32b}$$

其中

$$\left. \begin{aligned} a_i &= r_j z_m - r_m z_j \\ b_i &= z_j - z_m \\ c_i &= r_m - r_j \end{aligned} \right\} \quad \overleftrightarrow{(i \smallsetminus j \smallsetminus m)} \text{轮换} \tag{4.33}$$

$$N_i = \frac{a_i + b_i r + c_i z}{2A} \quad \overleftrightarrow{(i \smallsetminus j \smallsetminus m)} \tag{4.34}$$

对比面积坐标，恰好

$$N_i = L_i \quad \overleftrightarrow{(i \smallsetminus j \smallsetminus m)} \tag{4.35}$$

即 i 结点的形函数在任意点 P 的值等于 P 点同名面积坐标 L_i 的值。

将式(4.32a) 与式(4.32b) 写在一起

$$\boldsymbol{u}^e = \begin{Bmatrix} u \\ w \end{Bmatrix}^e = \begin{bmatrix} N_i & 0 & N_j & 0 & N_m & 0 \\ 0 & N_i & 0 & N_j & 0 & N_m \end{bmatrix} \begin{Bmatrix} u_i \\ w_i \\ u_j \\ w_j \\ u_m \\ w_m \end{Bmatrix} \tag{4.36a}$$

或写为按点的子块形式

$$\boldsymbol{u}^e = \begin{bmatrix} \boldsymbol{N}_i^e & \boldsymbol{N}_j^e & \boldsymbol{N}_m^e \end{bmatrix} \begin{Bmatrix} \boldsymbol{\delta}_i \\ \boldsymbol{\delta}_j \\ \boldsymbol{\delta}_m \end{Bmatrix} = \boldsymbol{N}^e \boldsymbol{\delta}^e \tag{4.36b}$$

$\boldsymbol{N}^e$ 为单元的形函数矩阵。对应于单元内 i 结点的形函数子块为

$$\boldsymbol{N}_i^e = \begin{bmatrix} N_i & 0 \\ 0 & N_i \end{bmatrix} \quad \overleftrightarrow{(i \smallsetminus j \smallsetminus m)}$$

4.3.2 单元内的应变

将式(4.36a)代入式(4.5)便得到单元内的应变场

$$
\boldsymbol{\varepsilon}^e = \left\{\begin{matrix} \varepsilon_r \\ \varepsilon_\theta \\ \varepsilon_z \\ \gamma_{rz} \end{matrix}\right\} = \begin{bmatrix} \dfrac{\partial}{\partial r} & 0 \\ \dfrac{1}{r} & 0 \\ 0 & \dfrac{\partial}{\partial z} \\ \dfrac{\partial}{\partial z} & \dfrac{\partial}{\partial r} \end{bmatrix} \begin{bmatrix} N_i & 0 & N_j & 0 & N_m & 0 \\ 0 & N_i & 0 & N_j & 0 & N_m \end{bmatrix} \boldsymbol{\delta}^e
$$

由于 $\dfrac{\partial N_i}{\partial r} = \dfrac{b_i}{2A}$、$\dfrac{\partial N_i}{\partial z} = \dfrac{c_i}{2A}$，并引入

$$
h_i = \frac{a_i + b_i r + c_i z}{r} \qquad (i、j、m) \qquad (4.37)
$$

单元应变为

$$
\boldsymbol{\varepsilon}^e = \frac{1}{2A} \begin{bmatrix} b_i & 0 & b_j & 0 & b_m & 0 \\ \boldsymbol{h}_i & 0 & \boldsymbol{h}_j & 0 & \boldsymbol{h}_m & 0 \\ 0 & c_i & 0 & c_j & 0 & c_m \\ c_i & b_i & c_j & b_j & c_m & b_m \end{bmatrix} \boldsymbol{\delta}^e = \begin{bmatrix} \boldsymbol{B}_i^e & \boldsymbol{B}_j^e & \boldsymbol{B}_m^e \end{bmatrix} \left\{\begin{matrix} \boldsymbol{\delta}_i \\ \boldsymbol{\delta}_j \\ \boldsymbol{\delta}_m \end{matrix}\right\} \equiv \boldsymbol{B}^e \boldsymbol{\delta}^e \qquad (4.38)
$$

其中

$$
\boldsymbol{B}_i^e = \frac{1}{2A} \begin{bmatrix} b_i & 0 \\ \boldsymbol{h}_i & 0 \\ 0 & c_i \\ c_i & b_i \end{bmatrix} \qquad (i、j、m)
$$

$\boldsymbol{B}^e$ 为单元应变转换矩阵，$\boldsymbol{B}_i^e$ 是其子块。可见应变分量中环向应变 ε_θ 是坐标 r、z 的函数，因此环状三角形单元不是常应变单元。

4.3.3 单元内的应力

从式(4.6a)容易得到单元内的应力

$$
\boldsymbol{\sigma}^e = \boldsymbol{D}\boldsymbol{\varepsilon}^e = \boldsymbol{D}\boldsymbol{B}^e\boldsymbol{\delta}^e = \boldsymbol{S}^e\boldsymbol{\delta}^e \qquad (4.39)
$$

$\boldsymbol{S}^e$ 为单元应力转换矩阵。其子块为

$$
\boldsymbol{S}_i^e = \boldsymbol{D}\boldsymbol{B}_i^e = \frac{A_3}{2A} \begin{bmatrix} b_i + \boldsymbol{h}_i A_1 & c_i A_1 \\ b_i A_1 + \boldsymbol{h}_i & c_i A_1 \\ (b_i + \boldsymbol{h}_i)A_1 & c_i \\ c_i A_2 & b_i A_2 \end{bmatrix} \qquad (i、j、m) \qquad (4.40)
$$

$\boldsymbol{\sigma}^e$ 中除 τ_{rz} 外，其余正应力分量也是 r、z 的函数。三角形环状单元也不是常应力单元。

4.4 从虚功方程导出轴对称问题有限元方程

在轴对称问题的单元中，每个结点代表的是一个圆周，无法直接使用结点平衡法建立有限元方程。下面从虚功方程(4.17)出发导出有限元方程。

在离散化过程中将 rz 面上的全域 Ω 化为有限个单元 Ω_e 的集合。力边界 S^σ 与位移边界 S^u 也划分到单元的边界上。式(4.17)为

$$2\pi\sum_e\int_{\Omega_e}\boldsymbol{u}^{*\mathrm{T}}\boldsymbol{f}r\mathrm{d}r\mathrm{d}z+2\pi\sum_e\int_{S^\sigma_e}\boldsymbol{u}^{*\mathrm{T}}\overline{\boldsymbol{f}}r\mathrm{d}s=2\pi\sum_e\int_{\Omega_e}\boldsymbol{\varepsilon}^{*\mathrm{T}}\boldsymbol{\sigma}r\mathrm{d}r\mathrm{d}z \tag{4.41}$$

有时轴对称载荷为作用在一个圆周上的均布力，载荷集度为 p_M[力]/[长度]，圆周与 rz 面交于 M 点，就形成了在 rz 面上的"集中力" p_M。若 M 点坐标 (r_M, z_M)，虚位移 $\boldsymbol{u}_M^*$，则在虚功方程的左端要出现"集中力"的虚功 $2\pi r_M \boldsymbol{u}_M^{*\mathrm{T}}\boldsymbol{p}_M$。

这种"集中力"是分布面力的特例。一般在这种情况下在将 Ω 离散化时将 M 点取为一个结点。

由于已经知道在单元上有

$$\boldsymbol{u}^e=\boldsymbol{N}^e\boldsymbol{\delta}^e \quad \boldsymbol{\varepsilon}^e=\boldsymbol{B}^e\boldsymbol{\delta}^e \quad \boldsymbol{\sigma}^e=\boldsymbol{D}\boldsymbol{B}^e\boldsymbol{\delta}^e=\boldsymbol{S}^e\boldsymbol{\delta}^e$$

及

$$\boldsymbol{u}^{*e}=\boldsymbol{N}^e\boldsymbol{\delta}^{*e} \quad \boldsymbol{\varepsilon}^{*e}=\boldsymbol{B}^e\boldsymbol{\delta}^{*e} \tag{4.42}$$

代入式(4.41)，得

$$2\pi\sum_e\left[(\boldsymbol{\delta}^{*e})^{\mathrm{T}}\int_{\Omega_e}\boldsymbol{B}^{e\mathrm{T}}\boldsymbol{D}\boldsymbol{B}^er\mathrm{d}r\mathrm{d}z\boldsymbol{\delta}^e\right]=2\pi\sum_e\left[(\boldsymbol{\delta}^{*e})^{\mathrm{T}}\int_{\Omega_e}\boldsymbol{N}^{e\mathrm{T}}\boldsymbol{f}r\mathrm{d}r\mathrm{d}z\right]+2\pi\sum_e\left[(\boldsymbol{\delta}^{*e})^{\mathrm{T}}\int_{S^\sigma_e}\boldsymbol{N}^{e\mathrm{T}}\overline{\boldsymbol{f}}r\mathrm{d}s\right]$$

$$\tag{4.43}$$

引入单元刚度矩阵 $\boldsymbol{K}^e$

$$\boldsymbol{K}^e=2\pi\int_{\Omega_e}\boldsymbol{B}^{e\mathrm{T}}\boldsymbol{D}\boldsymbol{B}^er\mathrm{d}r\mathrm{d}z \tag{4.44}$$

单元内体力的等效结点力

$$\boldsymbol{F}_b^e=2\pi\int_{\Omega_e}\boldsymbol{N}^{e\mathrm{T}}\boldsymbol{f}r\mathrm{d}r\mathrm{d}z \tag{4.45}$$

单元面力的等效结点力

$$\boldsymbol{F}_q^e=2\pi\int_{S^\sigma_e}\boldsymbol{N}^{e\mathrm{T}}\overline{\boldsymbol{f}}r\mathrm{d}s \tag{4.46}$$

式(4.43)便简化为

$$\sum_e\left[(\boldsymbol{\delta}^{*e})^{\mathrm{T}}\boldsymbol{K}^e\boldsymbol{\delta}^e\right]=\sum_e\left[(\boldsymbol{\delta}^{*e})^{\mathrm{T}}(\boldsymbol{F}_b^e+\boldsymbol{F}_q^e)\right] \tag{4.47}$$

再次使用表示单元内外点号对应关系的矩阵 $\boldsymbol{G}^e$，由 $\boldsymbol{\delta}^e=\boldsymbol{G}^e\boldsymbol{\delta}$ 代入式(4.47)

$$\boldsymbol{\delta}^{*\mathrm{T}}\sum_e[\boldsymbol{G}^{e\mathrm{T}}\boldsymbol{K}^e\boldsymbol{G}^e]\boldsymbol{\delta}=\boldsymbol{\delta}^{*\mathrm{T}}\sum_e[\boldsymbol{G}^{e\mathrm{T}}(\boldsymbol{F}_b^e+\boldsymbol{F}_q^e)]\tag{4.48}$$

由于虚位移的任意性，得到

$$\boldsymbol{K\delta}=\boldsymbol{F}\tag{4.49}$$

其中

$$\boldsymbol{K}=\sum_e[\boldsymbol{G}^{e\mathrm{T}}\boldsymbol{K}^e\boldsymbol{G}^e]\tag{4.50}$$

$$\boldsymbol{F}=\sum_e\boldsymbol{G}^{e\mathrm{T}}\boldsymbol{F}_b^e+\sum_e\boldsymbol{G}^{e\mathrm{T}}\boldsymbol{F}_q^e\tag{4.51}$$

虚位移即是几何可能的、任意的、微小的假设位移，因此在给定位移的点，虚位移为零。设共有 NJ 个结点，有 $2NJ$ 个结点位移分量，若其中有 NZ 个位移是已知的，则式(4.48) 中虚位移 $\boldsymbol{\delta}^*$ 中只有 $(2NJ-NZ)$ 个具有任意性，即在形如式(4.49) 的 $2NJ$ 阶的代数方程组中只能得到 $(2NJ-NZ)$ 个，再加上 NJ 个已知位移的方程，构成了全部的有限元方程。在具体实施时，还是先得到 (4.49) 方程，再通过修正刚度矩阵，引入位移约束，如同在平面问题中所讲的那样。

若在域 Ω 的 M 点上受到集中力 $\boldsymbol{F}_M$，单位是 ［力］/［长度］，M 点是一个结点，将该集中力虚功补充到式(4.48) 右端，则在导出的结点力列阵式(4.51) 中增加集中力项，在 M 点是

$$\boldsymbol{F}_{JM}=2\pi r_M\boldsymbol{F}_M\tag{4.52}$$

式(4.49)、式(4.50)、式(4.51) 再加上已知的位移约束方程就是全部的有限元方程。

4.5　从势能原理导出轴对称问题有限元方程

当全域 Ω 划分为有限个单元的集合时，方程(4.19) 变为

$$\prod=\sum_e\left[\int_{\Omega_e}2\pi\boldsymbol{\sigma}^{\mathrm{T}}\boldsymbol{\varepsilon}r\,\mathrm{d}r\mathrm{d}z\right]-\sum_e\left[\int_{\Omega_e}2\pi\boldsymbol{f}^{\mathrm{T}}\boldsymbol{u}r\,\mathrm{d}r\mathrm{d}z\right]-\sum_e\left[\int_{S_e^\sigma}2\pi\overline{\boldsymbol{f}}^{\mathrm{T}}\boldsymbol{u}r\,\mathrm{d}s\right]\tag{4.53}$$

在每个单元中引入

$$\boldsymbol{u}^e=\boldsymbol{N}^e\boldsymbol{\delta}^e\quad\boldsymbol{\varepsilon}^e=\boldsymbol{B}^e\boldsymbol{\delta}^e\quad\boldsymbol{\sigma}^e=\boldsymbol{D}\boldsymbol{B}^e\boldsymbol{\delta}^e=\boldsymbol{S}^e\boldsymbol{\delta}^e$$

$$\prod=\sum_e\left[2\pi\boldsymbol{\delta}^{e\mathrm{T}}\int_{\Omega_e}\boldsymbol{B}^{e\mathrm{T}}\boldsymbol{D}\boldsymbol{B}^er\,\mathrm{d}r\mathrm{d}z\boldsymbol{\delta}^e\right]-\sum_e\left[2\pi\int_{\Omega_e}\boldsymbol{f}^{\mathrm{T}}\boldsymbol{N}^er\,\mathrm{d}r\mathrm{d}z\boldsymbol{\delta}^e\right]-\sum_e\left[2\pi\int_{S_e^\sigma}\overline{\boldsymbol{f}}^{\mathrm{T}}\boldsymbol{N}^er\,\mathrm{d}s\boldsymbol{\delta}^e\right]$$

$$\tag{4.54}$$

引入单元刚度矩阵

$$\boldsymbol{K}^e=2\pi\int_{\Omega_e}\boldsymbol{B}^{e\mathrm{T}}\boldsymbol{D}\boldsymbol{B}^er\,\mathrm{d}r\mathrm{d}z$$

使用点号变换矩阵 $\boldsymbol{\delta}^e=\boldsymbol{G}^e\boldsymbol{\delta}$

总势能变为

$$\Pi = \frac{1}{2}\boldsymbol{\delta}^{\mathrm{T}}\Big[\sum_e \boldsymbol{G}^{e\mathrm{T}}\boldsymbol{K}^e\boldsymbol{G}^e\Big]\boldsymbol{\delta} - \Big[\sum_e 2\pi\int_{\Omega_e}\boldsymbol{f}^{\mathrm{T}}\boldsymbol{N}^e r\,\mathrm{d}r\mathrm{d}z\boldsymbol{G}^e\Big]\boldsymbol{\delta} - \Big[\sum_e 2\pi\int_{S_e^\sigma}\overline{\boldsymbol{f}}^{\mathrm{T}}\boldsymbol{N}^e r\,\mathrm{d}s\boldsymbol{G}^e\Big]\boldsymbol{\delta}$$

$$(4.55)$$

由于在所有可能的位移函数中，真解使 Π 取最小值，那么有限元解至少使 Π 取驻值，必须有 $\frac{\partial\Pi}{\partial\boldsymbol{\delta}}=0$，得到方程

$$\Big[\sum_e \boldsymbol{G}^{e\mathrm{T}}\boldsymbol{K}^e\boldsymbol{G}^e\Big]\boldsymbol{\delta} = \Big[\sum_e \boldsymbol{G}^{e\mathrm{T}}2\pi\int_{\Omega_e}\boldsymbol{N}^{e\mathrm{T}}\boldsymbol{f} r\,\mathrm{d}r\mathrm{d}z\Big] + \Big[\sum_e \boldsymbol{G}^{e\mathrm{T}}2\pi\int_{S_e^\sigma}\boldsymbol{N}^{e\mathrm{T}}\overline{\boldsymbol{f}} r\,\mathrm{d}s\Big] \qquad (4.56)$$

即
$$\boldsymbol{K}\boldsymbol{\delta}=\boldsymbol{F} \qquad\qquad (4.57)$$

其中
$$\boldsymbol{K} = \sum_e \boldsymbol{G}^{e\mathrm{T}}\boldsymbol{K}^e\boldsymbol{G}^e \qquad\qquad (4.58)$$

$$\boldsymbol{F} = \sum_e\Big[\boldsymbol{G}^{e\mathrm{T}}2\pi\int_{\Omega_e}\boldsymbol{N}^{e\mathrm{T}}\boldsymbol{f} r\,\mathrm{d}r\mathrm{d}z\Big] + \sum_e\Big[\boldsymbol{G}^{e\mathrm{T}}2\pi\int_{S_e^\sigma}\boldsymbol{N}^{e\mathrm{T}}\overline{\boldsymbol{f}} r\,\mathrm{d}s\Big] = \boldsymbol{F}_b + \boldsymbol{F}_q \qquad (4.59)$$

这些结果与 4.4 节得到的相同。

当物体有初应变（如热应变）时，应力为

$$\boldsymbol{\sigma}=\boldsymbol{D}(\boldsymbol{\varepsilon}-\boldsymbol{\varepsilon}_0) \qquad\qquad (4.60)$$

此时应变能密度

$$W = \int_0^{\boldsymbol{\varepsilon}}\boldsymbol{\sigma}^{\mathrm{T}}\mathrm{d}\boldsymbol{\varepsilon} = \frac{1}{2}\boldsymbol{\varepsilon}^{\mathrm{T}}\boldsymbol{D}\boldsymbol{\varepsilon} - \boldsymbol{\varepsilon}_0^{\mathrm{T}}\boldsymbol{D}\boldsymbol{\varepsilon} \qquad\qquad (4.61)$$

则在每个单元的应变能为

$$\int_{V_e}W\,\mathrm{d}V = 2\pi\int_{\Omega_e}Wr\,\mathrm{d}r\mathrm{d}z = \frac{1}{2}\int_{\Omega_e}2\pi\boldsymbol{\varepsilon}^{\mathrm{T}}\boldsymbol{D}\boldsymbol{\varepsilon} r\,\mathrm{d}r\mathrm{d}z - \int_{\Omega_e}2\pi\boldsymbol{\varepsilon}_0^{\mathrm{T}}\boldsymbol{D}\boldsymbol{\varepsilon} r\,\mathrm{d}r\mathrm{d}z$$

$$= \frac{1}{2}\boldsymbol{\delta}^e\Big[2\pi\int_{\Omega_e}\boldsymbol{B}^{e\mathrm{T}}\boldsymbol{D}\boldsymbol{B}^e r\,\mathrm{d}r\mathrm{d}z\Big]\boldsymbol{\delta}^e - \Big[2\pi\int_{\Omega_e}\boldsymbol{\varepsilon}_0^{\mathrm{T}}\boldsymbol{D}\boldsymbol{B}^e r\,\mathrm{d}r\mathrm{d}z\Big]\boldsymbol{\delta}^e \qquad (4.62)$$

式(4.61)与式(4.54)右端的第一项对比增加了一项。在 Π 对结点位移求导后，最终形成了等效结点力列阵的增加项

$$\boldsymbol{F}_{b\boldsymbol{\varepsilon}_0} = \sum_e\Big[\boldsymbol{G}^{e\mathrm{T}}2\pi\int_{\Omega_e}\boldsymbol{B}^{e\mathrm{T}}\boldsymbol{D}\boldsymbol{\varepsilon}_0 r\,\mathrm{d}r\mathrm{d}z\Big] \qquad\qquad (4.63)$$

式(4.63)表示初应变 $\boldsymbol{\varepsilon}_0$ 的存在相当于在物体内作用有体积力 $\boldsymbol{F}_{b\boldsymbol{\varepsilon}_0}$。

假设初应变 $\boldsymbol{\varepsilon}_0$ 是由于温升形成，并设热膨胀是线性、各向同性的，线膨胀系数为 α，单

元的平均温度升高 T^e❶。则轴对称问题的热应变为

$$\boldsymbol{\varepsilon}_\tau = \alpha T^e \begin{Bmatrix} 1 \\ 1 \\ 1 \\ 0 \end{Bmatrix} \tag{4.64}$$

4.6 单元刚度矩阵 $\boldsymbol{K}^e$ 的计算

从(4.44)的单刚公式，知其子块

$$\boldsymbol{K}_{rs}^e = 2\pi \int_{\Omega_e} \boldsymbol{B}_r^T \boldsymbol{D} \boldsymbol{B}_s r \, \mathrm{d}r \mathrm{d}z \quad (r,s=1,2,3) \tag{4.65}$$

计算以上积分的方法有三种：①导出精确的积分公式；⑪采用通常的数值积分公式；⑩简单的近似积分。一般都采用第⑩种简单的近似积分，它不仅在程序上简单，而且还回避了结点在极轴上时带来的奇异问题。实践证明，在精度方面它并不比精确的积分公式法差。这当然也是一种最简单的数值积分方法。

具体做法是取结点坐标平均值，即单元中心坐标

$$\left. \begin{aligned} \bar{r} &= \frac{r_i + r_j + r_m}{3} \\ \bar{z} &= \frac{z_i + z_j + z_m}{3} \end{aligned} \right\} \tag{4.66}$$

并且取

$$\overline{h_i} = \frac{a_i}{\bar{r}} + b_i + \frac{c_i}{\bar{z}} \qquad \overleftarrow{i、j、m} \tag{4.67}$$

在式(4.65)中以 $\overline{h_i}$ 代替 h_i 等，以 $\bar{r}$ 代替 r，可得

$$\boldsymbol{B}_r^e = \frac{1}{2A} \begin{bmatrix} b_r & 0 \\ \overline{h_r} & 0 \\ 0 & c_r \\ c_r & b_r \end{bmatrix} \qquad \boldsymbol{S}_s^e = \boldsymbol{D} \boldsymbol{B}_s^e = \frac{A_3}{2A} \begin{bmatrix} b_s + \overline{h}_s A_1 & c_s A_1 \\ b_s A_1 + \overline{h}_s & c_s A_1 \\ (b_s + \overline{h}_s) A_1 & c_s \\ c_s A_2 & b_s A_2 \end{bmatrix}$$

使积分式(4.65)中被积函数简化为常数，计算得

---

❶　表面上看，温度升高值 T 在单元内的分布模式可以独立地选取，与位移模式无关，但从计算精度考虑，温度模式以低于位移模式一阶为好。例如对三结点线性单元位移模式为线性（即一阶），温度模式以取三个结点的平均温升为单元平均温升（即 0 阶）为好。

$$K_{rs}^e = \frac{\pi \bar{r} A_3}{2A} \begin{bmatrix} b_r(b_s + \bar{h}_s A_1) + \bar{h}_r(b_s A_1 + \bar{h}_s) + c_r c_s A_2 & A_1 c_s(b_r + \bar{h}_r) + c_r b_s A_2 \\ A_1 c_r(b_s + \bar{h}_s) + b_r c_s A_2 & c_r c_s + b_r b_s A_2 \end{bmatrix} \qquad (4.68)$$

4.7 等效结点力的计算

（1）受自重作用

设 γ 是物体单位体积自重，重力只有 z 方向分量且与 z 轴反向，其体力为

$$f = \begin{Bmatrix} f_r \\ f_z \end{Bmatrix} = \begin{Bmatrix} 0 \\ -\gamma \end{Bmatrix} \qquad (4.69)$$

由式（4.45）得

$$F_b^e = 2\pi \int_{\Omega_e} \begin{bmatrix} L_i & 0 \\ 0 & L_i \\ L_j & 0 \\ 0 & L_j \\ L_m & 0 \\ 0 & L_m \end{bmatrix} \begin{Bmatrix} 0 \\ -\gamma \end{Bmatrix} (r_i L_i + r_j L_j + r_m L_m) \mathrm{d}\Omega$$

$$= -\frac{\pi\gamma A}{6} \begin{bmatrix} 0 & 2r_i + r_j + r_m & 0 & r_i + 2r_j + r_m & 0 & r_i + r_j + 2r_m \end{bmatrix}^T$$

$$= -\frac{\pi\gamma A}{6} \begin{bmatrix} 0 & r_i + 3\bar{r} & 0 & r_j + 3\bar{r} & 0 & r_m + 3\bar{r} \end{bmatrix}^T \qquad (4.70)$$

式中　A——单元面积。

上式用到积分公式（4.28）

$$\int_{\Omega_e} L_i^2 \mathrm{d}\Omega = \frac{A}{6} \qquad \int_{\Omega_e} L_i L_j \mathrm{d}\Omega = \frac{A}{12}$$

（2）惯性离心力作用

若物体绕 z 轴转动的角速度为 ω（rad/s），γ 是单位体积自重，g 是重力加速度，则惯性离心力为

$$f = \begin{Bmatrix} \omega^2 r \gamma / g \\ 0 \end{Bmatrix} \qquad (4.71)$$

若用每分钟转数 n 与质量密度 ρ 来描述，则 $\omega^2 \gamma / g = \dfrac{\pi^2}{900} n^2 \rho$

利用面积坐标及积分公式（4.28）有

$$\int_{\Omega_e} L_i(r_i L_i + r_j L_j + r_m L_m)^2 \mathrm{d}\Omega = \frac{A}{30}(9\bar{r}^2 + 2r_i^2 - r_j r_m)$$

将式（4.71）代入式（4.45），可得惯性离心力的等效结点力

$$\boldsymbol{F}_b^e = \frac{\pi}{15} \cdot \frac{\omega^2 \gamma}{g} \cdot A \left[9\bar{r}^2 + 2r_i^2 - r_j r_m \quad 0 \quad 9\bar{r}^2 + 2r_j^2 - r_m r_i \quad 0 \quad 9\bar{r}^2 + 2r_m^2 - r_i r_j \quad 0 \right]$$

(4.72)

(3) 热应变作为初应变

若单元结点的温度升高为 T_i、T_j、T_m，则单元的平均温升为

$$T^e = \frac{T_i + T_j + T_m}{3}$$

(4.73)

单元热应变为

$$\boldsymbol{\varepsilon}_\tau = \alpha T^e \begin{Bmatrix} 1 \\ 1 \\ 1 \\ 0 \end{Bmatrix}$$

将式(4.63)用于一个单元，可得单元等效结点力

$$\boldsymbol{F}_{b\tau}^e = 2\pi \int_{\Omega_e} \boldsymbol{B}^{e\mathrm{T}} \boldsymbol{D} \boldsymbol{\varepsilon}_\tau r \mathrm{d}r \mathrm{d}z$$

(4.74)

积分时如同计算单刚一样以 $\bar{h}_i$ 代替 h_i，$\bar{r}$ 代替 r，可得等效结点力各子块

$$\boldsymbol{F}_{b\tau i}^e = 2\pi \int_{\Omega_e} \boldsymbol{B}_i^{e\mathrm{T}} \boldsymbol{D} \boldsymbol{\varepsilon}_\tau r \mathrm{d}r \mathrm{d}z$$

$$= 2\pi \int_{\Omega_e} \frac{1}{2A} \begin{bmatrix} b_i & h_i & 0 & c_i \\ 0 & 0 & c_i & b_i \end{bmatrix} A_3 \begin{bmatrix} 1 & A_1 & A_1 & 0 \\ A_1 & 1 & A_1 & 0 \\ A_1 & A_1 & 1 & 0 \\ 0 & 0 & 0 & A_2 \end{bmatrix} \alpha T^e \begin{Bmatrix} 1 \\ 1 \\ 1 \\ 0 \end{Bmatrix} r \mathrm{d}r \mathrm{d}z$$

$$\approx \pi \alpha T^e \frac{E}{1 - 2\mu} \begin{Bmatrix} b_i + \bar{h}_i \\ c_i \end{Bmatrix} \bar{r} \qquad (\overleftarrow{i, j, m})$$

(4.75)

式中，A_1，A_2，A_3 见式(4.6c)。

(4) 受均布压力

如图 4.6 所示，设在单元 ij 边上受到均匀分布压力 p_0 作用（注意：p_0 量纲是 [力]/[长度]²）。

ij 边外法线与 r 轴夹角为 α_{ij}

$$\left. \begin{matrix} \cos\alpha_{ij} = \dfrac{z_j - z_i}{l_{ij}} \\[2mm] \sin\alpha_{ij} = \dfrac{r_i - r_j}{l_{ij}} \end{matrix} \right\}$$

(4.76)

rz 面上的压力矢量

$$\begin{Bmatrix} \bar{f}_r \\ \bar{f}_z \end{Bmatrix} = -p_0 \begin{Bmatrix} \cos\alpha_{ij} \\ \sin\alpha_{ij} \end{Bmatrix}$$

(4.77)

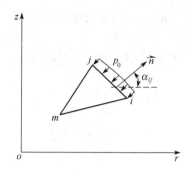

图 4.6 ij 边上受均匀分布压力 p_0

由于是在 ij 边上，则形函数矩阵为

$$N^e = \begin{bmatrix} L_i & 0 & L_j & 0 & 0 & 0 \\ 0 & L_i & 0 & L_j & 0 & 0 \end{bmatrix}$$

$$r = L_i r_i + L_j r_j$$

$$\int_{ij} L_i(L_i r_i + L_j r_j)\,\mathrm{d}l = \frac{l_{ij}}{6}(2r_i + r_j)$$

把式(4.77) 和上三式代入式(4.46)，ij 边上均匀分布压力的结点等效力为

$$F_q^e = 2\pi \int_{ij} N^{e\mathrm{T}}(-p_0)\begin{Bmatrix} \cos\alpha_{ij} \\ \sin\alpha_{ij} \end{Bmatrix} r\,\mathrm{d}l = -\frac{\pi p_0}{3}\begin{bmatrix} 2r_i + r_j & 0 \\ 0 & 2r_i + r_j \\ r_i + 2r_j & 0 \\ 0 & r_i + 2r_j \\ 0 & 0 \\ 0 & 0 \end{bmatrix}\begin{Bmatrix} z_j - z_i \\ r_i - r_j \end{Bmatrix}$$

$$= -\frac{\pi p_0}{3}\begin{bmatrix} (2r_i + r_j)(z_j - z_i) \\ (2r_i + r_j)(r_i - r_j) \\ (r_i + 2r_j)(z_j - z_i) \\ (r_i + 2r_j)(r_i - r_j) \\ 0 \\ 0 \end{bmatrix}^{\mathrm{T}} \tag{4.78}$$

本 章 小 结

ⅰ. 本章实际上是对基本有限元问题——二维问题的巩固。本章分别由虚功原理或势能原理导出弹性力学轴对称问题的有限元方程

$$K\boldsymbol{\delta} = F$$

$$K = \sum_e (G^{e\mathrm{T}} K^e G^e)$$

75

$$K^e = 2\pi \int_{\Omega_e} \boldsymbol{B}^{e\mathrm{T}} \boldsymbol{D} \boldsymbol{B}^e r \,\mathrm{d}r\mathrm{d}z$$

$$F = \sum_e \boldsymbol{G}^{e\mathrm{T}} \boldsymbol{F}_b^e + \sum_e \boldsymbol{G}^{e\mathrm{T}} \boldsymbol{F}_q^e$$

$$\boldsymbol{F}_b^e = 2\pi \int_{\Omega_e} \boldsymbol{N}^{e\mathrm{T}} \boldsymbol{f} r \,\mathrm{d}r\mathrm{d}z$$

$$\boldsymbol{F}_q^e = 2\pi \int_{S_c^\sigma} \boldsymbol{N}^{e\mathrm{T}} \overline{\boldsymbol{f}} r \,\mathrm{d}s$$

式中　$\boldsymbol{\delta}$——结点位移列阵；

　　　$\boldsymbol{K}$——总刚度矩阵；

　　　$\boldsymbol{K}^e$——单元刚度矩阵；

　　　$\boldsymbol{F}$——整体载荷列阵；

　　　$\boldsymbol{F}_b^e$——单元内体力的等效结点力；

　　　$\boldsymbol{F}_q^e$——单元面力的等效结点力。

当结点圆 M 上作用有强度为 $\boldsymbol{F}_M$ 的均布线载荷时，需在整体载荷列阵中增加集中力项

$$\boldsymbol{F}_{JM} = 2\pi r_M \boldsymbol{F}_M$$

当物体有初应变时，相当于在整体载荷列阵中增加等效结点力列阵项

$$\boldsymbol{F}_{b\varepsilon_0} = \sum_e \left[\boldsymbol{G}^{e\mathrm{T}} 2\pi \int_{\Omega_e} \boldsymbol{B}^{e\mathrm{T}} \boldsymbol{D} \boldsymbol{\varepsilon}_0 r \,\mathrm{d}r\mathrm{d}z \right]$$

ⅱ. 与平面问题中的三结点三角形平面单元不同，在本章对轴对称问题的分析中，采用的单元类型为三结点三角形环状的实体单元，在单刚及等效载荷的计算中采用的近似积分方式是相当简单也相当有效的，且三结点三角形环状实体单元不是常应变单元或常应力单元。

ⅲ. 对于三角形单元，采用面积坐标来描述是很方便的。

对初应变、热膨胀的处理，采用面积坐标作为单元自然坐标等做法并不限于轴对称问题。

ⅳ. 由于单刚集成总刚只与点号的转换有关，对于各种单元原则相同，实际上可只讨论一个单元的有限元公式。

习　题

4.1　将已有的三结点单元的平面问题的有限元程序改写为轴对称有限元程序（用MATLAB 或 FORTRAN 语言均可）。

4.2　如图 4.7 所示，外缘简支圆平板，半径 $R=1\mathrm{m}$，厚 $h=10\mathrm{mm}$，均布载荷集度 $q_0 = 2000\mathrm{N/m^2}$，材料常数 $E=2.1\times10^{11}\mathrm{Pa}$，$\mu=0.25$，求板中心位置的挠度及上下表面应力。

4.3　图 4.8 所示柱壳一端受均布向外的径向剪力作用。已知壳长 $L=5\mathrm{m}$，内半径 $r=1\mathrm{m}$，壳厚 $t=10\mathrm{mm}$，$p_i = p_o = 5\times10^3\mathrm{N/m}$，试求柱壳外表面径向位移，并用描点法画出径向位移沿长度方向的变化规律。

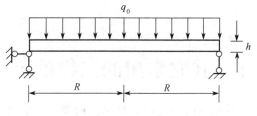

图 4.7　习题 4.2 图

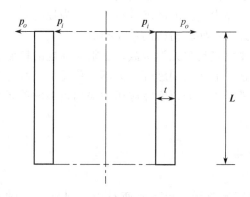

图 4.8　习题 4.3 图

4.4　上题中的柱壳端部受均布弯矩作用，如图 4.9 所示，$p_i = p_o = 10^4 \text{N/m}$，求柱壳外表面径向位移。

4.5　图 4.10 所示波纹管，子午面中线为谐函数状，厚 $t = 10\text{mm}$，波幅 $a = 0.105\text{m}$，长 $L = 0.4\text{m}$，$r_i = 5\text{m}$，$r_o = 5.105\text{m}$，两端限位，温度升高 $100\,^\circ\text{C}$，已知 $E = 2.1 \times 10^{11}\,\text{Pa}$，$\mu = 0.26$，线膨胀系数 $\alpha = 12 \times 10^{-6}$，求管两端受的总压力。

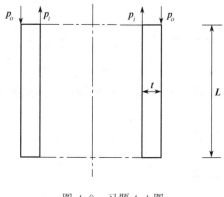

图 4.9　习题 4.4 图

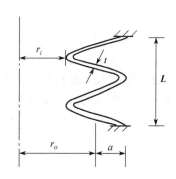

图 4.10　习题 4.5 图

5 其它常用的二维单元

单元分析是有限元法中最基础的也是内容最丰富的部分。前面两章讨论的三角形单元计算公式简单，概念清楚，应用范围广，但精度较低。单元间虽然能够保证位移连续，但应力的精度较差，不能反映弹性体内应力的准确分布规律。为提高有限元的计算精度，准确反映物体内的应力状态，可以采用一些较精密的单元类型。

区别单元类型的最重要之点是单元形函数。有限元问题的精度、计算量、积分点选取技术及更进一步的动力学问题、非线性问题等，无不与单元形函数有关。

本章仍然以平面问题为对象，介绍实际应用中采用较多的单元并对单元形函数的规律作基本介绍。

5.1 四结点矩形单元

图 5.1 描述了四结点矩形单元。矩形的两对边分别与 x,y 轴平行。图中的点号 $i=1$、2、3、4 为单元内点的次序，按右手系原则排列，结点坐标为 (x_i,y_i)。

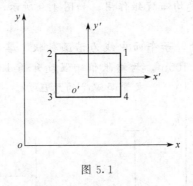

图 5.1

矩形单元的特征尺寸是长与宽。不失一般性，令 $x_1-x_2=x_4-x_3=2a$，$y_1-y_4=y_2-y_3=2b$。单元中心点 o' 的位置坐标为

$$x_{o'}=\frac{x_1+x_2+x_3+x_4}{4}$$

$$y_{o'}=\frac{y_1+y_2+y_3+y_4}{4}$$

引入单元局部坐标 $x'o'y'$，则有

$$\left.\begin{array}{l} x'=x-x_{o'} \\ y'=y-y_{o'} \end{array}\right\} \tag{5.1}$$

各结点的局部坐标为

$$x'_1 = x'_4 = a \qquad x'_2 = x'_3 = -a$$
$$y'_1 = y'_2 = b \qquad y'_3 = y'_4 = -b$$

5.1.1 单元位移场

由于矩形单元有 4 个结点，共有 8 个结点位移，可以选取有 8 个待定参数的位移模式

$$u = \begin{pmatrix} 1 & x' & y' & x'y' \end{pmatrix} \begin{Bmatrix} \alpha_1 \\ \alpha_2 \\ \alpha_3 \\ \alpha_4 \end{Bmatrix} = \boldsymbol{\Phi} \boldsymbol{\alpha}_1 \qquad (5.2\text{a})$$

$$v = \begin{pmatrix} 1 & x' & y' & x'y' \end{pmatrix} \begin{Bmatrix} \alpha_5 \\ \alpha_6 \\ \alpha_7 \\ \alpha_8 \end{Bmatrix} = \boldsymbol{\Phi} \boldsymbol{\alpha}_2 \qquad (5.2\text{b})$$

式中，$\boldsymbol{\Phi}$ 是行阵；$\boldsymbol{\alpha}_1$ 和 $\boldsymbol{\alpha}_2$ 是待定参数列阵，最终要由结点位移取代。式(5.2a) 和式 (5.2b) 统一可以写为

$$\boldsymbol{u}^e = \begin{pmatrix} \boldsymbol{\Phi} & \boldsymbol{0} \\ \boldsymbol{0} & \boldsymbol{\Phi} \end{pmatrix} \begin{Bmatrix} \boldsymbol{\alpha}_1 \\ \boldsymbol{\alpha}_2 \end{Bmatrix} \qquad (5.3)$$

将 4 个结点的坐标代入选取的位移模式(5.2a)，有

$$\begin{Bmatrix} u_1 \\ u_2 \\ u_3 \\ u_4 \end{Bmatrix} = \begin{bmatrix} 1 & a & b & ab \\ 1 & -a & b & -ab \\ 1 & -a & -b & ab \\ 1 & a & -b & -ab \end{bmatrix} \begin{Bmatrix} \alpha_1 \\ \alpha_2 \\ \alpha_3 \\ \alpha_4 \end{Bmatrix} = \boldsymbol{A} \boldsymbol{\alpha}_1 \qquad (5.4)$$

为用结点位移替代 $\boldsymbol{\alpha}_1$，由式(5.4) 解出

$$\boldsymbol{\alpha}_1 = \boldsymbol{A}^{-1} \begin{Bmatrix} u_1 \\ u_2 \\ u_3 \\ u_4 \end{Bmatrix} \qquad (5.5)$$

其中

$$\boldsymbol{A}^{-1} = \frac{1}{4} \begin{bmatrix} 1 & 1 & 1 & 1 \\ \dfrac{1}{a} & -\dfrac{1}{a} & -\dfrac{1}{a} & \dfrac{1}{a} \\ \dfrac{1}{b} & \dfrac{1}{b} & -\dfrac{1}{b} & -\dfrac{1}{b} \\ \dfrac{1}{ab} & -\dfrac{1}{ab} & \dfrac{1}{ab} & -\dfrac{1}{ab} \end{bmatrix} \qquad (5.6)$$

将式(5.5) 带入式(5.2a)，经过整理得

$$u = \begin{pmatrix} N_1 & N_2 & N_3 & N_4 \end{pmatrix} \begin{Bmatrix} u_1 \\ u_2 \\ u_3 \\ u_4 \end{Bmatrix} \tag{5.7}$$

其中形函数 $N_1 \sim N_4$ 为

$$\left.\begin{aligned}
N_1 &= \frac{1}{4}\left(1+\frac{x'}{a}\right)\left(1+\frac{y'}{b}\right) \\
N_2 &= \frac{1}{4}\left(1-\frac{x'}{a}\right)\left(1+\frac{y'}{b}\right) \\
N_3 &= \frac{1}{4}\left(1-\frac{x'}{a}\right)\left(1-\frac{y'}{b}\right) \\
N_4 &= \frac{1}{4}\left(1+\frac{x'}{a}\right)\left(1-\frac{y'}{b}\right)
\end{aligned}\right\} \tag{5.8}$$

对 y 方向结点位移可得到类似的结果

$$v = N_1 v_1 + N_2 v_2 + N_3 v_3 + N_4 v_4 \tag{5.9}$$

为了归一化，采用另一种无量纲单元局部坐标（一种二维自然坐标）

$$\left.\begin{aligned}
\xi &= \frac{x-x_{o'}}{a} \quad -1 \leqslant \xi \leqslant 1 \\
\eta &= \frac{y-y_{o'}}{b} \quad -1 \leqslant \eta \leqslant 1
\end{aligned}\right\} \tag{5.10}$$

结点 1、2、3、4 的无量纲单元局部坐标分别为 $(1, 1)$、$(-1, 1)$、$(-1, -1)$、$(1, -1)$。

形函数式(5.8) 又可写成为

$$\left.\begin{aligned}
N_1 &= \frac{1}{4}(1+\xi)(1+\eta) \\
N_2 &= \frac{1}{4}(1-\xi)(1+\eta) \\
N_3 &= \frac{1}{4}(1-\xi)(1-\eta) \\
N_4 &= \frac{1}{4}(1+\xi)(1-\eta)
\end{aligned}\right\} \tag{5.11}$$

有时也利用结点坐标 ξ_i、η_i，引入记号

$$\xi_0 = \xi_i \xi \qquad \eta_0 = \eta_i \eta \quad (i=1,2,3,4)$$

式(5.11) 中的形函数统一写为

80

$$N_i = \frac{1}{4}(1+\xi_0)(1+\eta_0) \tag{5.12}$$

于是，可以将式(5.3) 所描述的单元内位移场写为

$$\boldsymbol{u}^e = \begin{bmatrix} N_1 & 0 & N_2 & 0 & N_3 & 0 & N_4 & 0 \\ 0 & N_1 & 0 & N_2 & 0 & N_3 & 0 & N_4 \end{bmatrix} \begin{Bmatrix} u_1 \\ v_1 \\ u_2 \\ v_2 \\ u_3 \\ v_3 \\ u_4 \\ v_4 \end{Bmatrix} \tag{5.13}$$

$$= \begin{bmatrix} \boldsymbol{N}_1^e & \boldsymbol{N}_2^e & \boldsymbol{N}_3^e & \boldsymbol{N}_4^e \end{bmatrix} \begin{Bmatrix} \boldsymbol{\delta}_1 \\ \boldsymbol{\delta}^e \\ \boldsymbol{\delta}_3 \\ \boldsymbol{\delta}_4 \end{Bmatrix} = \boldsymbol{N}^e \boldsymbol{\delta}^e$$

$\boldsymbol{\delta}^e$ 为单元结点位移列阵，可写为 4 个子块 $\boldsymbol{\delta}_i (i=1,2,3,4)$，$\boldsymbol{N}^e$ 为单元形函数矩阵，也可以用 4 个子块 $\boldsymbol{N}_i^e (i=1,2,3,4)$ 表示。

5.1.2 单元内的应变与应力

（1）单元应变

求应变的公式仍然由式(1.18) 得出

$$\boldsymbol{\varepsilon}^e = \boldsymbol{L}\boldsymbol{u}^e = \boldsymbol{B}\boldsymbol{\delta}^e = \begin{bmatrix} \boldsymbol{B}_1^e & \boldsymbol{B}_2^e & \boldsymbol{B}_3^e & \boldsymbol{B}_4^e \end{bmatrix} \boldsymbol{\delta}^e \tag{5.14}$$

应变转换矩阵 $\boldsymbol{B}^e$ 的子块

$$\boldsymbol{B}_i^e = \boldsymbol{L}\boldsymbol{N}_i^e = \begin{bmatrix} \dfrac{\partial N_i}{\partial x} & 0 \\ 0 & \dfrac{\partial N_i}{\partial y} \\ \dfrac{\partial N_i}{\partial y} & \dfrac{\partial N_i}{\partial x} \end{bmatrix} \quad (i=1,2,3,4) \tag{5.15}$$

由式(5.11) 或式(5.12) 定义的形函数 N_i 并不是 x,y 的显函数。

由式(5.10) 可知

$$\left.\begin{aligned} \frac{\partial}{\partial x} &= \frac{1}{a}\frac{\partial}{\partial \xi} \\ \frac{\partial}{\partial y} &= \frac{1}{b}\frac{\partial}{\partial \eta} \end{aligned}\right\} \tag{5.16}$$

$$\boldsymbol{B}_i^e = \begin{bmatrix} \dfrac{1}{a}\dfrac{\partial N_i}{\partial \xi} & 0 \\ 0 & \dfrac{1}{b}\dfrac{\partial N_i}{\partial \eta} \\ \dfrac{1}{b}\dfrac{\partial N_i}{\partial \eta} & \dfrac{1}{a}\dfrac{\partial N_i}{\partial \xi} \end{bmatrix} = \dfrac{1}{4}\begin{bmatrix} \dfrac{1}{a}(1+\eta_i\eta)\xi_i & 0 \\ 0 & \dfrac{1}{b}(1+\xi\xi_i)\eta_i \\ \dfrac{1}{b}(1+\xi_i\xi)\eta_i & \dfrac{1}{a}(1+\eta_i\eta)\xi_i \end{bmatrix} \quad (i=1,2,3,4) \quad (5.17)$$

将式(5.17)代入式(5.14)可求得单元应变。

将式(5.17)同第 2 章常应变三角形单元的公式(2.23)相比,常应变三角形单元应变矩阵中的元素均为常量,而四结点矩形单元应变矩阵中的元素为变量,求出的单元应变在单元内是变化的。四结点矩形单元的应变既反映了常应变,又反映了应变的线性变化。

(2)单元应力

$$\boldsymbol{\sigma}^e = \boldsymbol{D}\boldsymbol{\varepsilon}^e = \boldsymbol{D}\boldsymbol{B}^e\boldsymbol{\delta}^e = \boldsymbol{S}^e\boldsymbol{\delta}^e = \begin{bmatrix} \boldsymbol{S}_1^e & \boldsymbol{S}_2^e & \boldsymbol{S}_3^e & \boldsymbol{S}_4^e \end{bmatrix}\begin{Bmatrix} \boldsymbol{\delta}_1 \\ \boldsymbol{\delta}_2 \\ \boldsymbol{\delta}_3 \\ \boldsymbol{\delta}_4 \end{Bmatrix} \quad (5.18)$$

应力转换矩阵的子块 $\boldsymbol{S}_i^e$ 为

$$\boldsymbol{S}_i^e = \boldsymbol{D}\boldsymbol{B}_i^e = \dfrac{E_1}{4(1-\mu_1^2)}\begin{bmatrix} \dfrac{\xi_i}{a}(1+\eta_i\eta) & \mu_1\dfrac{\eta_i}{b}(1+\xi_i\xi) \\ \mu_1\dfrac{\xi_i}{a}(1+\eta_i\eta) & \dfrac{\eta_i}{b}(1+\xi_i\xi) \\ \dfrac{1-\mu_1}{2}\dfrac{\eta_i}{b}(1+\xi_i\xi) & \dfrac{1-\mu_1}{2}\dfrac{\xi_i}{a}(1+\eta_i\eta) \end{bmatrix} \quad (i=1,2,3,4) \quad (5.19)$$

同理,将式(5.19)与第 2 章公式(2.25)对比可见,常应变三角形单元的应力为常量,而四结点矩形单元的应力是变量,反映了单元中变化的应力状态,更接近于实际。因此,当采用同样结点数的有限元模型时,矩形单元的计算精度要高于三角形单元。

5.1.3 单元刚度矩阵

下面用势能原理导出四结点矩形单元的单元刚度矩阵。与三角形单元类似,以一个单元为对象,设单元只受结点给单元的单元结点力 $\boldsymbol{F}^e$(为 8×1 的列阵)作用,则单元势能函数为

$$\prod = U - \boldsymbol{\delta}^{e\mathrm{T}}\boldsymbol{F}^e \quad (5.20)$$

其中单元应变能

$$U_e = \dfrac{t}{2}\int_{\Omega_e}\boldsymbol{\varepsilon}^{e\mathrm{T}}\boldsymbol{\sigma}^e\,\mathrm{d}\Omega = \dfrac{t}{2}\int_{\Omega_e}\boldsymbol{\delta}^{e\mathrm{T}}\boldsymbol{B}^{e\mathrm{T}}\boldsymbol{D}\boldsymbol{B}^e\boldsymbol{\delta}^e\,\mathrm{d}x\mathrm{d}y$$

$$= \boldsymbol{\delta}^{e\mathrm{T}}\left[\dfrac{t}{2}\int_{\Omega_e}\boldsymbol{B}^{e\mathrm{T}}\boldsymbol{D}\boldsymbol{B}^e\,\mathrm{d}\Omega\right]\boldsymbol{\delta}^e \quad (5.21)$$

由于真实位移 $\boldsymbol{\delta}^e$ 使 Π 取极值，有 $\dfrac{\partial \Pi_e}{\partial \boldsymbol{\delta}^e}=0$，即

$$t\int_{\Omega_e} \boldsymbol{B}^{e\mathrm{T}}\boldsymbol{D}\boldsymbol{B}^e\,\mathrm{d}x\mathrm{d}y\,\boldsymbol{\delta}^e = \boldsymbol{F}^e \tag{5.22}$$

记为

$$\boldsymbol{K}^e\boldsymbol{\delta}^e = \boldsymbol{F}^e \tag{5.23}$$

其中 $\boldsymbol{K}^e$ 为单元刚度矩阵

$$\boldsymbol{K}^e = t\int_{\Omega_e} \boldsymbol{B}^{e\mathrm{T}}\boldsymbol{D}\boldsymbol{B}^e\,\mathrm{d}x\mathrm{d}y \tag{5.24}$$

注意推导过程与形函数、结点个数均无关系，说明这一表达式有广泛的适用性。

单刚也常按结点次序分为子块

$$\begin{aligned}
\boldsymbol{K}^e_{rs} &= t\int_{\Omega_e} \boldsymbol{B}^{e\mathrm{T}}_r\boldsymbol{D}\boldsymbol{B}^e_s\,\mathrm{d}x\mathrm{d}y \\
&= t\int_{-1}^1\int_{-1}^1 \boldsymbol{B}^{e\mathrm{T}}_r\boldsymbol{D}\boldsymbol{B}^e_s ab\,\mathrm{d}\xi\mathrm{d}\eta \quad (r,s=1,2,3,4)
\end{aligned} \tag{5.25}$$

利用式(5.17)、式(1.28) 和式(5.25) 可以得到显式积分结果

$$\boldsymbol{K}^e_{rs} = \frac{E_1 t}{4ab(1-\mu_1^2)}\begin{pmatrix} K_1 & K_2 \\ K_3 & K_4 \end{pmatrix} \quad (r,s=1,2,3,4) \tag{5.26}$$

式中

$$\left.\begin{aligned}
K_1 &= b^2\xi_r\xi_s\left(1+\frac{\eta_r\eta_s}{3}\right)+\frac{1-\mu_1}{2}a^2\eta_r\eta_s\left(1+\frac{\xi_r\xi_s}{3}\right) \\
K_2 &= ab\left(\mu_1\xi_r\eta_s+\frac{1-\mu_1}{2}\eta_r\xi_s\right) \\
K_3 &= ab\left(\mu_1\eta_r\xi_s+\frac{1-\mu_1}{2}\xi_r\eta_s\right) \\
K_4 &= a^2\eta_r\eta_s\left(1+\frac{\xi_r\xi_s}{3}\right)+\frac{1-\mu_1}{2}b^2\xi_r\xi_s\left(1+\frac{\eta_r\eta_s}{3}\right)
\end{aligned}\right\} \quad (r,s=1,2,3,4) \tag{5.27}$$

实践表明，与三结点单元相比，四结点矩形单元的精度明显高于三结点单元，但它的弱点是灵活性差，不能适用于曲线边界和斜边界。

在采用单元自然坐标 ξ、η 后，形函数(5.11)的形式非常的"规矩"，与单元中心、单元尺寸都无关，是一种非常标准的两个方向的线性拉格朗日插值函数相乘的结果(一维插值函数参见图5.2)。四结点矩形单元的形函数具有以下性质。

ⅰ. 形函数在 i 结点的函数值为1，在其它结点的函数值为零，即

$$N_i(\xi_j,\eta_j)=\begin{cases} 1 & i=j \\ 0 & i\ne j \end{cases} \tag{5.28}$$

ⅱ. 在单元内任一点的四个形函数之和等于1，即

$$\sum_{i=1}^4 N_i = 1 \tag{5.29}$$

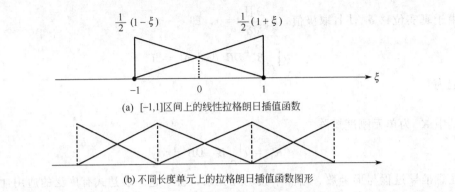

(a) [-1,1]区间上的线性拉格朗日插值函数

(b) 不同长度单元上的拉格朗日插值函数图形

图 5.2　一维的线性拉格朗日插值函数图形

5.2　任意四边形单元

（1）坐标变换

对任意一个四边形单元（如图 5.3 所示）只要恰当选择单元自然坐标 ξ、η，使 ξ、η 变化范围从 -1 到 1，就得到了在 ξ、η 空间的正方形单元（图 5.4 所示）。称 ξ、η 域的正方形单元为母单元，而任意的四边形单元称为子单元。但这个变换要保证正确实现一点到另一点，例如角点 (x_i, y_i) 到角点 (ξ_i, η_i)，即

$$\left.\begin{array}{ll} x_1 & y_1 \\ x_2 & y_2 \\ x_3 & y_3 \\ x_4 & y_4 \end{array}\right\} \longrightarrow \left\{\begin{array}{ll} \xi_1 = 1 & \eta_1 = 1 \\ \xi_2 = -1 & \eta_2 = 1 \\ \xi_3 = -1 & \eta_3 = -1 \\ \xi_4 = 1 & \eta_4 = -1 \end{array}\right.$$

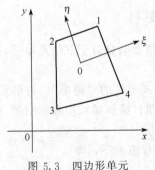

图 5.3　四边形单元　　　　　图 5.4　ξ、η 空间的母单元

任一点的两种坐标 (ξ, η) 和 (x, y) 通过以下变换实现

$$\left.\begin{array}{l} x = N_1 x_1 + N_2 x_2 + N_3 x_3 + N_4 x_4 \\ y = N_1 y_1 + N_2 y_2 + N_3 y_3 + N_4 y_4 \end{array}\right\} \tag{5.30}$$

其中形函数 $N_i(\xi, \eta)$ 仍由式（5.11）给出。

而位移函数仍设为

$$u = N_1 u_1 + N_2 u_2 + N_3 u_3 + N_4 u_4 \brace v = N_1 v_1 + N_2 v_2 + N_3 v_3 + N_4 v_4$$

或记为

$$\boldsymbol{u}^e = \begin{bmatrix} N_1 & 0 & N_2 & 0 & N_3 & 0 & N_4 & 0 \\ 0 & N_1 & 0 & N_2 & 0 & N_3 & 0 & N_4 \end{bmatrix} \begin{Bmatrix} u_1 \\ v_1 \\ \vdots \\ u_4 \\ v_4 \end{Bmatrix}$$

$$= \begin{bmatrix} \boldsymbol{N}_1^e & \boldsymbol{N}_2^e & \boldsymbol{N}_3^e & \boldsymbol{N}_4^e \end{bmatrix} \begin{Bmatrix} \boldsymbol{\delta}_1 \\ \boldsymbol{\delta}_2 \\ \boldsymbol{\delta}_3 \\ \boldsymbol{\delta}_4 \end{Bmatrix} = \boldsymbol{N}^e \boldsymbol{\delta}^e \tag{5.31}$$

（2）单元应变和应力

单元应变与前面一样，应当有 $\boldsymbol{\varepsilon}^e = \boldsymbol{L} \boldsymbol{N}^e \boldsymbol{\delta}^e = \boldsymbol{B}^e \boldsymbol{\delta}^e$，注意到 $\boldsymbol{L}$ 中微分算子是 $\dfrac{\partial}{\partial x}$ 和 $\dfrac{\partial}{\partial y}$，而 $N_i(\xi, \eta)$ 是 ξ 和 η 的显函数，需要对隐函数微分。因为

$$\begin{Bmatrix} \dfrac{\partial N_i}{\partial \xi} \\ \dfrac{\partial N_i}{\partial \eta} \end{Bmatrix} = \begin{bmatrix} \dfrac{\partial x}{\partial \xi} & \dfrac{\partial y}{\partial \xi} \\ \dfrac{\partial x}{\partial \eta} & \dfrac{\partial y}{\partial \eta} \end{bmatrix} \begin{Bmatrix} \dfrac{\partial N_i}{\partial x} \\ \dfrac{\partial N_i}{\partial y} \end{Bmatrix} \quad (i = 1, 2, 3, 4) \tag{5.32}$$

此等式左端可以显式得出，而等式右端左边的矩阵按下式计算

$$\begin{bmatrix} \dfrac{\partial x}{\partial \xi} & \dfrac{\partial y}{\partial \xi} \\ \dfrac{\partial x}{\partial \eta} & \dfrac{\partial y}{\partial \eta} \end{bmatrix} = \begin{bmatrix} \dfrac{\partial N_1}{\partial \xi} & \dfrac{\partial N_2}{\partial \xi} & \dfrac{\partial N_3}{\partial \xi} & \dfrac{\partial N_4}{\partial \xi} \\ \dfrac{\partial N_1}{\partial \eta} & \dfrac{\partial N_2}{\partial \eta} & \dfrac{\partial N_3}{\partial \eta} & \dfrac{\partial N_4}{\partial \eta} \end{bmatrix} \begin{bmatrix} x_1 & y_1 \\ x_2 & y_2 \\ x_3 & y_3 \\ x_4 & y_4 \end{bmatrix} = \boldsymbol{J} \tag{5.33}$$

$\boldsymbol{J}$ 称为坐标变换的雅可比矩阵（Jacobi），进而由式（5.32）便可以有

$$\begin{Bmatrix} \dfrac{\partial N_i}{\partial x} \\ \dfrac{\partial N_i}{\partial y} \end{Bmatrix} = \boldsymbol{J}^{-1} \begin{Bmatrix} \dfrac{\partial N_i}{\partial \xi} \\ \dfrac{\partial N_i}{\partial \eta} \end{Bmatrix} \quad (i = 1, 2, 3, 4) \tag{5.34}$$

雅可比矩阵 $\boldsymbol{J}$ 的逆矩阵为

$$\boldsymbol{J}^{-1} = \frac{1}{|\boldsymbol{J}|} \begin{bmatrix} \dfrac{\partial y}{\partial \eta} & -\dfrac{\partial y}{\partial \xi} \\ -\dfrac{\partial x}{\partial \eta} & \dfrac{\partial x}{\partial \xi} \end{bmatrix} \tag{5.35}$$

由式（5.33）、式（5.34）及式（5.35），可以计算应变转换矩阵 $\boldsymbol{B}^e$ 与应力转换矩阵 $\boldsymbol{S}^e$，

其子块分别为

$$
\boldsymbol{B}_i^e = \begin{bmatrix} \dfrac{\partial N_i}{\partial x} & 0 \\[2mm] 0 & \dfrac{\partial N_i}{\partial y} \\[2mm] \dfrac{\partial N_i}{\partial y} & \dfrac{\partial N_i}{\partial x} \end{bmatrix} \quad (i=1,2,3,4) \tag{5.36}
$$

$$
\boldsymbol{S}_i^e = \frac{E_1}{1-\mu_1^2} \begin{bmatrix} \dfrac{\partial N_i}{\partial x} & \mu_1 \dfrac{\partial N_i}{\partial y} \\[3mm] \mu_1 \dfrac{\partial N_i}{\partial x} & \dfrac{\partial N_i}{\partial y} \\[3mm] \dfrac{1-\mu_1}{2} \dfrac{\partial N_i}{\partial y} & \dfrac{1-\mu_1}{2} \dfrac{\partial N_i}{\partial x} \end{bmatrix} \quad (i=1,2,3,4) \tag{5.37}
$$

(3) 单元刚度矩阵

改变积分变量,单刚为

$$
\begin{aligned}
\boldsymbol{K}^e &= t \int_{\Omega^e} \boldsymbol{B}^{e\mathrm{T}} \boldsymbol{D} \boldsymbol{B}^e \,\mathrm{d}x\mathrm{d}y \\
&= t \int_{-1}^{1} \int_{-1}^{1} \boldsymbol{B}^{e\mathrm{T}} \boldsymbol{D} \boldsymbol{B}^e \mid \boldsymbol{J} \mid \mathrm{d}\xi\mathrm{d}\eta
\end{aligned} \tag{5.38}
$$

一般而言,该积分没有显式,需作数值积分。

(4) 等效结点力的计算

体力的等效结点力

$$
\boldsymbol{P}_b^e = t \int_{-1}^{1} \int_{-1}^{1} \boldsymbol{N}^{e\mathrm{T}} \boldsymbol{f} \mid \boldsymbol{J} \mid \mathrm{d}\xi\mathrm{d}\eta \tag{5.39}
$$

对于作用在 $\xi=1$ 边上的面力

$$
\boldsymbol{P}_q^e = t \int_{-1}^{1} \boldsymbol{N}^{e\mathrm{T}} \bar{\boldsymbol{f}} \sqrt{\left(\frac{\partial x}{\partial \eta}\right)^2 + \left(\frac{\partial y}{\partial \eta}\right)^2} \,\mathrm{d}\eta \tag{5.40a}
$$

而在 $\eta=1$ 边上的面力

$$
\boldsymbol{P}_q^e = t \int_{-1}^{1} \boldsymbol{N}^{e\mathrm{T}} \bar{\boldsymbol{f}} \sqrt{\left(\frac{\partial x}{\partial \xi}\right)^2 + \left(\frac{\partial y}{\partial \xi}\right)^2} \,\mathrm{d}\xi \tag{5.40b}
$$

要注意式(5.40a) 和式(5.40b)中被积函数中的 $\boldsymbol{N}^e$、x 和 y 仅是在指定边界上的变量。

5.3 等参元概念与数值积分

(1) 等参元概念

从 5.2 节看到任意四边形通过坐标变换映射为 $\xi\eta$ 平面上的正方形的"母单元"(如图 5.4 所示),由于母单元是正方形,在其上定义形函数,做数值积分都是比较规则的,因此这种坐标变化是重要的一环。一般可以通过

$$x = \sum_{i=1}^{m} N'_i(\xi, \eta) x_i \quad\Bigg\}$$
$$y = \sum_{i=1}^{m} N'_i(\xi, \eta) y_i \quad\Bigg\}$$
(5.41)

来实现几何形状的变换。对于场函数有

$$u = \sum_{i=1}^{n} N_i(\xi, \eta) u_i \quad\Bigg\}$$
$$v = \sum_{i=1}^{n} N_i(\xi, \eta) v_i \quad\Bigg\}$$
(5.42)

当 $m=n$ 且 $N'_i = N_i$ 时，称这种单元为等参元或同参元，如上节中的单元；而对 $m<n$ 时，称为次参元；$m>n$ 时，称为超参元。

等参元的形函数构造规范，收敛性比较清楚。在实际中采用较多。而对次参元与超参元，每种单元都必须通过专门的收敛性检查。

对于等参元，要避免以下两种错误的使用方法，如图 5.5 所示。

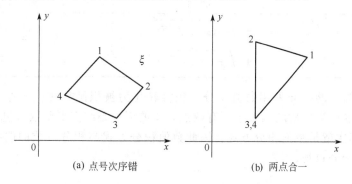

(a) 点号次序错   (b) 两点合一

图 5.5 四结点等参元不能允许的错误

ⅰ. 图 5.5(a) 中单元内结点次序错误，造成 $|\boldsymbol{J}|<0$；

ⅱ. 图 5.5(b) 中两点合一，造成 $|\boldsymbol{J}|=0$。

这些都是绝对不许可的。至于单元形状不好，则会影响精度，例如单元中最小的角太小也不行。

（2）数值积分

在有限元法中普遍使用数值积分。其中具有代表性的是高斯积分，即高斯-勒让得积分。一维的高斯积分有如下形式。

$$\int_{-1}^{1} F(\xi) \mathrm{d}\xi = \sum_{i=1}^{n} W_i F(\xi_i)$$
(5.43)

式中 ξ_i——积分点；

     W_i——权值；

     n——积分点个数。

对于不同的积分点数 n，ξ_i 与 W_i 是确定的，如表 5.1。若 $F(\xi)$ 是不高于 $2n-1$ 的多项式，式(5.43) 得到的是精确解。

在二维的母单元上，高斯积分公式为

$$\int_{-1}^{1}\int_{-1}^{1}F(\xi,\eta)\,\mathrm{d}\xi\mathrm{d}\eta = \sum_{i=1}^{n_1}\sum_{j=1}^{n_2}W_iW_jF(\xi_i,\eta_j) \tag{5.44}$$

n_1、n_2 分别为 ξ、η 方向的积分点数，有时也称为积分阶次。n_1、n_2 可以不相同。积分点与权值的确定与一维相同，式(5.44) 容易推广到三维。

表 5.1　一维高斯积分中的积分点坐标及对应的权值

积分点数 n	积分点坐标 ξ_i	积分权值 W_i
1	0	2
2	$\pm\dfrac{\sqrt{3}}{3}$	1
3	0	$\dfrac{8}{9}$
	$\pm\sqrt{0.6}$	$\dfrac{5}{9}$
4	$\pm\sqrt{\dfrac{1}{7}(3-2\sqrt{1.2})}$	$\dfrac{1}{2}+\dfrac{\sqrt{30}}{36}$
	$\pm\sqrt{\dfrac{1}{7}(3+2\sqrt{1.2})}$	$\dfrac{1}{2}-\dfrac{\sqrt{30}}{36}$

由于单刚计算中的积分采用数值积分，积分转化为被积函数在积分点上的数值的加权和。影响单元数值计算性质的因素主要有两点，首要因素是结点形函数（包括形函数的阶次与单元形状），其次就是数值积分方式。因此数值积分方式与积分点数的选择有时有很大影响，使用者必须十分重视。

5.4　四边形二次单元

前面提到，影响单元数值计算精度的因素之一是形函数，四结点等参元的计算精度仍然令人不够满意。而要提高计算精度，首先是改进形函数。在一维问题中，一个单元上最简单的线性形函数如图 5.6 所示。

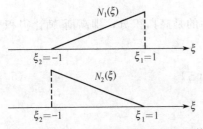

定义在 $\xi_1=1$ 点上的形函数为

$$N_1(\xi)=\frac{1}{2}(1+\xi) \tag{5.45a}$$

而定义在 $\xi_2=-1$ 点上的形函数为

$$N_2(\xi)=\frac{1}{2}(1-\xi) \tag{5.45b}$$

图 5.6　一个单元上最简单的线性形函数　　显然它们具有性质式(5.28) 与式(5.29)。

任意场函数在这个单元上可表示为

$$\phi^e = N_1\phi_1 + N_2\phi_2 \tag{5.46}$$

即可以通过调节 ϕ_1、ϕ_2 表示单元上的任意线性函数，或以线性函数的形式逼近其它函数。

取 $\xi_1 = 1$、$\xi_2 = -1$、$\xi_3 = 0$，按照式(5.28) 即 $N_i(\xi_j) = \delta_{ij}$ 的原则可以构造二次形函数

$$\left.\begin{aligned}
N_1 &= \frac{1}{2}(1+\xi)\xi \\
N_2 &= \frac{1}{2}(1-\xi)(-\xi) \\
N_3 &= (1+\xi)(1-\xi)
\end{aligned}\right\} \tag{5.47}$$

式(5.47) 就是在 $\begin{bmatrix} -1 & 1 \end{bmatrix}$ 区间上的等距三结点二次形函数，见图 5.7。这三个形函数也满足式(5.29)。

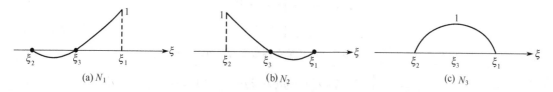

图 5.7 一维二次形函数

换一个视点，可以从一次函数经过"修正"，即加一个中间点 ξ_3 的方式来得到式(5.47)。先有

$$N_{10} = \frac{1}{2}(1+\xi) \qquad N_{20} = \frac{1}{2}(1-\xi)$$

当增加 ξ_3 点后就要有 N_3，而 N_3 必须在 $\xi = \pm 1$ 处为零而在 $\xi_3 = 0$ 处为1，自然是

$$N_3 = (1+\xi)(1-\xi)$$

但这时 $N_{10}(\xi_3) = \frac{1}{2} \neq 0$，为使 $N_1(\xi_3) = 0$，因此取

$$N_1 = N_{10} - \frac{1}{2}N_3$$

同理有

$$N_2 = N_{20} - \frac{1}{2}N_3$$

容易验证这结果与式(5.47) 相同。而这一视点使形函数从一次到二次的变化归结为增加 ξ_3 点及形函数 N_3。

定义在这个三结点单元上的场函数为

$$\phi^e = N_1\phi_1 + N_2\phi_2 + N_3\phi_3 \tag{5.48}$$

上式可以描述单元上的任意二次函数，即以上二次函数形式逼近其它函数。在逼近复杂连续函数时它比一次的形函数逼近的程度更好。

二维情况下，已知四结点单元的形函数为

$$N_i = \frac{1}{4}(1+\xi_i\xi)(1+\eta_i\eta)$$

就是 ξ、η 两个方向的线性形函数相乘，因此称之为双线性形函数。

由两个方向相乘的想法，容易推出二维的二次单元应当有 9 个结点（如图 5.8 所示），9 个形函数，就是二维的九结点四边形等参元的形函数。

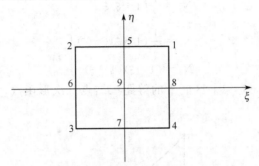

图 5.8　九结点四边形等参元

$$\left.\begin{aligned}
N_i &= \frac{1}{4}(1+\xi_i\xi)(1+\eta_i\eta)\xi_i\xi\eta_i\eta && i=1,2,3,4 \\
N_j &= \frac{1}{2}(1-\xi^2)(1+\eta_j\eta)\eta_j\eta && j=5,7 \\
N_j &= \frac{1}{2}(1-\eta^2)(1+\xi_j\xi)\xi_j\xi && j=6,8 \\
N_9 &= (1-\xi^2)(1-\eta^2)
\end{aligned}\right\} \tag{5.49}$$

这种单元很"规范"，精度大大高于四结点等参元，但它有一个中心结点，这一点与其它单元不连接。按有限元基本技术路线的想法，这一点像是有点多余，最好没有它。能不能既要二次单元，又不要第 9 点和第 9 个形函数呢？

按照从一次形函数通过增加中间结点来"修正"而得到二次形函数的方法，可以得到没有第 9 结点的单元。下面是 8 结点等参元的形函数：

$$\left.\begin{aligned}
N_{i0} &= \frac{1}{4}(1+\xi_i\xi)(1+\eta_i\eta) && i=1,2,3,4 \\
N_j &= \frac{1}{2}(1-\xi^2)(1+\eta_j\eta)\eta_j\eta && j=5,7 \\
N_j &= \frac{1}{2}(1-\eta^2)(1+\xi_j\xi)\xi_j\xi && j=6,8 \\
N_1 &= N_{10} - \frac{1}{2}N_5 - \frac{1}{2}N_8 \\
N_2 &= N_{20} - \frac{1}{2}N_6 - \frac{1}{2}N_5 \\
N_3 &= N_{30} - \frac{1}{2}N_7 - \frac{1}{2}N_6 \\
N_4 &= N_{40} - \frac{1}{2}N_8 - \frac{1}{2}N_7
\end{aligned}\right\} \tag{5.50}$$

从计算精度上讲8结点单元显著地高于同样总结点数的四结点等参元。由于几何变换的形函数也是二次的，可以用于由二次曲线构成的曲四边形，模拟曲线边界更精确。但曲边四边形更要注意防止"坏形状单元"出现。除了边长比不能太大之外，还要避免因"曲边界"而带来的内角（边切线夹角）太大与太小与以及中点位置的错误（见图5.9）。

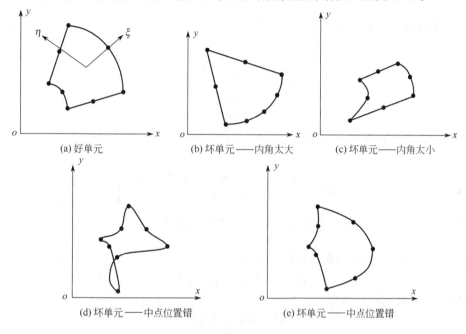

(a) 好单元　　　(b) 坏单元——内角太大　　　(c) 坏单元——内角太小

(d) 坏单元——中点位置错　　　(e) 坏单元——中点位置错

图 5.9　8 结点单元的好坏

8 结点单元还有一个优点就是边中点可有可无，增加了单元连接上的灵活性。这种可变中点类型的单元由 Zienkiewicz 发现，将其命名为 Serendipity 单元，即奇妙单元族。而 9 结点单元的形函数是一种标准的 Lagrange 插值函数，一般称为 Lagrange 单元。

按照以上的原则当然也可以构造三次、四次单元，但最常用的还是二次单元。

5.5　Wilson 单元

在四结点的矩形单元中，$\dfrac{\partial N_i}{\partial x}$ 与 x 无关，$\dfrac{\partial N_i}{\partial y}$ 与 y 无关。即形函数的偏导函数不能等同地反映在两方向上的变化。四结点的等参元是从矩形单元演化而来，具有相同的缺点，形函数 N_i 在 ξ、η 方向仅是 ξ、η 的线性函数，单元的"弯曲"性能很差。九结点的拉格朗日二次单元与八结点的 Serendipity 单元克服了这一缺点。因此在同样结点数之下八结点等参元的精度远胜于四结点等参元。这些单元比之四结点单元增加了边中点。对于大多数处于内部的单元边中点既然不用来刻画边界，也丧失了刻画单元形状与大小的用途。能不能不要边中点，而又同时保持场函数的"二次性能"呢？

Wilson 提出不增加边中点而又增加场函数"二次项"的一种方法。

如同四结点等参元一样，Wilson 单元只有四个结点。其基本形函数为

$$N_i = \frac{1}{4}(1 + \xi_i \xi)(1 + \eta_i \eta)$$

几何场的变换关系仍然同式(5.30)，即

$$\begin{Bmatrix} x \\ y \end{Bmatrix} = \begin{Bmatrix} \sum_{i=1}^{4} N_i x_i \\ \sum_{i=1}^{4} N_i y_i \end{Bmatrix}$$

但在位移函数的设定上不仅是结点位移的待定参数，令

$$\left. \begin{aligned} u &= \sum_{i=1}^{4} N_i u_i + \alpha_1 (1 - \xi^2) + \alpha_2 (1 - \eta^2) \\ v &= \sum_{i=1}^{4} N_i v_i + \alpha_3 (1 - \xi^2) + \alpha_4 (1 - \eta^2) \end{aligned} \right\} \tag{5.51}$$

α_1、α_2、α_3、α_4 为单元内部自由度，记为

$$\boldsymbol{\alpha}^e = (\alpha_1 \quad \alpha_2 \quad \alpha_3 \quad \alpha_4)^{\mathrm{T}} \tag{5.52}$$

将式(5.51) 改写为矩阵形式

$$\boldsymbol{u}^e = \boldsymbol{N}^e \boldsymbol{\delta}^e + \overline{\boldsymbol{N}}^e \boldsymbol{\alpha}^e \tag{5.53}$$

其中 $\boldsymbol{N}^e$ 与 $\boldsymbol{\delta}^e$ 与四结点等参元式(5.31) 所定义的相同，而

$$\overline{\boldsymbol{N}}^e = \begin{bmatrix} 1 - \xi^2 & 1 - \eta^2 & 0 & 0 \\ 0 & 0 & 1 - \xi^2 & 1 - \eta^2 \end{bmatrix} \tag{5.54}$$

单元应变为

$$\begin{aligned} \boldsymbol{\varepsilon}^e &= \boldsymbol{L} \boldsymbol{N}^e \boldsymbol{\delta}^e + \boldsymbol{L} \overline{\boldsymbol{N}}^e \boldsymbol{\alpha}^e \\ &= \boldsymbol{B}^e \boldsymbol{\delta}^e + \overline{\boldsymbol{B}}^e \boldsymbol{\alpha}^e \end{aligned} \tag{5.55}$$

由坐标变换，有

$$\begin{Bmatrix} \dfrac{\partial}{\partial x} \\ \dfrac{\partial}{\partial y} \end{Bmatrix} = \boldsymbol{J}^{-1} \begin{Bmatrix} \dfrac{\partial}{\partial \xi} \\ \dfrac{\partial}{\partial \eta} \end{Bmatrix} = \frac{1}{|\boldsymbol{J}|} \begin{bmatrix} \dfrac{\partial y}{\partial \eta} & -\dfrac{\partial y}{\partial \xi} \\ -\dfrac{\partial x}{\partial \eta} & \dfrac{\partial x}{\partial \xi} \end{bmatrix} \begin{Bmatrix} \dfrac{\partial}{\partial \xi} \\ \dfrac{\partial}{\partial \eta} \end{Bmatrix} \tag{5.56}$$

$$= \begin{bmatrix} a_{11} & a_{12} \\ a_{21} & a_{22} \end{bmatrix} \begin{Bmatrix} \dfrac{\partial}{\partial \xi} \\ \dfrac{\partial}{\partial \eta} \end{Bmatrix}$$

其中雅可比矩阵 $\boldsymbol{J}$ 仍与四结点等参元相同

$$\boldsymbol{J}=\begin{bmatrix} \dfrac{\partial x}{\partial \xi} & \dfrac{\partial y}{\partial \xi} \\ \dfrac{\partial x}{\partial \eta} & \dfrac{\partial y}{\partial \eta} \end{bmatrix}=\begin{bmatrix} \dfrac{\partial N_1}{\partial \xi} & \dfrac{\partial N_2}{\partial \xi} & \dfrac{\partial N_3}{\partial \xi} & \dfrac{\partial N_4}{\partial \xi} \\ \dfrac{\partial N_1}{\partial \eta} & \dfrac{\partial N_2}{\partial \eta} & \dfrac{\partial N_3}{\partial \eta} & \dfrac{\partial N_4}{\partial \eta} \end{bmatrix}\begin{bmatrix} x_1 & y_1 \\ x_2 & y_2 \\ x_3 & y_3 \\ x_4 & y_4 \end{bmatrix}$$

由式(5.56)，微分算子 $\boldsymbol{L}$ 为

$$\boldsymbol{L}=\begin{bmatrix} \dfrac{\partial}{\partial x} & 0 \\ 0 & \dfrac{\partial}{\partial y} \\ \dfrac{\partial}{\partial y} & \dfrac{\partial}{\partial x} \end{bmatrix}=\begin{bmatrix} a_{11}\dfrac{\partial}{\partial \xi}+a_{12}\dfrac{\partial}{\partial \eta} & a_{21}\dfrac{\partial}{\partial \xi}+a_{22}\dfrac{\partial}{\partial \eta} \\ 0 & 0 \\ a_{21}\dfrac{\partial}{\partial \xi}+a_{22}\dfrac{\partial}{\partial \eta} & a_{11}\dfrac{\partial}{\partial \xi}+a_{12}\dfrac{\partial}{\partial \eta} \end{bmatrix} \tag{5.57}$$

因此，式(5.55) 中的 $\boldsymbol{B}^e$ 与 $\overline{\boldsymbol{B}}^e$ 均容易导出。例如

$$\overline{\boldsymbol{B}}^e=\boldsymbol{L}\,\overline{\boldsymbol{N}}^e=\begin{bmatrix} -2a_{11}\xi & -2a_{12}\eta & 0 & 0 \\ 0 & 0 & -2a_{21}\xi & -2a_{22}\eta \\ -2a_{21}\xi & -2a_{22}\eta & -2a_{11}\xi & -2a_{12}\eta \end{bmatrix} \tag{5.58}$$

使用势能原理导出单元刚度公式。只考虑一个单元

$$\prod = \frac{t}{2}\int_{\Omega_e}\boldsymbol{\varepsilon}^{e\mathrm{T}}\boldsymbol{D}\boldsymbol{\varepsilon}^e\,\mathrm{d}\Omega - t\int_{\Omega_e}\boldsymbol{u}^{e\mathrm{T}}\boldsymbol{f}\,\mathrm{d}\Omega - t\int_{S_e^\sigma}\boldsymbol{u}^{e\mathrm{T}}\overline{\boldsymbol{f}}\,\mathrm{d}s$$

$$= \frac{t}{2}\int_{\Omega_e}(\boldsymbol{\delta}^{e\mathrm{T}}\boldsymbol{B}^{e\mathrm{T}}+\boldsymbol{\alpha}^{e\mathrm{T}}\overline{\boldsymbol{B}}^{e\mathrm{T}})\boldsymbol{D}(\boldsymbol{B}^e\boldsymbol{\delta}^e+\overline{\boldsymbol{B}}^e\boldsymbol{\alpha}^e)\,\mathrm{d}\Omega$$

$$- t\int_{\Omega_e}(\boldsymbol{\delta}^{e\mathrm{T}}\boldsymbol{N}^{e\mathrm{T}}+\boldsymbol{\alpha}^{e\mathrm{T}}\overline{\boldsymbol{N}}^{e\mathrm{T}})\boldsymbol{f}\,\mathrm{d}\Omega - t\int_{S_e^\sigma}(\boldsymbol{\delta}^{e\mathrm{T}}\boldsymbol{N}^{e\mathrm{T}}+\boldsymbol{\alpha}^{e\mathrm{T}}\overline{\boldsymbol{N}}^{e\mathrm{T}})\overline{\boldsymbol{f}}\,\mathrm{d}s$$

由 $\dfrac{\partial \prod}{\partial \boldsymbol{\delta}^e}=0$，$\dfrac{\partial \prod}{\partial \boldsymbol{\alpha}^e}=0$ 得到

$$\left.\begin{aligned} t\left[\int_{\Omega_e}\boldsymbol{B}^{e\mathrm{T}}\boldsymbol{D}\boldsymbol{B}\,\mathrm{d}\Omega \quad \int_{\Omega_e}\boldsymbol{B}^{e\mathrm{T}}\boldsymbol{D}\overline{\boldsymbol{B}}\,\mathrm{d}\Omega\right]\begin{Bmatrix}\boldsymbol{\delta}^e \\ \boldsymbol{\alpha}^e\end{Bmatrix}=t\left(\int_{\Omega_e}\boldsymbol{N}^{e\mathrm{T}}\boldsymbol{f}\,\mathrm{d}\Omega+\int_{S_e^\sigma}\boldsymbol{N}^{e\mathrm{T}}\overline{\boldsymbol{f}}\,\mathrm{d}s\right) \\ t\left[\int_{\Omega_e}\overline{\boldsymbol{B}}^{e\mathrm{T}}\boldsymbol{D}\boldsymbol{B}\,\mathrm{d}\Omega \quad \int_{\Omega_e}\overline{\boldsymbol{B}}^{e\mathrm{T}}\boldsymbol{D}\,\overline{\boldsymbol{B}}^e\,\mathrm{d}\Omega\right]\begin{Bmatrix}\boldsymbol{\delta}^e \\ \boldsymbol{\alpha}^e\end{Bmatrix}=t\left(\int_{\Omega_e}\overline{\boldsymbol{N}}^{e\mathrm{T}}\boldsymbol{f}\,\mathrm{d}\Omega+\int_{S_e^\sigma}\overline{\boldsymbol{N}}^{e\mathrm{T}}\overline{\boldsymbol{f}}\,\mathrm{d}s\right) \end{aligned}\right\} \tag{5.59}$$

归结起来就是

$$\begin{bmatrix} \boldsymbol{K}_{uu}^e & \boldsymbol{K}_{u\alpha}^e \\ \boldsymbol{K}_{\alpha u}^e & \boldsymbol{K}_{\alpha\alpha}^e \end{bmatrix} \begin{Bmatrix} \boldsymbol{\delta}^e \\ \boldsymbol{\alpha}^e \end{Bmatrix} = \begin{Bmatrix} \boldsymbol{F}_u^e \\ \boldsymbol{F}_\alpha^e \end{Bmatrix} \tag{5.60}$$

$$\left.\begin{aligned}
\boldsymbol{K}_{uu}^e &= t \int_{\Omega_e} \boldsymbol{B}^{e\mathrm{T}} \boldsymbol{D} \boldsymbol{B}^e \, \mathrm{d}\Omega = t \int_{-1}^{1}\int_{-1}^{1} \boldsymbol{B}^{e\mathrm{T}} \boldsymbol{D} \boldsymbol{B}^e \mid \boldsymbol{J} \mid \mathrm{d}\xi\mathrm{d}\eta \\[2mm]
\boldsymbol{K}_{u\alpha}^e &= t \int_{\Omega_e} \boldsymbol{B}^{e\mathrm{T}} \boldsymbol{D} \overline{\boldsymbol{B}}^e \, \mathrm{d}\Omega = t \int_{-1}^{1}\int_{-1}^{1} \boldsymbol{B}^{e\mathrm{T}} \boldsymbol{D} \overline{\boldsymbol{B}}^e \mid \boldsymbol{J} \mid \mathrm{d}\xi\mathrm{d}\eta \\[2mm]
\boldsymbol{K}_{\alpha u}^e &= t \int_{\Omega_e} \overline{\boldsymbol{B}}^{e\mathrm{T}} \boldsymbol{D} \boldsymbol{B}^e \, \mathrm{d}\Omega = t \int_{-1}^{1}\int_{-1}^{1} \overline{\boldsymbol{B}}^{e\mathrm{T}} \boldsymbol{D} \boldsymbol{B}^e \mid \boldsymbol{J} \mid \mathrm{d}\xi\mathrm{d}\eta \\[2mm]
\boldsymbol{K}_{\alpha\alpha}^e &= t \int_{\Omega_e} \overline{\boldsymbol{B}}^{e\mathrm{T}} \boldsymbol{D} \overline{\boldsymbol{B}}^e \, \mathrm{d}\Omega = t \int_{-1}^{1}\int_{-1}^{1} \overline{\boldsymbol{B}}^{e\mathrm{T}} \boldsymbol{D} \overline{\boldsymbol{B}}^e \mid \boldsymbol{J} \mid \mathrm{d}\xi\mathrm{d}\eta
\end{aligned}\right\} \tag{5.61}$$

$$\left.\begin{aligned}
\boldsymbol{F}_u^e &= t \int_{\Omega_e} \boldsymbol{N}^{e\mathrm{T}} \boldsymbol{f} \, \mathrm{d}\Omega + t \int_{S_e^\sigma} \boldsymbol{N}^{e\mathrm{T}} \overline{\boldsymbol{f}} \, \mathrm{d}s \\[2mm]
\boldsymbol{F}_\alpha^e &= t \int_{\Omega_e} \overline{\boldsymbol{N}}^{e\mathrm{T}} \boldsymbol{f} \, \mathrm{d}\Omega + t \int_{S_e^\sigma} \overline{\boldsymbol{N}}^{e\mathrm{T}} \overline{\boldsymbol{f}} \, \mathrm{d}s
\end{aligned}\right\} \tag{5.62}$$

$\boldsymbol{\alpha}^e$ 必须在单元内"消除",由式(5.60)中的后一个方程知

$$\boldsymbol{\alpha}^e = (\boldsymbol{K}_{\alpha\alpha}^e)^{-1}(\boldsymbol{F}_\alpha^e - \boldsymbol{K}_{\alpha u}^e \boldsymbol{\delta}^e) \tag{5.63}$$

再代入式(5.60)的前 1 个方程,得

$$[\boldsymbol{K}_{uu}^e - \boldsymbol{K}_{u\alpha}^e (\boldsymbol{K}_{\alpha\alpha}^e)^{-1} \boldsymbol{K}_{\alpha u}^e] \boldsymbol{\delta}^e = \boldsymbol{F}_u^e - \boldsymbol{K}_{u\alpha}^e (\boldsymbol{K}_{\alpha\alpha}^e)^{-1} \boldsymbol{F}_\alpha^e \tag{5.64}$$

简记为

$$\boldsymbol{K}^e \boldsymbol{\delta}^e = \boldsymbol{F}^e$$

其中

$$\boldsymbol{K}^e = \boldsymbol{K}_{uu}^e - \boldsymbol{K}_{u\alpha}^e (\boldsymbol{K}_{\alpha\alpha}^e)^{-1} \boldsymbol{K}_{\alpha u}^e \tag{5.65}$$

$$\boldsymbol{F}^e = \boldsymbol{F}_u^e - \boldsymbol{K}_{u\alpha}^e (\boldsymbol{K}_{\alpha\alpha}^e)^{-1} \boldsymbol{F}_\alpha^e \tag{5.66}$$

由以上三式看出,尽管 Wilson 单元的场函数在每一个方向都是"二次"的,它最终还是归结为四结点的 8 自由度单元。这是一个效率较高的单元。

上面的 Wilson 单元在单元间的公共边上只有两个结点,而边上的位移是"二次"的,因此单元之间位移不连续,即 Wilson 单元是一种非协调单元,它的收敛性需要验证。但可以证明,只要在计算 $\boldsymbol{K}_{\alpha u}^e$ 中的 $\mid\boldsymbol{J}\mid$ 时取单元中心的值,即可"强迫"单元通过收敛性的检测。

本 章 小 结

矩形单元对初学者的意义大于实用意义。借助矩形单元引出单元自然坐标、"标准"形函数、母单元等概念。

94

通过引入单元自然坐标 (ξ, η) 与整体坐标 (x, y) 间的坐标变换来实现几何变换，将正方形的母单元映射为任意四边形，是有限元技术的一个环节。

回顾等参元中单刚的计算，可以看出形函数、几何变换、数值积分方案共同影响着真实单元内的位移分布。因此选定单元类型后必须重视单元形状，重视积分方案的选择。

Wilson 单元的技术思想是很巧妙的，在不改变几何参数的情况下，增加了位移参数，但又不让这些参数直接参加整体的计算，效率较高。

6 弹性力学空间问题与体单元

6.1 空间问题的基本描述

(1) 基本变量

前面几章主要讨论了平面问题和轴对称问题的有限元计算方法，这些均可以看作是二维问题。在工程中，实际的几何物体均是空间的物体，而物体所受力系均为空间力系，所谓平面问题只是实际结构在某些特定情况下的近似。本章将简要介绍空间问题有限元的基本公式和基本单元形式。

空间问题的有限元法与平面问题的有限元法的原理和求解思路类似，只是离散化是在三维空间进行，基本变量均是空间的三维变量。

由第 1 章已经知道，空间物体上一点的位移矢量在空间直角坐标系中记为

$$\boldsymbol{u} = (u \quad v \quad w)^{\mathrm{T}}$$

空间一点的工程应变有 6 个独立分量，其应变列阵为

$$\boldsymbol{\varepsilon} = (\varepsilon_x \quad \varepsilon_y \quad \varepsilon_z \quad \gamma_{xy} \quad \gamma_{yz} \quad \gamma_{zx})^{\mathrm{T}}$$

空间一点的应力列阵为

$$\boldsymbol{\sigma} = (\sigma_x \quad \sigma_y \quad \sigma_z \quad \tau_{xy} \quad \tau_{yz} \quad \tau_{zx})^{\mathrm{T}}$$

(2) 几何方程

在小变形条件之下，描述应变场与位移场关系的几何方程如下

$$\boldsymbol{\varepsilon} = \begin{pmatrix} \dfrac{\partial}{\partial x} & 0 & 0 \\ 0 & \dfrac{\partial}{\partial y} & 0 \\ 0 & 0 & \dfrac{\partial}{\partial z} \\ \dfrac{\partial}{\partial y} & \dfrac{\partial}{\partial x} & 0 \\ 0 & \dfrac{\partial}{\partial z} & \dfrac{\partial}{\partial y} \\ \dfrac{\partial}{\partial z} & 0 & \dfrac{\partial}{\partial x} \end{pmatrix} \boldsymbol{u} \tag{6.1}$$

简记为

$$\boldsymbol{\varepsilon} = \boldsymbol{Lu} \tag{6.1a}$$

式中 $\boldsymbol{L}$——三维微分算子矩阵。

（3）物理方程

对于无初应力、无初应变的各向同性线弹性体，应力和应变间存在比例关系，即广义胡克定律，一般记为

$$\begin{Bmatrix} \varepsilon_x \\ \varepsilon_y \\ \varepsilon_z \\ \gamma_{xy} \\ \gamma_{yz} \\ \gamma_{zx} \end{Bmatrix} = \frac{1}{E} \begin{pmatrix} 1 & -\mu & -\mu & 0 & 0 & 0 \\ -\mu & 1 & -\mu & 0 & 0 & 0 \\ -\mu & -\mu & 1 & 0 & 0 & 0 \\ 0 & 0 & 0 & 2(1+\mu) & 0 & 0 \\ 0 & 0 & 0 & 0 & 2(1+\mu) & 0 \\ 0 & 0 & 0 & 0 & 0 & 2(1+\mu) \end{pmatrix} \begin{Bmatrix} \sigma_x \\ \sigma_y \\ \sigma_z \\ \tau_{xy} \\ \tau_{yz} \\ \tau_{zx} \end{Bmatrix}$$

或

$$\boldsymbol{\varepsilon} = \frac{1}{E} \begin{pmatrix} 1 & -\mu & -\mu & 0 & 0 & 0 \\ -\mu & 1 & -\mu & 0 & 0 & 0 \\ -\mu & -\mu & 1 & 0 & 0 & 0 \\ 0 & 0 & 0 & 2(1+\mu) & 0 & 0 \\ 0 & 0 & 0 & 0 & 2(1+\mu) & 0 \\ 0 & 0 & 0 & 0 & 0 & 2(1+\mu) \end{pmatrix} \boldsymbol{\sigma} \tag{6.2a}$$

若用应变的线性组合表示应力，有

$$\boldsymbol{\sigma} = \frac{E(1-\mu)}{(1+\mu)(1-2\mu)} \begin{pmatrix} 1 & \dfrac{\mu}{1-\mu} & \dfrac{\mu}{1-\mu} & 0 & 0 & 0 \\ & 1 & \dfrac{\mu}{1-\mu} & 0 & 0 & 0 \\ & & 1 & 0 & 0 & 0 \\ & & & \dfrac{1-2\mu}{2(1-\mu)} & 0 & 0 \\ & 对称 & & & \dfrac{1-2\mu}{2(1-\mu)} & 0 \\ & & & & & \dfrac{1-2\mu}{2(1-\mu)} \end{pmatrix} \boldsymbol{\varepsilon} \tag{6.2b}$$

引入弹性矩阵 $\boldsymbol{D}$，则式 (6.2b) 缩写为

$$\boldsymbol{\sigma} = \boldsymbol{D\varepsilon} \tag{6.2c}$$

其中

$$D = \frac{E(1-\mu)}{(1+\mu)(1-2\mu)} \begin{pmatrix} 1 & \dfrac{\mu}{1-\mu} & \dfrac{\mu}{1-\mu} & 0 & 0 & 0 \\ & 1 & \dfrac{\mu}{1-\mu} & 0 & 0 & 0 \\ & & 1 & 0 & 0 & 0 \\ & & & \dfrac{1-2\mu}{2(1-\mu)} & 0 & 0 \\ & \text{对称} & & & \dfrac{1-2\mu}{2(1-\mu)} & 0 \\ & & & & & \dfrac{1-2\mu}{2(1-\mu)} \end{pmatrix}$$

（4）平衡方程

记作用在物体内的体力矢量为

$$f = (f_x \quad f_y \quad f_z)^{\mathrm{T}} \tag{6.3}$$

对于空间问题，同1.3节的分析，可导出描述应力与体力之间关系的静力学平衡微分方程

$$\left. \begin{aligned} \frac{\partial \sigma_x}{\partial x} + \frac{\partial \tau_{yx}}{\partial y} + \frac{\partial \tau_{zx}}{\partial z} + f_x = 0 \\ \frac{\partial \tau_{xy}}{\partial x} + \frac{\partial \sigma_y}{\partial y} + \frac{\partial \tau_{zy}}{\partial z} + f_y = 0 \\ \frac{\partial \tau_{xz}}{\partial x} + \frac{\partial \tau_{yz}}{\partial y} + \frac{\partial \sigma_z}{\partial z} + f_z = 0 \end{aligned} \right\} \tag{6.4}$$

简记为

$$L^{\mathrm{T}} \sigma + f = 0 \tag{6.4a}$$

$$L^{\mathrm{T}} = \begin{bmatrix} \dfrac{\partial}{\partial x} & 0 & 0 & \dfrac{\partial}{\partial y} & 0 & \dfrac{\partial}{\partial z} \\ 0 & \dfrac{\partial}{\partial y} & 0 & \dfrac{\partial}{\partial x} & \dfrac{\partial}{\partial z} & 0 \\ 0 & 0 & \dfrac{\partial}{\partial z} & 0 & \dfrac{\partial}{\partial y} & \dfrac{\partial}{\partial x} \end{bmatrix}$$

将式（6.1a）代入式（6.2c），再代入式（6.4a）得到以位移为未知函数的平衡方程

$$L^{\mathrm{T}} D L u + f = 0 \tag{6.4b}$$

（5）最小势能原理

空间物体的应变能密度可表示为

$$W = \frac{1}{2} \varepsilon^{\mathrm{T}} \sigma = \frac{1}{2} \varepsilon^{\mathrm{T}} D \varepsilon \tag{6.5}$$

作用在物体表面的面力矢量为

$$\bar{f} = (\bar{f}_x \quad \bar{f}_y \quad \bar{f}_z)^{\mathrm{T}} \tag{6.6}$$

定义物体系统的总势能为

$$\Pi = \int_V w\,\mathrm{d}V - \int_V \boldsymbol{f}^{\mathrm{T}} \boldsymbol{u}\,\mathrm{d}V - \int_{S^\sigma} \overline{\boldsymbol{f}}^{\mathrm{T}} \boldsymbol{u}\,\mathrm{d}S = \frac{1}{2}\int_V \boldsymbol{\varepsilon}^{\mathrm{T}} \boldsymbol{D}\boldsymbol{\varepsilon}\,\mathrm{d}V - \int_V \boldsymbol{f}^{\mathrm{T}} \boldsymbol{u}\,\mathrm{d}V \int_{S^\sigma} \boldsymbol{f}^{-\mathrm{T}} \boldsymbol{u}\,\mathrm{d}S \tag{6.7}$$

式中　V——空间物体的体积；

　　　S^σ——物体的力边界表面。

空间弹性力学的真解使 Π 取最小值。

同平面问题对比，空间问题的位置坐标、位移分量、力分量增加为 3 个，应力、应变分量增加为 6 个，这仅仅增加了对问题描述和求解的复杂性，但各变量之间的关系不变。

6.2　有限元公式

一般空间问题有限元离散化形成的单元为三维体单元。

将空间问题有限元离散的第 i 个结点位移记为

$$\boldsymbol{\delta}_i = (u_i \quad v_i \quad w_i)^{\mathrm{T}} \tag{6.8}$$

若单元有 m 个结点，则单元结点位移列阵为

$$\boldsymbol{\delta}^e = \begin{Bmatrix} \boldsymbol{\delta}_1 \\ \vdots \\ \boldsymbol{\delta}_r \\ \vdots \\ \boldsymbol{\delta}_m \end{Bmatrix}_{3m \times 1} \tag{6.9}$$

注意上式中单元内点号 $r(1 \sim m)$ 与总点号 i 不同。

单元内任一点的位移由下式定义

$$\boldsymbol{u}^e = \boldsymbol{N}^e \boldsymbol{\delta}^e \tag{6.10}$$

式中　$\boldsymbol{N}^e$——单元形函数矩阵。

则根据式(6.1a)，单元内应变为

$$\boldsymbol{\varepsilon}^e = \boldsymbol{L}\boldsymbol{u}^e = \boldsymbol{B}^e \boldsymbol{\delta}^e \tag{6.11}$$

式(6.11) 表示了空间单元内各点应变与结点位移的关系。将上式代入式(6.2c) 得

$$\boldsymbol{\sigma}^e = \boldsymbol{D}\boldsymbol{\varepsilon}^e = \boldsymbol{D}\boldsymbol{B}^e \boldsymbol{\delta}^e \tag{6.12}$$

即得到了用单元结点位移表示的单元应力。

为建立有限元计算公式，设单元在结点上受的单元结点力为

$$\boldsymbol{F}^e = \begin{Bmatrix} \boldsymbol{F}_1 \\ \vdots \\ \boldsymbol{F}_r \\ \vdots \\ \boldsymbol{F}_m \end{Bmatrix} \tag{6.13}$$

对空间问题，每个结点力有三个分量，其中第 i 个结点的结点力为

$$F_i = (F_{ix} \quad F_{iy} \quad F_{iz})^\mathrm{T} \tag{6.14}$$

为了得到单元刚度矩阵公式，将势能原理用于一个单元，此时设单元上只受单元结点力，根据式(6.7)、式(6.11) 和式(6.12)，单元的总势能为

$$\Pi = \frac{1}{2} \int_{V_e} \boldsymbol{\delta}^{e\mathrm{T}} \boldsymbol{B}^{e\mathrm{T}} \boldsymbol{DB}^e \boldsymbol{\delta}^e \, \mathrm{d}V - \boldsymbol{\delta}^{e\mathrm{T}} \boldsymbol{F}^e = \frac{1}{2} \boldsymbol{\delta}^{e\mathrm{T}} \int_{V_e} \boldsymbol{B}^{e\mathrm{T}} \boldsymbol{DB}^e \, \mathrm{d}V \boldsymbol{\delta}^e - \boldsymbol{\delta}^{e\mathrm{T}} \boldsymbol{F}^e$$

式中　V_e——单元的体积。

由最小势能原理可知，真解使 Π 取最小值。由 $\dfrac{\partial \Pi}{\partial \boldsymbol{\delta}^e} = 0$，得

$$\int_{V_e} \boldsymbol{B}^{e\mathrm{T}} \boldsymbol{DB}^e \, \mathrm{d}V \boldsymbol{\delta}^e = \boldsymbol{F}^e \tag{6.15}$$

即

$$\boldsymbol{K}^e \boldsymbol{\delta}^e = \boldsymbol{F}^e \tag{6.16}$$

式中 $\boldsymbol{K}^e$ 为单元刚度矩阵，有

$$\boldsymbol{K}^e = \int_{V_e} \boldsymbol{B}^{e\mathrm{T}} \boldsymbol{DB}^e \, \mathrm{d}V \tag{6.17}$$

当单元受体力 f，面力 $\bar{f}$ 作用时，由"虚功相等"的等效原则得体力的等效结点力公式为

$$\boldsymbol{F}_b^e = \int_{V_e} \boldsymbol{N}^{e\mathrm{T}} f \, \mathrm{d}V \tag{6.18}$$

面力的等效结点力公式为

$$\boldsymbol{F}_q^e = \int_{S_e^\sigma} \boldsymbol{N}^{e\mathrm{T}} \bar{f} \, \mathrm{d}S \tag{6.19}$$

式中　S_e^σ——单元的力边界。

此时单元结点载荷列阵为

$$\boldsymbol{F}^e = \boldsymbol{F}_b^e + \boldsymbol{F}_q^e \tag{6.20}$$

6.3　常应变四面体单元

四结点四面体单元是最简单的空间单元，如图 6.1 所示，四个角点为结点，分别以 i，j，k 和 m 表示，各结点的坐标分别为 $(x_i, y_i, z_i) \overrightarrow{i, j, k, m}$。结点的编号规定如下：在右手坐标系中，当右手螺旋按照 $i \rightarrow j \rightarrow k$ 转向时，拇指指向 m 结点。空间单元中的每个结点有 3 个结点位移分量，记为：

$$\boldsymbol{\delta}_i = (u_i \quad v_i \quad w_i)^\mathrm{T}$$

单元结点位移列阵为

$$\boldsymbol{\delta}^e = \begin{Bmatrix} \boldsymbol{\delta}_i \\ \boldsymbol{\delta}_j \\ \boldsymbol{\delta}_k \\ \boldsymbol{\delta}_m \end{Bmatrix} \tag{6.21}$$

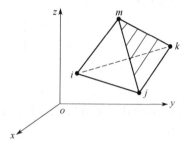

图 6.1 常应变四面体单元

6.3.1 位移函数

单元变形时，单元内各点有三个位移分量，即 u、v、w，各个位移分量一般为坐标 x、y、z 的函数，对于四结点四面体单元，其单元内部位移假定为坐标的线性函数

$$\left. \begin{aligned} u &= \alpha_1 + \alpha_2 x + \alpha_3 y + \alpha_4 z \\ v &= \alpha_5 + \alpha_6 x + \alpha_7 y + \alpha_8 z \\ w &= \alpha_9 + \alpha_{10} x + \alpha_{11} y + \alpha_{12} z \end{aligned} \right\} \tag{6.22}$$

位移函数（6.22）中的 12 个待定常数可用单元的结点位移来表示。把各结点的坐标分别代入式(6.22) 的第 1 式，有

$$\left. \begin{aligned} u_i &= \alpha_1 + \alpha_2 x_i + \alpha_3 y_i + \alpha_4 z_i \\ u_j &= \alpha_1 + \alpha_2 x_j + \alpha_3 y_j + \alpha_4 z_j \\ u_k &= \alpha_1 + \alpha_2 x_k + \alpha_3 y_k + \alpha_4 z_k \\ u_m &= \alpha_1 + \alpha_2 x_m + \alpha_3 y_m + \alpha_4 z_m \end{aligned} \right\} \tag{6.23}$$

式(6.23) 改写为矩阵形式

$$\begin{Bmatrix} u_i \\ u_j \\ u_k \\ u_m \end{Bmatrix} = \begin{bmatrix} 1 & x_i & y_i & z_i \\ 1 & x_j & y_j & z_j \\ 1 & x_k & y_k & z_k \\ 1 & x_m & y_m & z_m \end{bmatrix} \begin{Bmatrix} \alpha_1 \\ \alpha_2 \\ \alpha_3 \\ \alpha_4 \end{Bmatrix} \tag{6.24}$$

引入

$$\boldsymbol{A} = \begin{bmatrix} 1 & x_i & y_i & z_i \\ 1 & x_j & y_j & z_j \\ 1 & x_k & y_k & z_k \\ 1 & x_m & y_m & z_m \end{bmatrix} \tag{6.25}$$

$$\begin{Bmatrix} \alpha_1 \\ \alpha_2 \\ \alpha_3 \\ \alpha_4 \end{Bmatrix} = \boldsymbol{A}^{-1} \begin{Bmatrix} u_i \\ u_j \\ u_k \\ u_m \end{Bmatrix} = \frac{1}{|\boldsymbol{A}|} \begin{pmatrix} a_i & a_j & a_k & a_m \\ b_i & b_j & b_k & b_m \\ c_i & c_j & c_k & c_m \\ d_i & d_j & d_k & d_m \end{pmatrix} \begin{Bmatrix} u_i \\ u_j \\ u_k \\ u_m \end{Bmatrix} \tag{6.26}$$

其中 $|\boldsymbol{A}| = 6V$，V 是四面体单元体积。

$$V = \frac{1}{6} \begin{vmatrix} 1 & x_i & y_i & z_i \\ 1 & x_j & y_j & z_j \\ 1 & x_k & y_k & z_k \\ 1 & x_m & y_m & z_m \end{vmatrix} \tag{6.27}$$

式(6.26) 中的系数 a_i, b_i 等由 $\boldsymbol{A}$ 的伴随矩阵确定。代入式(6.22) 的第 1 式

$$u = (1 \quad x \quad y \quad z) \begin{Bmatrix} \alpha_1 \\ \alpha_2 \\ \alpha_3 \\ \alpha_4 \end{Bmatrix}$$

$$= (1 \quad x \quad y \quad z) \frac{1}{6V} \begin{pmatrix} a_i & a_j & a_k & a_m \\ b_i & b_j & b_k & b_m \\ c_i & c_j & c_k & c_m \\ d_i & d_j & d_k & d_m \end{pmatrix} \begin{Bmatrix} u_i \\ u_j \\ u_k \\ u_m \end{Bmatrix} \tag{6.28}$$

$$= (N_i \quad N_j \quad N_k \quad N_m) \begin{Bmatrix} u_i \\ u_j \\ u_k \\ u_m \end{Bmatrix}$$

即

$$u = N_i u_i + N_j u_j + N_k u_k + N_m u_m \tag{6.28a}$$

式中，N_i、N_j、N_k、N_m 为各结点的形状函数，统一写为

$$N_i = \frac{a_i + b_i x + c_i y + d_i z}{6V} \quad \overrightarrow{i, j, k, m} \tag{6.29}$$

同理用结点位移和形状函数描述的 y, z 方向的位移分量 v 和 w 为

$$v = N_i v_i + N_j v_j + N_k v_k + N_m v_m \tag{6.30}$$

$$w = N_i w_i + N_j w_j + N_k w_k + N_m w_m \tag{6.31}$$

式(6.28a)、式(6.30) 和式(6.31) 可以统一写为矩阵形式

$$\boldsymbol{u}^e = \begin{Bmatrix} u \\ v \\ w \end{Bmatrix} = \begin{bmatrix} N_i & 0 & 0 & N_j & 0 & 0 & N_k & 0 & 0 & N_m & 0 & 0 \\ 0 & N_i & 0 & 0 & N_j & 0 & 0 & N_k & 0 & 0 & N_m & 0 \\ 0 & 0 & N_i & 0 & 0 & N_j & 0 & 0 & N_k & 0 & 0 & N_m \end{bmatrix} \boldsymbol{\delta}^e$$

简记为

102

$$u^e = N^e \delta^e \qquad (6.32)$$

其中 N^e 为形函数矩阵，可另表示为

$$N^e = \begin{bmatrix} N_i I & N_j I & N_k I & N_m I \end{bmatrix}$$

式中　I——三阶单位矩阵。

由于位移函数是线性的，在相邻单元的接触面上，位移显然是连续的，因此四面体单元是协调元。

6.3.2　单元应变

对于空间问题，由 6.1 节可知，一点的六个应变分量和位移场的关系用式（6.1）来描述。当给定单元位移场后，把式（6.32）代入式（6.1），可得单元内任意一点的应变

$$\varepsilon^e = \begin{bmatrix} B_i^e & B_j^e & B_k^e & B_m^e \end{bmatrix} \delta^e = B^e \delta^e \qquad (6.33)$$

其中 B^e 为单元应变转换矩阵，其子块 B_i^e 为 6×3 的矩阵

$$B_i^e = \frac{1}{6V} \begin{bmatrix} b_i & 0 & 0 \\ 0 & c_i & 0 \\ 0 & 0 & d_i \\ c_i & b_i & 0 \\ 0 & d_i & c_i \\ d_i & 0 & b_i \end{bmatrix} \quad \overleftarrow{i \text{、} j \text{、} k \text{、} m} \qquad (6.34)$$

由上式可见，单元应变转换矩阵 B^e 中的所有元素均是与坐标 x、y 和 z 无关的常数，说明该单元内各点的应变都是一样的，即该四结点四面体单元为常应变单元，称之为常应变四面体单元。事实上，由于单元位移场假定为线性函数，且应变仅与位移的一阶导数有关，因此单元内任意一点的应变即为常数，这一点同平面问题中三结点三角形单元是类似的。

6.3.3　单元应力

把用结点位移表示的应变代入空间问题的物理方程（6.2b）中，可得单元内任意一点的应力

$$\sigma^e = \begin{bmatrix} S_i^e & S_j^e & S_k^e & S_m^e \end{bmatrix} \delta^e = S^e \delta^e \qquad (6.35)$$

其中 S^e 为常应变四面体单元的应力转换矩阵，子矩阵 S_i^e 为 6×3 的矩阵

$$S_i^e = \frac{E(1-\mu)}{6V(1+\mu)(1-2\mu)} \begin{bmatrix} b_i & \dfrac{c_i \mu}{1-\mu} & \dfrac{d_i \mu}{1-\mu} \\[2ex] \dfrac{b_i \mu}{1-\mu} & c_i & \dfrac{d_i \mu}{1-\mu} \\[2ex] \dfrac{b_i \mu}{1-\mu} & \dfrac{c_i \mu}{1-\mu} & d_i \\[2ex] \dfrac{c_i(1-2\mu)}{2(1-\mu)} & \dfrac{b_i(1-2\mu)}{2(1-\mu)} & 0 \\[2ex] 0 & \dfrac{d_i(1-2\mu)}{2(1-\mu)} & \dfrac{c_i(1-2\mu)}{2(1-\mu)} \\[2ex] \dfrac{d_i(1-2\mu)}{2(1-\mu)} & 0 & \dfrac{b_i(1-2\mu)}{2(1-\mu)} \end{bmatrix} \qquad (6.36)$$

同样，分析 S_i^e 可以看出，一旦单元确定，S_i^e 也就确定了，此时单元内的应力仅依赖于结点位移。对这种单元，由于各点应变 $\boldsymbol{\varepsilon}^e$ 为常数，相应 $\boldsymbol{\sigma}^e$ 也是常数，因此四结点四面体单元也为常应力单元。

6.3.4　单元刚度矩阵

当得到单元应变矩阵 $\boldsymbol{B}^e$ 和单元应力矩阵 $\boldsymbol{S}^e$ 后，将其代入式(6.17)，可计算出常应变四面体单元的单元刚度矩阵 $\boldsymbol{K}^e$，为 12×12 的矩阵

$$\boldsymbol{K}^e = \int_{V_e} \boldsymbol{B}^{e\mathrm{T}} \boldsymbol{D} \boldsymbol{B}^e \, \mathrm{d}V = \int_{V_e} \boldsymbol{B}^{e\mathrm{T}} \boldsymbol{S}^e \, \mathrm{d}V$$

由于矩阵 $\boldsymbol{B}^e$ 和 $\boldsymbol{S}^e$ 为常量阵，有

$$\boldsymbol{K}^e = \boldsymbol{B}^{e\mathrm{T}} \boldsymbol{D} \boldsymbol{B}^e V = \boldsymbol{B}^{e\mathrm{T}} \boldsymbol{S}^e V \tag{6.37}$$

单元刚度矩阵 $\boldsymbol{K}^e$ 的结点分块形式为

$$\boldsymbol{K}^e = \begin{bmatrix} \boldsymbol{K}_{ii} & \boldsymbol{K}_{ij} & \boldsymbol{K}_{ik} & \boldsymbol{K}_{im} \\ \boldsymbol{K}_{ji} & \boldsymbol{K}_{jj} & \boldsymbol{K}_{jk} & \boldsymbol{K}_{jm} \\ \boldsymbol{K}_{ki} & \boldsymbol{K}_{kj} & \boldsymbol{K}_{kk} & \boldsymbol{K}_{km} \\ \boldsymbol{K}_{mi} & \boldsymbol{K}_{mj} & \boldsymbol{K}_{mk} & \boldsymbol{K}_{mm} \end{bmatrix} \tag{6.38}$$

令 $g_1 = \dfrac{\mu}{1-\mu}$ 和 $g_2 = \dfrac{1-2\mu}{2(1-\mu)}$，上式中各分块为

$$\boldsymbol{K}_{rs} = \boldsymbol{B}_r^{e\mathrm{T}} \boldsymbol{D} \boldsymbol{B}_s^e V = \boldsymbol{B}_r^{e\mathrm{T}} \boldsymbol{S}_s^e V$$

$$= \frac{E(1-\mu)}{36 V_e (1+\mu)(1-2\mu)} \begin{bmatrix} K_1 & K_2 & K_3 \\ K_4 & K_5 & K_6 \\ K_7 & K_8 & K_9 \end{bmatrix} \quad (r,s=i,j,k,m) \tag{6.39}$$

其中

$$K_1 = b_r b_s + g_2 (c_r c_s + d_r d_s)$$
$$K_2 = g_1 b_r c_s + g_2 c_r b_s$$
$$K_3 = g_1 b_r d_s + g_2 d_r b_s$$
$$K_4 = g_1 c_r b_s + g_2 b_r c_s$$
$$K_5 = c_r c_s + g_2 (b_r b_s + d_r d_s)$$
$$K_6 = g_1 c_r d_s + g_2 d_r c_s$$
$$K_7 = g_1 d_r b_s + g_2 b_r d_s$$
$$K_8 = g_1 d_r c_s + g_2 c_r d_s$$
$$K_9 = d_r d_s + g_2 (b_r b_s + c_r c_s)$$

对于具体的载荷，可由式(6.18) 和式(6.19) 计算出单元等效结点载荷，而单元刚度矩阵的组装过程同平面问题中是类似的，在此不再一一说明。

6.4 常用的三维单元

上一节介绍的常应变四面体单元对边界的适应能力较强，但计算精度低。除此之外，还有别的一些空间单元，如五面体单元和六面体单元，下面做简要的介绍。

6.4.1 体积坐标

为了四面体单元形函数构造方便，首先介绍定义在单元上的自然坐标——体积坐标。体积坐标的引入将简化高次四面体单元的分析过程。

如图 6.2 所示，一常应变四面体单元，$P(x,y,z)$ 为单元内任意一点。P 点与四个角点的连线把原四面体分割为 4 个小四面体，四个四面体体积分别记为

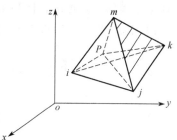

图 6.2　常应变四面体单元

V_1——四面体 $Pjkm$ 的体积；

V_2——四面体 $Pkmi$ 的体积；

V_3——四面体 $Pmij$ 的体积；

V_4——四面体 $Pijk$ 的体积。

令

$$L_1 = \frac{V_1}{V^e}, \ L_2 = \frac{V_2}{V^e}, \ L_3 = \frac{V_3}{V^e}, \ L_4 = \frac{V_4}{V^e} \tag{6.40}$$

式中　V^e——四面体 $ijkm$ 的体积。

考虑到

$$V^e = \frac{1}{6} \begin{vmatrix} 1 & x_i & y_i & z_i \\ 1 & x_j & y_j & z_j \\ 1 & x_k & y_k & z_k \\ 1 & x_m & y_m & z_m \end{vmatrix}$$

$$V_1 = \frac{1}{6} \begin{vmatrix} 1 & x & y & z \\ 1 & x_j & y_j & z_j \\ 1 & x_k & y_k & z_k \\ 1 & x_m & y_m & z_m \end{vmatrix} \tag{6.41a}$$

$$V_2 = -\frac{1}{6} \begin{vmatrix} 1 & x & y & z \\ 1 & x_k & y_k & z_k \\ 1 & x_m & y_m & z_m \\ 1 & x_i & y_i & z_i \end{vmatrix} \tag{6.41b}$$

及 V_3, V_4 等。对比式(6.29) 可以得到

$$N_i = L_1, \ N_j = L_2, \ N_k = L_3, \ N_m = L_4 \tag{6.42}$$

105

则任意一点 P 在单元内的位置可由 $L_1 \sim L_4$ 来确定，称 $L_1 \sim L_4$ 为体积坐标。由 $V_1 + V_2 + V_3 + V_4 = V^e$，有

$$L_1 + L_2 + L_3 + L_4 = 1 \tag{6.43}$$

可见四个体积坐标仅有 3 个独立，这一性质同面积坐标相似。不难验证，当 P 点在四面体某个表面三角形时，体积坐标退化为面积坐标。

由式(6.28)及式(6.26)有

$$(N_i \quad N_j \quad N_k \quad N_m) = (1 \quad x \quad y \quad z)\mathbf{A}^{-1} \tag{6.44}$$

结合式(6.25)并引入式(6.42)，得到

$$\begin{Bmatrix} 1 \\ x \\ y \\ z \end{Bmatrix} = \begin{bmatrix} 1 & 1 & 1 & 1 \\ x_i & x_j & x_k & x_m \\ y_i & y_j & y_k & y_m \\ z_i & z_j & z_k & y_m \end{bmatrix} \begin{Bmatrix} L_1 \\ L_2 \\ L_3 \\ L_4 \end{Bmatrix} \tag{6.45}$$

这就是体积坐标与整体坐标的关系，其中第 1 个方程正是式(6.43)。

当体积坐标的幂函数在四面体单元上积分时，如下公式很有用

$$\iiint\limits_{V^e} L_1^\alpha L_2^\beta L_3^\gamma L_4^\chi \mathrm{d}V = \frac{\alpha! \beta! \gamma! \chi!}{(\alpha + \beta + \gamma + \chi + 3)!} 6V^e \tag{6.46}$$

这个公式可以当作用换元法求三维定积分的习题。

6.4.2 高次四面体单元

由 6.3 节可知，常应变四面体单元中的各点应力为常量，然而实际工程结构中的各点应力是随着坐标变化的，为了反映真实情况，可以假定高次位移函数，相应的单元称为高次单元。虽然高次单元的形函数较复杂，但当引入体积坐标后，高次四面体单元的形函数可仿照平面问题中高次单元的构造方法得到。

（1）10 结点二次四面体单元

对于二次四面体单元，如图 6.3 所示，除了四个角点为结点，各条棱边的中点也均为结点，共有 10 个结点。位移函数为

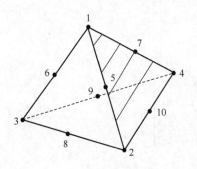

图 6.3 10 结点四面体单元

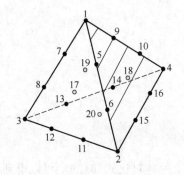

图 6.4 20 结点四面体单元

$$u = \sum_{i=1}^{10} N_i u_i$$

$$v = \sum_{i=1}^{10} N_i v_i \tag{6.47}$$

$$w = \sum_{i=1}^{10} N_i w_i$$

其中 N_i 为各结点的形函数，用体积坐标 (L_1, L_2, L_3, L_4) 来描述，有

角结点

$$N_i = (2L_i - 1)L_i \quad i = 1 \sim 4 \tag{6.48a}$$

棱边结点

$$
\begin{aligned}
N_5 &= 4L_1L_2 & N_6 &= 4L_1L_3 & N_7 &= 4L_1L_4 \\
N_8 &= 4L_2L_3 & N_9 &= 4L_3L_4 & N_{10} &= 4L_2L_4
\end{aligned}
\tag{6.48b}
$$

这样定义的形函数在结点上仍然满足

$$N_i(P_j) = \begin{cases} 1 & i=j \\ 0 & i \neq j \end{cases} \tag{A}$$

以及，对于任意一点

$$\sum_{i=1}^{10} N_i(x, y, z) = 1 \tag{B}$$

不难验证当二次位移函数对坐求一次导后，得到线性函数。因此 10 结点二次四面体单元的应变随坐标线性变化，也称该单元为 10 结点线性应变四面体单元。对线性弹性力学问题其计算精度大大高于 4 结点常应变四面体单元。

（2）20 结点四面体单元

对于三次四面体单元，如图 6.4 所示，共有 20 个结点，包括 4 个角点、12 个棱边等分点以及 4 个表面形心。各结点的形函数用体积坐标表示为

角结点

$$N_i = \frac{1}{2}(3L_i - 1)(3L_i - 2)L_i \quad i = 1 \sim 4 \tag{6.49a}$$

棱边等分点

$$
\begin{aligned}
N_5 &= \frac{9}{2}L_1L_2(3L_1 - 1) & N_6 &= \frac{9}{2}L_1L_2(3L_2 - 1) \\
N_7 &= \frac{9}{2}L_1L_3(3L_1 - 1) & N_8 &= \frac{9}{2}L_1L_3(3L_3 - 1) \\
N_9 &= \frac{9}{2}L_1L_4(3L_1 - 1) & N_{10} &= \frac{9}{2}L_1L_4(3L_4 - 1) \\
N_{11} &= \frac{9}{2}L_2L_3(3L_2 - 1) & N_{12} &= \frac{9}{2}L_2L_3(3L_3 - 1) \\
N_{13} &= \frac{9}{2}L_3L_4(3L_3 - 1) & N_{14} &= \frac{9}{2}L_3L_4(3L_4 - 1) \\
N_{15} &= \frac{9}{2}L_2L_4(3L_2 - 1) & N_{16} &= \frac{9}{2}L_2L_4(3L_4 - 1)
\end{aligned}
\tag{6.49b}
$$

面内结点

$$N_{17}=27L_1L_2L_3 , \quad N_{18}=27L_1L_2L_4 , \quad N_{19}=27L_1L_3L_4 , \quad N_{20}=27L_2L_3L_4 \tag{6.49c}$$

由于位移函数为三次多项式，20 结点四面体单元的应变和应力是坐标的二次函数。

6.4.3 三棱柱单元

当三维求解域为截面形状复杂的柱体，例如管板，可以选用三棱柱五面体单元来解决截面形状不规则的问题。

（1）6 结点线性三棱柱单元

图 6.5 为 6 结点线性三棱柱单元，利用其几何特点，结合面积坐标和 ζ 方向的 Lagrange 插值函数，可得各结点的形函数如下。

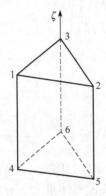

图 6.5 6 结点五面体单元

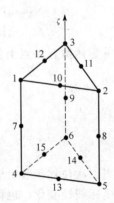

图 6.6 15 结点五面体单元

$$\left.\begin{aligned} N_i &= \frac{1}{2}L_i(1+\zeta) \\ N_{i+3} &= \frac{1}{2}L_i(1-\zeta) \end{aligned}\right\} \quad (i=1,2,3) \tag{6.50}$$

式中　L_i——三角形面积坐标。

（2）15 结点二次三棱柱单元

15 结点五面体单元除了角点外，每边的中点也为结点，如图 6.6 所示，ζ 为自然坐标。该单元的三棱柱函数为

角结点

$$\left.\begin{aligned} N_i &= \frac{1}{2}L_i(1+\zeta)(2L_i+\zeta-2) \\ N_{i+3} &= \frac{1}{2}L_i(1-\zeta)(2L_i+\zeta-2) \end{aligned}\right\} \quad (i=1,2,3) \tag{6.51a}$$

矩形边中点

$$N_{j+6} = L_j (1 - \zeta^2) \quad (j = 1, 2, 3) \tag{6.51b}$$

三角形边中点

$$\begin{aligned}
N_{10} = 2L_1 L_2 (1 + \zeta) \quad N_{13} = 2L_1 L_2 (1 - \zeta) \\
N_{11} = 2L_2 L_3 (1 + \zeta) \quad N_{14} = 2L_2 L_3 (1 - \zeta) \\
N_{12} = 2L_1 L_3 (1 + \zeta) \quad N_{15} = 2L_1 L_3 (1 - \zeta)
\end{aligned} \right\} \tag{6.51c}$$

6.4.4 长方体单元

在空间问题中经常使用六面体单元，首先介绍长方体单元。

（1）8 结点长方体单元

如图 6.7 所示，8 结点长方体单元的特点是结点坐标有如下规律：

$$\begin{aligned}
x_1 = x_4 = x_5 = x_8 \quad & x_2 = x_3 = x_6 = x_7 \\
y_1 = y_2 = y_5 = y_6 \quad & y_3 = y_4 = y_7 = y_8 \\
z_1 = z_2 = z_3 = z_4 \quad & z_5 = z_6 = z_7 = z_8
\end{aligned}$$

容易得出单元中心坐标

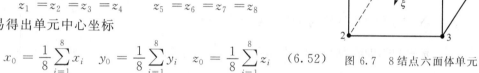

$$x_0 = \frac{1}{8} \sum_{i=1}^{8} x_i \quad y_0 = \frac{1}{8} \sum_{i=1}^{8} y_i \quad z_0 = \frac{1}{8} \sum_{i=1}^{8} z_i \tag{6.52}$$

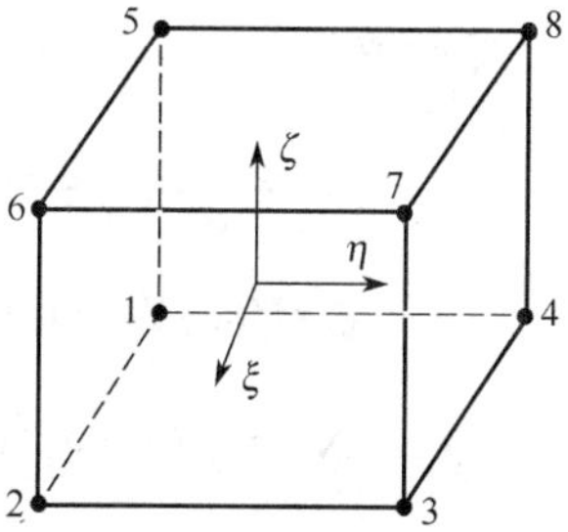

图 6.7 8 结点六面体单元

不同的单元，其长、宽、高是不同的。为了将单元规范化，引入单元自然坐标

$$\xi = 2 \frac{x - x_0}{x_2 - x_1} \qquad \eta = 2 \frac{y - y_0}{y_4 - y_1} \qquad \zeta = 2 \frac{z - z_0}{z_5 - z_1} \tag{6.53}$$

则在这种坐标下，结点坐标值为

$$\begin{aligned}
\xi_1 &= -1 & \eta_1 &= -1 & \zeta_1 &= -1 \\
\xi_2 &= 1 & \eta_2 &= -1 & \zeta_2 &= -1 \\
\xi_3 &= 1 & \eta_3 &= 1 & \zeta_3 &= -1 \\
\xi_4 &= -1 & \eta_4 &= 1 & \zeta_4 &= -1 \\
\xi_5 &= -1 & \eta_5 &= -1 & \zeta_5 &= 1 \\
\xi_6 &= 1 & \eta_6 &= -1 & \zeta_6 &= 1 \\
\xi_7 &= 1 & \eta_7 &= 1 & \zeta_7 &= 1 \\
\xi_8 &= -1 & \eta_8 &= 1 & \zeta_8 &= 1
\end{aligned} \right\}$$

单元各点的形函数由三个方向的两点拉格朗日插值函数构成

$$N_i(\xi, \eta, \zeta) = \frac{1}{8} (1 + \xi_i \xi)(1 + \eta_i \eta)(1 + \zeta_i \zeta) \quad (i = 1, 2, \cdots, 8) \tag{6.54}$$

类似于二维问题，可以由三个方向的等距三点插值函数构成更复杂的拉格朗日单元，这

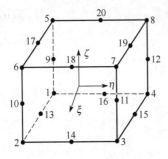

图 6.8 20 结点六面体单元

样的长方体有 27 个结点。由于结点过多不实用，常见的是 20 结点与 21 结点的单元。

（2）20 结点长方体单元

如图 6.8 所示，20 结点长方体单元较之 8 结点单元增加了 12 条棱边的中点，即

$$x_{13} = x_{15} = x_{17} = x_{19} = x_0$$
$$y_{14} = y_{16} = y_{18} = y_{20} = y_0$$
$$z_9 = z_{10} = z_{11} = z_{12} = z_0$$

仍采用式（6.53）的单元自然坐标系。用自然坐标描述的单元结点形函数为

$$
\left.
\begin{aligned}
&N_i = \frac{1}{8}(1+\xi_i\xi)(1+\eta_i\eta)(1+\zeta_i\zeta)(\xi_i\xi+\eta_i\eta+\zeta_i\zeta-2) \quad (i=1,2,\cdots,8) \\
&\xi_i = 0 \text{ 的边中点（13、15、17、19 点）} \\
&N_i = \frac{1}{4}(1-\xi^2)(1+\eta_i\eta)(1+\zeta_i\zeta) \\
&\eta_i = 0 \text{ 的边中点（14、16、18、20 点）} \\
&N_i = \frac{1}{4}(1-\eta^2)(1+\xi_i\xi)(1+\zeta_i\zeta) \\
&\zeta_i = 0 \text{ 的边中点（9、10、11、12 点）} \\
&N_i = \frac{1}{4}(1-\zeta^2)(1+\xi_i\xi)(1+\eta_i\eta)
\end{aligned}
\right\}
\quad (6.55)
$$

8 结点长方体单元精度明显高于同样结点数的四面体单元。20 结点的长方体单元精度就更高些，但长方体形状难以适应工程结构的复杂外形，实际中很少使用。通过几何变换，将立方体单元映射为可变形的六面体单元就成为必然采用的办法。

6.4.5　六面体等参元

四结点单元形状灵活，但精度很低。长方体单元精度高，但形状难以全部离散为长方体单元。解决的办法是采用等参单元将单元自然坐标系中的立方体单元映射为实际空间中的任意六面体单元。

以 8 结点等参元为例，如图 6.9 所示。

形函数是在自然坐标中的母单元中定义的，如同上节一样。

$$N_i(\xi,\eta,\zeta) = \frac{1}{8}(1+\xi_i\xi)(1+\eta_i\eta)(1+\zeta_i\zeta) \quad (i=1,2,\cdots,8)$$

将立方体的母单元映射为实际问题的六面体单元是通过如下坐标变换实现的。

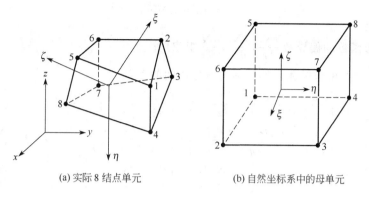

(a) 实际 8 结点单元   (b) 自然坐标系中的母单元

图 6.9　8 结点六面体单元

$$\begin{Bmatrix} x \\ y \\ z \end{Bmatrix} = \boldsymbol{N}^e \begin{Bmatrix} x_1 \\ y_1 \\ z_1 \\ \vdots \\ x_8 \\ y_8 \\ z_8 \end{Bmatrix} \tag{6.56}$$

其中形函数矩阵

$$N^e = \begin{bmatrix} N_1^e & N_2^e & N_3^e & N_4^e & N_5^e & N_6^e & N_7^e & N_8^e \end{bmatrix} \tag{6.57}$$

$$N_i^e = N_i \begin{bmatrix} 1 & 0 & 0 \\ 0 & 1 & 0 \\ 0 & 0 & 1 \end{bmatrix} \quad (i = 1, 2, \cdots, 8) \tag{6.58}$$

变换式(6.56) 实现了 $(\xi, \eta, \zeta) \leftrightarrow (x, y, z)$ 的一一对应。

同时，单元位移场设定为

$$\begin{Bmatrix} u \\ v \\ w \end{Bmatrix} = \boldsymbol{N}^e \begin{Bmatrix} u_1 \\ v_1 \\ w_1 \\ \vdots \\ u_8 \\ v_8 \\ w_8 \end{Bmatrix} \tag{6.59}$$

其中 u、v、w 表示为 ξ、η、ζ 的显函数，应变分量需由位移对 x、y、z 求偏导得出：

$$\varepsilon^e = Lu = LN^e \delta^e$$

其中涉及形函数的偏导数 $\dfrac{\partial N_i}{\partial x}, \dfrac{\partial N_i}{\partial y}, \dfrac{\partial N_i}{\partial z}$ 共 24 个。

形函数 N_i 对直角坐标和自然坐标的偏导数间的关系为

$$
\begin{Bmatrix}
\dfrac{\partial N_i}{\partial \xi} \\[2mm]
\dfrac{\partial N_i}{\partial \eta} \\[2mm]
\dfrac{\partial N_i}{\partial \zeta}
\end{Bmatrix}
=
\begin{bmatrix}
\dfrac{\partial N_i}{\partial x}\dfrac{\partial x}{\partial \xi}+\dfrac{\partial N_i}{\partial y}\dfrac{\partial y}{\partial \xi}+\dfrac{\partial N_i}{\partial z}\dfrac{\partial z}{\partial \xi} \\[2mm]
\dfrac{\partial N_i}{\partial x}\dfrac{\partial x}{\partial \eta}+\dfrac{\partial N_i}{\partial y}\dfrac{\partial y}{\partial \eta}+\dfrac{\partial N_i}{\partial z}\dfrac{\partial z}{\partial \eta} \\[2mm]
\dfrac{\partial N_i}{\partial x}\dfrac{\partial x}{\partial \zeta}+\dfrac{\partial N_i}{\partial y}\dfrac{\partial y}{\partial \zeta}+\dfrac{\partial N_i}{\partial z}\dfrac{\partial z}{\partial \zeta}
\end{bmatrix}
=
\begin{bmatrix}
\dfrac{\partial x}{\partial \xi} & \dfrac{\partial y}{\partial \xi} & \dfrac{\partial z}{\partial \xi} \\[2mm]
\dfrac{\partial x}{\partial \eta} & \dfrac{\partial y}{\partial \eta} & \dfrac{\partial z}{\partial \eta} \\[2mm]
\dfrac{\partial x}{\partial \zeta} & \dfrac{\partial y}{\partial \zeta} & \dfrac{\partial z}{\partial \zeta}
\end{bmatrix}
\begin{Bmatrix}
\dfrac{\partial N_i}{\partial x} \\[2mm]
\dfrac{\partial N_i}{\partial y} \\[2mm]
\dfrac{\partial N_i}{\partial z}
\end{Bmatrix}
= \boldsymbol{J}
\begin{Bmatrix}
\dfrac{\partial N_i}{\partial x} \\[2mm]
\dfrac{\partial N_i}{\partial y} \\[2mm]
\dfrac{\partial N_i}{\partial z}
\end{Bmatrix}
\tag{6.60}
$$

其中 $\boldsymbol{J}$ 为雅可比矩阵。

$$
\boldsymbol{J} =
\begin{bmatrix}
\dfrac{\partial N_1}{\partial \xi} & \dfrac{\partial N_2}{\partial \xi} & \cdots & \dfrac{\partial N_8}{\partial \xi} \\[2mm]
\dfrac{\partial N_1}{\partial \eta} & \dfrac{\partial N_2}{\partial \eta} & \cdots & \dfrac{\partial N_8}{\partial \eta} \\[2mm]
\dfrac{\partial N_1}{\partial \zeta} & \dfrac{\partial N_2}{\partial \zeta} & \cdots & \dfrac{\partial N_8}{\partial \zeta}
\end{bmatrix}
\begin{bmatrix}
x_1 & y_1 & z_1 \\
x_2 & y_2 & z_2 \\
\vdots & \vdots & \vdots \\
x_8 & y_8 & z_8
\end{bmatrix}
\tag{6.61}
$$

对任一点 (ξ,η,ζ), $\boldsymbol{J}$ 均可由式(6.61) 算出来。由式(6.60), 有

$$
\begin{bmatrix}
\dfrac{\partial}{\partial x} \\[2mm]
\dfrac{\partial}{\partial y} \\[2mm]
\dfrac{\partial}{\partial z}
\end{bmatrix}
N_r = \boldsymbol{J}^{-1}
\begin{bmatrix}
\dfrac{\partial N_i}{\partial \xi} \\[2mm]
\dfrac{\partial N_i}{\partial \eta} \\[2mm]
\dfrac{\partial N_i}{\partial \zeta}
\end{bmatrix}
\tag{6.62}
$$

至此, 由式(6.11) 所定义的 $\boldsymbol{B}^e$ 的元素均可算出。采用数值积分, 如高斯积分, 可计算出单元刚度矩阵。

$$
\boldsymbol{K}^e = \int_{V_e} \boldsymbol{B}^{e\mathrm{T}} \boldsymbol{D} \boldsymbol{B}^e \,\mathrm{d}V = \iiint_{V_e} \boldsymbol{B}^{e\mathrm{T}} \boldsymbol{D} \boldsymbol{B}^e \mid \boldsymbol{J} \mid \mathrm{d}\xi \mathrm{d}\eta \mathrm{d}\zeta
\tag{6.63}
$$

其中积分在母单元上进行, 且 $\boldsymbol{K}^e$ 为 24×24 阶矩阵。

当单元表面上作用有外载荷, 在计算单元等效结点载荷时积分式中会涉及面积微元的变换。如在 $\xi =$ 常数的面上有面力 $\bar{f}$ 作用时, 则对应的单元等效结点载荷

$$
\boldsymbol{F}_q^e = \int_{S_e^\sigma} \boldsymbol{N}^{e\mathrm{T}} \bar{f} \,\mathrm{d}S = \iint \boldsymbol{N}^{e\mathrm{T}} \bar{f} A \mathrm{d}\eta \mathrm{d}\zeta
\tag{6.64}
$$

其中 $\quad A = \left[\left(\dfrac{\partial y}{\partial \eta}\dfrac{\partial z}{\partial \zeta} - \dfrac{\partial y}{\partial \zeta}\dfrac{\partial z}{\partial \eta} \right)^2 + \left(\dfrac{\partial z}{\partial \eta}\dfrac{\partial x}{\partial \zeta} - \dfrac{\partial z}{\partial \zeta}\dfrac{\partial x}{\partial \eta} \right)^2 + \left(\dfrac{\partial x}{\partial \eta}\dfrac{\partial y}{\partial \zeta} - \dfrac{\partial x}{\partial \zeta}\dfrac{\partial y}{\partial \eta} \right)^2 \right]^{1/2} \tag{6.65}$

20 结点等参元也可用几何变换从 20 结点的立方体单元映射而成。

在母单元中已定义形函数式(6.55), 且有

$$N^e = \begin{bmatrix} N_1^e \cdots N_i^e \cdots N_{20}^e \end{bmatrix}$$

几何变换是

$$\begin{Bmatrix} x \\ y \\ z \end{Bmatrix} = \begin{Bmatrix} x_1 \\ y_1 \\ z_1 \\ \vdots \\ x_{20} \\ y_{20} \\ z_{20} \end{Bmatrix}$$

请注意，由于增加了"边中点"，实际单元的棱边可以是曲线，单元的表面也可以是曲面，这大大增加了单元的几何适应性能。但边中点坐标的错误也可能发生很大的影响，这些影响是通过 J 的计算来实现的。其余公式可以用与 8 结点等参元同样的方式推导出来。

除等参元之外，8 结点的 Wilson 单元也是一种常用六面体单元，它的计算精度一般说接近于 20 结点等参元，但工作量却少了许多。

本 章 小 结

从技术实用的角度来看，体单元比二维单元用的多，但从技术基础的角度来看，体单元只是二维单元的自然延伸。

四面体单元是一种最简单的体单元，是常应变、常应力单元，有很好的几何灵活性，任何空间体均可由四面体单元逼近。但 4 结点单元精度太差。借助体积坐标可以导出了高精度的四面体单元的形函数。

六面体等参元是更常用的体单元，长方体单元只是它的特例。书中给出了 8 结点单元的公式，20 结点单元公式只是略复杂些。

当计算要求精度高些时，可考虑用 8 结点 Wilson 单元或 20 结点的等参元。

7 用伽辽金法导出有限元方程

本章介绍导出有限元方程的另一种方法，也是从另一视角看待有限元方法。

7.1 伽辽金法

当微分方程不易求得精确解时，可以用伽辽金法求得一个近似解。

为了理解伽辽金方法，先讨论关于微分方程近似解答的一般性方法。

考察如下常微分方程

$$\left.\begin{array}{ll} Du(x)=0, & x\in(a,b) \\ B_1[u]=0, & x=a \\ B_2[u]=0, & x=b \end{array}\right\} \tag{7.1}$$

式中 D 为微分算子。假定 $u(x)$ 为微分方程的精确解，$\tilde{u}(x)$ 为近似解。精确解 $u(x)$ 一般在 $x\in[a,b]$ 域内处处满足式(7.1)，而近似解 $\tilde{u}(x)$ 一般不能满足。把近似解代入式 (7.1)，一般有 $D\tilde{u}(x)=R(x)\neq 0$，$R(x)$ 在 (a,b) 上不全为零，称为余量。对于近似解 $\tilde{u}(x)$，方程(7.1) 变为

$$D\tilde{u}(x)=R(x)$$
$$B_1[\tilde{u}]=R_a \tag{7.1a}$$
$$B_2[\tilde{u}]=R_b$$

为了求得一个近似解，首先看以下定理：

定义在 $[a,b]$ 上的连续函数 $E(x)$ 处处为零的充要条件是对任意连续函数 $\eta(x)$ 都有 $\int_a^b \eta(x)E(x)\mathrm{d}x = 0$。

运用连续的概念，通过反证法容易证明这个定理。

若将 $E(x)$ 换成 $Du(x)$，微分方程(7.1) 的提法就变成了积分提法：

$$\forall\, \eta(x) \quad \int_a^b \eta(x)Du(x)\mathrm{d}x = 0 \tag{7.2}$$

假定所考虑的 $u(x)$ 满足全部边界条件，方程(7.2) 就是方程(7.1) 的等效积分形式。

对于任意连续函数 $\eta(x)$ 可以表示为 $\eta(x)=C_1w_1(x)+C_2w_2(x)+\cdots+C_nw_n(x)+\cdots$ 其中 $w_i(x)$ 是彼此不相关的（甚至是彼此正交的）已知函数，$\eta(x)$ 的任意性由 C_i 的自由变化实现，则式(7.2) 又可写为一组方程

114

$$\int_a^b w_i(x)Du(x)\mathrm{d}x = 0 \quad i = 1,2,\cdots,n,\cdots \tag{7.3}$$

上式也是式(7.1) 的等效积分形式。

考虑近似解 $\widetilde{u}(x)$，引入余量，式(7.3) 就变为方程组

$$\int_a^b w_i(x)R(x)\mathrm{d}x = 0 \quad i = 1,2,\cdots,n,\cdots \tag{7.4}$$

考虑到实际工作中，不常能做到 $n\to\infty$，式(7.4) 即给出了近似解的定义，也给出了在一定范围内确定近似解的方法，这个方法称为加权余量法。即近似解是在不足以保证逐点满足 $R(x)=0$ 的条件下做到几个加权积分为零。其中 $w_i(x)$ 称为权函数。权函数的取法可以是各种各样的，从而得到不同的加权余量法，常被提到的方法包括配点法、子域法、最小二乘法、矩法和伽辽金法。

容易注意到，待求函数 $u(x)$ 的形式一般是不知道的，其近似解 $\widetilde{u}(x)$ 有时可写出如下形式

$$\widetilde{u}(x) = u_0(x) + \sum_{i=1}^m c_i N_i(x) \tag{7.5}$$

其中 $u_0(x)$ 与 $N_i(x)$ 是已知函数。在表达式中包括 $u_0(x)$ 是使 $\widetilde{u}(x)$ 满足非齐次的边界条件；$N_i(x)$ 一般称为形函数或试函数，形函数 $N_i(x)$ 的形式应该有一定的要求，例如彼此正交等，至少应当是彼此线性无关的。$c_i(i=1,\cdots,m)$ 是待定常数。式(7.5) 将所取的近似解限定在一个范围里，只有 c_i 是待定的，只要求出 c_i，则可确定近似解 $\widetilde{u}(x)$。

在这种情况下，再在式(7.4) 中取权函数 $w_i(x)=N_i(x)$，就得到了含有 n 个未知量的代数方程组

$$\int_a^b N_i R\,\mathrm{d}x = 0 \quad i = 1,2,\cdots,n \tag{7.6}$$

显然，由方程组(7.6) 是有可能解出待定常数 $c_i(i=1,2,\cdots,n)$，从而得出近似解 $\widetilde{u}(x)$。这种以近似解的试函数作为权函数的方法即是伽辽金法。

如果对式(7.5) 引用变分记号

$$\delta\widetilde{u}(x) = \sum_{i=1}^n N_i(x)\delta c_i \tag{A}$$

此式表示在解函数 $\widetilde{u}(x)$ 附近的一个任意微小的变化。以它来替代式(7.2) 中的任意函数 $\eta(x)$，即

$$\int_a^b \delta\widetilde{u}R\,\mathrm{d}x = 0 \tag{7.6a}$$

注意到式(A)，由于 δc_i 的任意性，彼此的独立性，式(7.6a) 能导出式(7.6)。这就是伽辽金法的本源。

伽辽金法应用的领域非常广阔。以下通过梁单元弯曲的例子，进一步了解伽辽金法。

如图 7.1 所示，等截面梁在 xz 面内发生平面弯曲，抗弯刚度 EI。$x=0$ 为固定端，在 $x=l$ 端受力 F_l 和力偶 M_l 的作用，q 为分布载荷集度。

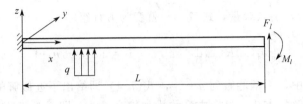

图 7.1　等截面梁平面弯曲

此问题按挠度求解的微分方程提法是

$$\left.\begin{array}{l} EIw^{(4)}-q=0 \\ w(0)=0,w'(0)=0 \\ (-EIw''')_l-F_l=0,(-EIw'')_l-M_l=0 \end{array}\right\} \tag{7.7}$$

若 $\widetilde{w}(x)=w_0(x)+\sum\limits_{i=1}^{n}C_iN_i(x)$ 在 $x=0$ 及 $x=l$ 上满足全部边界条件，则典型的伽辽金方法是

$$\int_0^l N_i(EI^{(4)}\widetilde{w}^4-q)\mathrm{d}x=0 \qquad i=1,\cdots,n \tag{7.8}$$

经过积分得到关于 C_i 的代数方程组，解出 C_i 就得到近似解 $\widetilde{w}$。

然而这种典型的伽辽金法有值得改进之处。式(7.8) 中 $\widetilde{w}$ 被求 4 阶导数，而作为权函数的 N_i 不被求导，不太对称。可以通过两次分步积分，并利用 $\widetilde{w}$ 满足边界条件将方程(7.8) 化为

$$\int_0^l [N''_iEI\widetilde{w}''-N_iq]\mathrm{d}x-(N_i)_lF_l+(N'_i)_lM_l=0 \tag{7.9}$$

式(7.9) 称为式(7.7) 的弱等效积分形式，简称弱形式，它至少降低了对 $N_i(x)$ 可求导阶次的要求。对许多微分方程，伽辽金法都有弱形式，使用弱形式往往比标准形式更有利于选择形函数。

以下为了书写上简单，令 $q=0$。选择多项式形式的解。为了满足边界条件，首先设

$$\widetilde{w}=x^2(A+Bx+Cx^2) \tag{a}$$

显然它可以满足 $x=0$ 的两个边界条件。令式(a) 满足另外（$x=l$）两个边界条件，便可解出

$$\widetilde{w}=-\frac{M_l}{2EI}x^2+\frac{F_lx^2}{6EI}(3l-x)+x^2(6l^2-4lx+x^2)C \tag{b}$$

这只剩下一个待定系数 C，相应的形函数是

$$N_1(x)=x^2(6l^2-4lx+x^2) \tag{c}$$

将式（b）及式（c）代入式(7.8)，解之得 $C=0$，即近似解 $\widetilde{w}$

$$\widetilde{w}=\frac{F_l x^2(3l-x)}{6EI}-\frac{M_l x^2}{2EI} \tag{7.10}$$

若将式（b）代入式(7.9)，同样也得到 $C=0$ 及式(7.10)。因为式(7.10)已经是问题的精确解了，两种方式得到的结果一样。

将空间离散为有限个单元的思想与用伽辽金法导出近似解的做法结合起来，就可以导出有限元方程。

7.2 二维稳态热传导有限元方程

7.2.1 二维稳态热传导微分方程

在固体中，热传导的规律服从傅立叶热传导定律。以 $\phi(x,y,z)$ 表示固体中任意一点的温度，各向同性热传导的热流密度矢量 $\boldsymbol{q}$（即单位时间通过单位正面面积的热流量）为

$$\boldsymbol{q}=-\lambda\,\boldsymbol{\nabla}\phi \tag{7.11}$$

式中算子 $\boldsymbol{\nabla}=\dfrac{\partial}{\partial x}\boldsymbol{i}+\dfrac{\partial}{\partial y}\boldsymbol{j}+\dfrac{\partial}{\partial z}\boldsymbol{k}$，$\lambda$ 是热导率。

考虑能量守恒，在任意一小块体积 V 上有

$$\int_V \rho Q\,\mathrm{d}V=\int_V \rho c_p\dot{\phi}\,\mathrm{d}V+\int_S \boldsymbol{q}\cdot\boldsymbol{n}\,\mathrm{d}S \tag{7.12}$$

式中　$\boldsymbol{n}$——边界外法线单位向量；

　　　ρ——密度；

　　　Q——单位质量热源物质在单位时间内的生热率；

　　　c_p——等压比热容；

　　　$\dot{\phi}$——温度对时间的一阶导数。

式(7.12)左边是 V 中"生成"的热量（例如相变，化学反应等），而右边第一项是由物质温度升高而"积累"的热量，第二项是从 V 表面 S 流出的热量。

显然，由小块体积 V 的任意性式(7.12)就是下式

$$-\boldsymbol{\nabla}\cdot\boldsymbol{q}+\rho Q=\rho c_p\dot{\phi} \tag{7.12a}$$

如果是空间轴对称问题则为

$$-\frac{1}{r}\boldsymbol{\nabla}(r\boldsymbol{q})+\rho Q=\rho c_p\dot{\phi} \tag{7.12b}$$

仅考虑稳定传热时，则式(7.12a)和式(7.12b)的方程右边为零。

对于二维稳态热传导，各向同性热传导微分方程提法如下。

域内方程为

$$\lambda\left(\frac{\partial^2\phi}{\partial x^2}+\frac{\partial^2\phi}{\partial y^2}\right)+\rho Q=0 \quad \forall(x,y)\in\Omega \tag{7.13a}$$

考虑三种边界条件。给定温度边界

$$\phi = \bar{\phi} \qquad 边界\ \Gamma_1\ 上 \tag{7.13b}$$

给定热流边界

$$-\left(\lambda\frac{\partial\phi}{\partial x}n_x + \lambda\frac{\partial\phi}{\partial y}n_y\right) = q \qquad 边界\ \Gamma_2\ 上 \tag{7.13c}$$

对流换热边界

$$-\left(\lambda\frac{\partial\phi}{\partial x}n_x + \lambda\frac{\partial\phi}{\partial y}n_y\right) = h(\phi - \phi_a) \qquad 边界\ \Gamma_3\ 上 \tag{7.13d}$$

式中　h——对流传热系数；

　　ϕ_a——对流时环境温度。

(n_x, n_y) 是边界外法线单位向量 $\boldsymbol{n}$ 的方向余弦（或向量坐标），$\boldsymbol{n} = (n_x\ n_y)^{\mathrm{T}}$，如图 7.2 所示。且

$$\begin{cases} \mathrm{d}x = -n_y\mathrm{d}s \\ \mathrm{d}y = n_x\mathrm{d}s \end{cases} \tag{7.14}$$

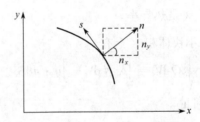

图 7.2　曲边界上的外法线单位向量的坐标

7.2.2　有限元方程

在一个有 n 个结点的单元内的温度场设为

$$\widetilde{\phi}(x,y) = \sum_{i=1}^{n} N_i(x,y)\phi_i = \boldsymbol{N}^e\boldsymbol{\phi}^e \tag{7.15}$$

式中　$N_i(x,y)$——结点形函数；

　　　ϕ_i——结点温度。

设单元的形函数矩阵 $\boldsymbol{N}^e$ 为

$$\boldsymbol{N}^e = (N_1 \quad N_2 \quad \cdots \quad N_n) \tag{7.15a}$$

单元结点温度列阵 $\boldsymbol{\phi}^e$ 为

$$\boldsymbol{\phi}^e = \begin{Bmatrix} \phi_1 \\ \vdots \\ \phi_n \end{Bmatrix} \tag{7.15b}$$

温度场的任意微小变化是

$$\delta\widetilde{\phi} = \sum_{i=1}^{n} N_i \delta\phi_i = \boldsymbol{N}^e \boldsymbol{\delta\phi}^e \tag{7.16}$$

约定在 Γ_1 上 $\widetilde{\phi} = \bar{\phi}$，因此在上式中给定结点温度的点的温度变化 $\delta\phi_i$ 与相应的形函数 N_i 都不会出现。

$\widetilde{\phi}$ 相应的微分方程 (7.13a)～式 (7.13d) 的余量是

$$\left.\begin{aligned}
R_\Omega &= \lambda\left(\frac{\partial^2\widetilde{\phi}}{\partial x^2} + \frac{\partial^2\widetilde{\phi}}{\partial y^2}\right) + \rho Q \\
R_{\Gamma_1} &= 0 \\
R_{\Gamma_2} &= -\left[\lambda\left(\frac{\partial\widetilde{\phi}}{\partial x}n_x + \frac{\partial\widetilde{\phi}}{\partial y}n_y\right) + q\right] \\
R_{\Gamma_3} &= -\left[\lambda\left(\frac{\partial\widetilde{\phi}}{\partial x}n_x + \frac{\partial\widetilde{\phi}}{\partial y}n_y\right) + h(\widetilde{\phi} - \phi_a)\right]
\end{aligned}\right\} \tag{7.17}$$

标准形式的伽辽金方程应当是

$$\int_{\Omega_e}\delta\widetilde{\phi}\, R_\Omega\,\mathrm{d}\Omega + \int_{\Gamma_2}\delta\widetilde{\phi}\, R_{\Gamma_2}\,\mathrm{d}s + \int_{\Gamma_3}\delta\widetilde{\phi}\, R_{\Gamma_3}\,\mathrm{d}s = 0 \tag{7.18}$$

或由 $\delta\boldsymbol{\phi}^e$ 的任意性，式 (7.18) 的分式写为

$$\int_{\Omega_e} N_r R_\Omega\,\mathrm{d}\Omega + \int_{\Gamma_2} N_r R_{\Gamma_2}\,\mathrm{d}s + \int_{\Gamma_3} N_r R_{\Gamma_3}\,\mathrm{d}s = 0 \qquad (r = 1, 2, \cdots, n) \tag{7.19}$$

可以通过格林（Green）公式导出并应用式 (7.19) 的弱的积分形式。

$$\int_\Omega\left(\frac{\partial B}{\partial x} - \frac{\partial P}{\partial y}\right)\mathrm{d}\Omega = \oint_\Gamma P\,\mathrm{d}x + B\,\mathrm{d}y$$

利用式 (7.14) 将其改造为

$$\int_\Omega\left(\frac{\partial B}{\partial x} - \frac{\partial P}{\partial y}\right)\mathrm{d}\Omega = \oint_\Gamma (Bn_x - Pn_y)\,\mathrm{d}s \tag{7.20}$$

取 $B = \dfrac{\partial\phi}{\partial x}$，$P = -\dfrac{\partial\phi}{\partial y}$，由式 (7.20) 有

$$\int_\Omega\left(\frac{\partial^2\phi}{\partial x^2} + \frac{\partial^2\phi}{\partial y^2}\right)\mathrm{d}\Omega = \oint_\Gamma\left(\frac{\partial\phi}{\partial x}n_x + \frac{\partial\phi}{\partial y}n_y\right)\mathrm{d}s$$

对于式 (7.19) 左边第一项利用格林公式并做分部积分

$$\int_{\Omega_e} N_r\left[\lambda\frac{\partial^2\widetilde{\phi}}{\partial x^2} + \lambda\frac{\partial^2\widetilde{\phi}}{\partial y^2} + \rho Q\right]\mathrm{d}\Omega$$

$$= \int_{\Omega_e}\left[\frac{\partial}{\partial x}\left(N_r\lambda\frac{\partial\widetilde{\phi}}{\partial x}\right) + \frac{\partial}{\partial y}\left(N_r\lambda\frac{\partial\widetilde{\phi}}{\partial y}\right)\right]\mathrm{d}\Omega - \int_{\Omega_e}\left[\lambda\frac{\partial N_r}{\partial x}\frac{\partial\widetilde{\phi}}{\partial x} + \lambda\frac{\partial N_r}{\partial y}\frac{\partial\widetilde{\phi}}{\partial y} - N_r\rho Q\right]\mathrm{d}\Omega \tag{a}$$

$$= \oint_\Gamma \left[N_r \lambda \frac{\partial \tilde{\phi}}{\partial x} n_x + N_r \lambda \frac{\partial \tilde{\phi}}{\partial y} n_y \right] \mathrm{d}s - \int_{\Omega_e} \left[\lambda \frac{\partial N_r}{\partial x} \frac{\partial \tilde{\phi}}{\partial x} + \lambda \frac{\partial N_r}{\partial y} \frac{\partial \tilde{\phi}}{\partial y} - N_r \rho Q \right] \mathrm{d}\Omega$$

注意到由于在 Γ_1 上 $\delta\tilde{\phi}=0$

$$\int_\Gamma \left(N_r \lambda \frac{\partial \tilde{\phi}}{\partial x} n_x + N_r \lambda \frac{\partial \tilde{\phi}}{\partial y} n_y \right) \mathrm{d}s = \int_{\Gamma_2} \left(N_r \lambda \frac{\partial \tilde{\phi}}{\partial x} n_x + N_r \lambda \frac{\partial \tilde{\phi}}{\partial y} n_y \right) \mathrm{d}s + \int_{\Gamma_3} \left(N_r \lambda \frac{\partial \tilde{\phi}}{\partial x} n_x + N_r \lambda \frac{\partial \tilde{\phi}}{\partial y} n_y \right) \mathrm{d}s$$

$$\text{(b)}$$

式(7.19)的左边第二项为

$$\int_{\Gamma_2} - N_r \lambda \left(\frac{\partial \tilde{\phi}}{\partial x} n_x + \frac{\partial \tilde{\phi}}{\partial y} n_y \right) \mathrm{d}s - \int_{\Gamma_2} N_r q \, \mathrm{d}s \tag{c}$$

式(7.19)的左边第三项为

$$\int_{\Gamma_3} - N_r \lambda \left(\frac{\partial \tilde{\phi}}{\partial x} n_x + \frac{\partial \tilde{\phi}}{\partial y} n_y \right) \mathrm{d}s - \int_{\Gamma_3} N_r h (\tilde{\phi} - \phi_a) \, \mathrm{d}s \tag{d}$$

将 (a)(b)(c)(d) 代入式(7.19)，并利用式(7.16) 的矩阵形式，得

$$\int_{\Omega_e} \left(\lambda \frac{\partial N_r}{\partial x} \frac{\partial \boldsymbol{N}^e}{\partial x} + \lambda \frac{\partial N_r}{\partial y} \frac{\partial \boldsymbol{N}^e}{\partial y} \right) \mathrm{d}\Omega \, \boldsymbol{\phi}^e - \int_{\Omega_e} \rho Q N_r \mathrm{d}\Omega + \int_{\Gamma_2} q N_r \mathrm{d}s$$
$$+ \int_{\Gamma_3} N_r h \boldsymbol{N}^e \mathrm{d}s \, \boldsymbol{\phi}^e - \int_{\Gamma_3} N_r h \phi_a \mathrm{d}s = 0 \qquad (r = 1, \cdots, n)$$

从 $r=1$ 到 $r=n$，方程组写为矩阵形式

$$\left[\int_{\Omega_e} \lambda \left(\frac{\partial \boldsymbol{N}^{e\mathrm{T}}}{\partial x} \frac{\partial \boldsymbol{N}^e}{\partial x} + \frac{\partial \boldsymbol{N}^{e\mathrm{T}}}{\partial y} \frac{\partial \boldsymbol{N}^e}{\partial y} \right) \mathrm{d}\Omega + \int_{\Gamma_3} h \boldsymbol{N}^{e\mathrm{T}} \boldsymbol{N}^e \mathrm{d}s \right] \boldsymbol{\phi}^e = \int_{\Omega_e} \boldsymbol{N}^{e\mathrm{T}} \rho \, Q \mathrm{d}\Omega - \int_{\Gamma_2} \boldsymbol{N}^{e\mathrm{T}} q \mathrm{d}s + \int_{\Gamma_3} \boldsymbol{N}^{e\mathrm{T}} h \phi_a \mathrm{d}s$$

$$\tag{7.21}$$

令

$$\boldsymbol{K}^e = \int_{\Omega_e} \lambda \left(\frac{\partial \boldsymbol{N}^{e\mathrm{T}}}{\partial x} \frac{\partial \boldsymbol{N}^e}{\partial x} + \frac{\partial \boldsymbol{N}^{e\mathrm{T}}}{\partial y} \frac{\partial \boldsymbol{N}^e}{\partial y} \right) \mathrm{d}\Omega + \int_{\Gamma_3} h \boldsymbol{N}^{e\mathrm{T}} \boldsymbol{N}^e \mathrm{d}s \tag{7.22}$$

$$\boldsymbol{F}^e = \int_{\Omega_e} \boldsymbol{N}^{e\mathrm{T}} \rho \, Q \mathrm{d}\Omega - \int_{\Gamma_2} \boldsymbol{N}^{e\mathrm{T}} q \mathrm{d}s + \int_{\Gamma_3} \boldsymbol{N}^{e\mathrm{T}} h \phi_a \mathrm{d}s \tag{7.23}$$

则式(7.21) 简化为

$$\boldsymbol{K}^e \boldsymbol{\phi}^e = \boldsymbol{F}^e \tag{7.24}$$

比拟弹性力学，将系数矩阵 $\boldsymbol{K}^e$ 命名为热传导刚度矩阵，列阵 $\boldsymbol{F}^e$ 称之为温度载荷列阵。

由于每个结点的变量只有一个温度值，即一个结点只有一个自由度，每个单元自由度数等于结点数 n，$\boldsymbol{K}^e$ 为 $n \times n$ 方阵。其元素为

$$K_{rs}^e = \int_{\Omega_e} \left(\lambda \frac{\partial N_r}{\partial x} \frac{\partial N_s}{\partial x} + \lambda \frac{\partial N_r}{\partial y} \frac{\partial N_s}{\partial y} \right) \mathrm{d}\Omega + \int_{\Gamma_3} h N_r N_s \mathrm{d}s \quad (r, s = 1, \cdots, n) \tag{7.25}$$

有时将后一项单记为

$$H_{rs}^e = \int_{\Gamma_3} hN_rN_s\,\mathrm{d}s, \quad (r,s=1,\cdots,n) \tag{7.25a}$$

温度载荷列阵 $\boldsymbol{F}^e$ 的元素为

$$F_r^e = \int_{\Omega_e} N_rQ\rho\,\mathrm{d}\Omega - \int_{\Gamma_2} qN_t\,\mathrm{d}s + \int_{\Gamma_3} N_rh\phi_a\,\mathrm{d}s \tag{7.26}$$

式(7.24)到式(7.26)就是二维稳态热传导的有限元方程。

7.2.3 三结点三角形单元和四结点等参元

如同前面讨论的弹性静力学问题，在二维稳态热传导问题有限元分析中，单元类型也有多种类型，作为例子，讨论三结点三角形单元与四结点等参元的情况。

（1）三结点三角形单元

如图 7.3 所示，三结点单元的三个结点坐标分别为 $i(x_i,y_i)$，$j(x_j,y_j)$，$m(x_m,y_m)$。

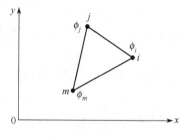

图 7.3　三角形单元

单元结点温度列阵 $\boldsymbol{\phi}^e$ 为

$$\phi^e = \begin{Bmatrix} \phi_i \\ \phi_j \\ \phi_m \end{Bmatrix}$$

采用与弹性力学平面问题中三结点三角形单元相同的形函数

$$N_i(x,y) = \frac{a_i + b_ix + c_iy}{2A} \qquad \overrightarrow{i,j,m}$$

式中 a_i,b_i,c_i 见式(2.8)，A 是三角形单元 ijm 的面积。

三结点三角形单元的形函数矩阵为

$$\boldsymbol{N}^e = (\boldsymbol{N}_i \quad \boldsymbol{N}_j \quad \boldsymbol{N}_m)$$

单元内的温度分布用结点上的温度值表示为

$$\phi^e = (N_i \quad N_j \quad N_m) \begin{Bmatrix} \phi_i \\ \phi_j \\ \phi_m \end{Bmatrix} \tag{7.27}$$

式(7.25)中右边第一项

$$\int_{\Omega_e} \lambda \left(\frac{\partial N_r}{\partial x} \frac{\partial N_s}{\partial x} + \frac{\partial N_r}{\partial y} \frac{\partial N_s}{\partial y} \right) \mathrm{d}\Omega = \frac{\lambda}{4A} (b_r b_s + c_r c_s)$$

设对流换热系数 h 是常数，若 Γ_3 是 ij 边，式(7.22) 中右边第二项为

$$\boldsymbol{H}^e = \frac{hl_{ij}}{6} \begin{pmatrix} 2 & 1 & 0 \\ 1 & 2 & 0 \\ 0 & 0 & 0 \end{pmatrix}$$

得热传导刚度矩阵 $\boldsymbol{K}^e$

$$\boldsymbol{K}^e = \frac{\lambda}{4A} \begin{bmatrix} b_i^2 & b_i b_j & b_i b_m \\ b_i b_j & b_j^2 & b_j b_m \\ b_m b_i & b_m b_j & b_m^2 \end{bmatrix} + \frac{\lambda}{4A} \begin{bmatrix} c_i^2 & c_i c_j & c_i c_m \\ c_i c_j & c_j^2 & c_j c_m \\ c_m c_i & c_m c_j & c_m^2 \end{bmatrix} + \frac{hl_{ij}}{6} \begin{bmatrix} 2 & 1 & 0 \\ 1 & 2 & 0 \\ 0 & 0 & 0 \end{bmatrix} \quad (7.28)$$

显然，单元的热传导刚度矩阵是对称的。

如果单元的热源密度为常数，由内部热源产生的温度载荷列阵为

$$\int_A \boldsymbol{N}^{e\mathrm{T}} Q_0 \mathrm{d}A = Q_0 \int_A \left\{ \begin{matrix} N_i \\ N_j \\ N_m \end{matrix} \right\} \mathrm{d}A = \frac{Q_0 A}{3} \left\{ \begin{matrix} 1 \\ 1 \\ 1 \end{matrix} \right\} \quad (7.29)$$

设 h, q, ϕ_a 都是常数，F_r^e 中的其余 2 项容易计算。如 Γ_2 为 jm 边

$$-\int_{jm} q N_r \mathrm{d}s = \begin{cases} 0 & r = i \\ -\dfrac{ql_{jm}}{2} & r \neq i \end{cases} \quad (7.30)$$

Γ_3 也类似，如 Γ_2 为 ij 边

$$\int_{\Gamma_3} h\phi_a N_r \mathrm{d}s = \int_{ij} h\phi_a N_r \mathrm{d}s = \begin{cases} 0 & r = m \\ \dfrac{h\phi_a l_{ij}}{2} & r \neq m \end{cases} \quad (7.31)$$

（2）四结点等参元

对四结点等参元，需要偏导数变换

$$\left\{ \begin{matrix} \dfrac{\partial N_r}{\partial x} \\ \dfrac{\partial N_r}{\partial y} \end{matrix} \right\} = \boldsymbol{J}^{-1} \left\{ \begin{matrix} \dfrac{\partial N_r}{\partial \xi} \\ \dfrac{\partial N_r}{\partial \eta} \end{matrix} \right\}$$

热传导矩阵元素的积分（暂不计 Γ_3）

$$\int_{\Omega_e} \lambda \left(\frac{\partial N_r}{\partial x} \frac{\partial N_s}{\partial x} + \frac{\partial N_r}{\partial y} \frac{\partial N_s}{\partial y} \right) \mathrm{d}\Omega$$

$$= \int_{\Omega_e} \lambda \left(\frac{\partial N_r}{\partial x} \quad \frac{\partial N_r}{\partial y} \right) \left\{ \begin{matrix} \dfrac{\partial N_s}{\partial x} \\ \dfrac{\partial N_s}{\partial y} \end{matrix} \right\} \mathrm{d}\Omega = \int_{-1}^{1}\int_{-1}^{1} \lambda \left(\frac{\partial N_r}{\partial \xi} \quad \frac{\partial N_r}{\partial \eta} \right) (\boldsymbol{J}^{-1})^{\mathrm{T}} \boldsymbol{J}^{-1} \left\{ \begin{matrix} \dfrac{\partial N_s}{\partial \xi} \\ \dfrac{\partial N_s}{\partial \eta} \end{matrix} \right\} | \boldsymbol{J} | \mathrm{d}\xi \mathrm{d}\eta \quad (7.32)$$

虽然 $\dfrac{\partial N_r}{\partial \xi}$ 和 $\dfrac{\partial N_r}{\partial \eta}$ 可以有显式，由于 $\boldsymbol{J}, \boldsymbol{J}^{-1}$ 的缘故仍需采用数值积分计算上式。H_{rs}^e 与 F_r^e 也均可以数值积分表示，都比较简单。

在稳态热传导问题中，第一类边界 $\varGamma_1$ 是必须有的，即至少要知道一个点的温度，方程 (7.24) 才有唯一解。

因为结点温度是直接解答，不像为求应变与应力还要再做数值微分，所以三角形单元和四结点等参元求得的结点温度、温度场分布都有较好的精度。

本 章 小 结

伽辽金法是求解微分方程近似解的重要方法，本章介绍了它的基本思想。

引入空间离散化及单元上的结点形函数，再应用伽辽金法就导出了二维稳态热传导问题的有限元方程。对于弹性力学问题用伽辽金法同样可以导出与前几章相同的结果。

伽辽金法的优势在于求前几章的推导方法不再适用的某些数学问题的近似解。

8 梁（杆）单元

杆是最重要的基本结构元件。在材料力学里集中研究了单根杆的力学行为，但实际工程中很少有单根杆的结构，像钢塔、起重机臂、桥梁，化工生产及城市生活中的管道、换热器（核反应堆）中的换热管、机器中的轴系、支架，结构物平台等都需要将单根杆组装起来成为杆系。本章将介绍梁（杆）单元及其在有限元中的组装方法。

8.1 杆的力学模型

任何物体都是三维尺度的。杆的几何特征是横截面的尺度远小于杆的长度。在杆的理论中，研究变形时采用的"平面假设"就依赖于这一几何特征。材料力学中研究了等截面直杆的三种基本变形模型：① 轴向拉（压）杆；⑪ 自由扭转轴；⑪ 平面弯曲梁。三种模型都是将实体杆简化成数学意义上的"轴线"，杆的轴线由所有横截面形心的连线构成。

8.1.1 简单拉（压）杆

简单拉（压）杆的受力特点为作用在直杆上的外力（体力、面力）合力的作用线一定与杆的轴线重合，如图 8.1 所示。杆横截面上的内力只有轴向力 F_N，横截面上的应力只有均匀分布的正应力，即 $\sigma = \dfrac{F_N}{A}$（A 为横截面面积），轴向应变为 $\varepsilon = \dfrac{F_N}{EA}$（$E$ 为杨氏模量），杆的伸长量为 $\Delta l = \dfrac{F_N l}{EA}$。

用弹性力学的精确分析可以知道，对只有两端受拉（压）力作用的等截面直杆，上述应力与应变的解答对于远离力作用点处（至少大于横截面直径）是精确的，而在加载端近处应力的分布规律将依赖于外力的分布规律。

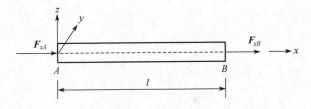

图 8.1　简单拉压杆

对于简单拉压杆，同一横截面上各点在 x 方向的位移 u 相同。图 8.1 中，杆 A 端受力 F_{xA}，位移为 u_A；B 端受力 F_{xB}，位移 u_B。力 F_{xA}、F_{xB} 和位移 u_A、u_B 之间的关系可以模仿前面有限元方程写为如下矩阵形式

$$\begin{bmatrix} \dfrac{EA}{l} & -\dfrac{EA}{l} \\[2mm] -\dfrac{EA}{l} & \dfrac{EA}{l} \end{bmatrix} \begin{Bmatrix} u_A \\ u_B \end{Bmatrix} = \begin{Bmatrix} F_{xA} \\ F_{xB} \end{Bmatrix} \tag{8.1}$$

设任一截面上各点 x 方向位移为 $u(x)$，则应变

$$\varepsilon = \frac{\mathrm{d}u}{\mathrm{d}x} = u'(x)$$

应力

$$\sigma = Eu'$$

拉（压）杆的应变能

$$U = \int_0^l \int_A \frac{1}{2} E(u')^2 \mathrm{d}A\mathrm{d}x = \frac{1}{2} \int_0^l E(u')^2 A\mathrm{d}x$$

总势能为

$$\prod = \int_0^l \frac{1}{2} AE(u')^2 \mathrm{d}x - \sum_i F_i u_i \tag{8.2}$$

在这一章应注意区别杆中内力与外力符号规则的不同。内力是横截面上应力的和，因此由应力的正负符号决定，以保持用一刀切出来的两个表面上内力符号相同，外力则以其矢量在坐标轴上投影来决定正负。

8.1.2　自由扭转杆——轴

自由扭转圆截面（或圆环截面）直杆的受力特点为杆两端仅受力偶矩作用，且力偶矩矢量与杆轴线重合，杆发生自由扭转，简称扭转，如图 8.2 所示。

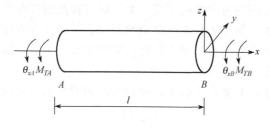

图 8.2　自由扭转杆

圆截面杆扭转时横截面保持平面，并因此得出横截面上的切应力分布规律为

$$\tau = \frac{M_T \rho}{I_P}$$

式中　M_T——作用在横截面上的转矩；

　　　ρ——横截面上一点到圆心的距离；

　　　I_P——横截面的极惯性矩。

切应力沿着点的切线方向。

扭转轴单位长度的扭转角为

$$\theta'_x = \frac{M_T}{GI_P}$$

式中，G 为切变模量。

长为 $\mathrm{d}x$ 的杆两截面的相对扭转角为

$$\mathrm{d}\theta_x = \frac{M_T \mathrm{d}x}{GI_P}$$

非圆截面杆扭转时的变形则比较复杂，此时原本为平面的横截面在变形后会发生翘曲，图 8.3 是矩形截面杆受扭转时横截面翘曲等高线图。其中若以实线表示沿 x 方向位移 u 为正的等高线，则虚线是为负等高线。切应力在横截面上的分布也有不少变化，例如矩形截面与椭圆形截面的最大切应力都发生在边缘离中心最近的位置上，方向与边界相切。

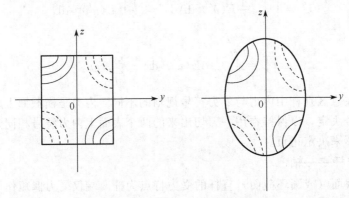

图 8.3　矩形截面杆和椭圆截面杆受扭转时横截面翘曲等高线图

弹性力学对杆的扭转问题有透彻的研究。为了解各种截面杆在受扭转时切应力在横截面上的分布，将问题归结为求解平面域上翘曲函数的拉普拉斯方程或应力函数的泊松方程，又称为圣维南问题。最早的有限元法就是在解决扭转问题时产生的。这与在本节讨论的扭转目标不同，此处不进行讨论。

即使在有翘曲情况下，只要两端自由，单位长度扭转角仍可写为

$$\theta'_x = \frac{M_T}{GD}$$

其中 D 为截面的几何参数，在保持平面假设时，$D = I_P = \int_A \rho^2 \mathrm{d}A$。当为薄壁截面时另有算法。长为 l 的等直杆两端横截面的相对扭转角为

$$\mathrm{d}\theta_x = \frac{M_T l}{GD}$$

若杆的横截面是开口薄壁截面（如工字截面、槽形截面等），受扭转时截面翘曲会比较大。如果此时杆的一端是被约束住的，就需要采用考虑约束扭转的力学模型。许多有限元软件中有这种单元，但一般情况下是不予采用的。

如果把图 8.2 所示的扭转杆看成是一个单元，设 A 端转角为 θ_{xA}，B 端转角 θ_{xB}，杆两

端力偶矩与转角的关系为

$$\begin{pmatrix} \dfrac{GI_P}{l} & -\dfrac{GI_P}{l} \\ -\dfrac{GI_P}{l} & \dfrac{GI_P}{l} \end{pmatrix} \begin{Bmatrix} \theta_{xA} \\ \theta_{xB} \end{Bmatrix} = \begin{Bmatrix} M_{TA} \\ M_{TB} \end{Bmatrix} \tag{8.3}$$

或者将其中 I_P 换成 D。

前面给出了圆（圆环）截面杆扭转的应力分布规律，如果想了解非圆截面扭转杆截面上详细的应力分布，采用扭转杆单元就不合适了，这时就要面对圣维南问题。

回到简单截面的自由扭转问题上来。由平面假设，设截面绕 x 轴转角为 θ_x，则位于距轴心 ρ 的母线与圆周线之间直角发生的切应变为

$$\gamma = \rho \frac{\mathrm{d}\theta_x}{\mathrm{d}x} = \rho \theta'_x,$$

由胡克定律，截面上点的切应力为

$$\tau = G\gamma = G\rho\theta'_x$$

应变能

$$U = \int_0^l \int_A \frac{1}{2} \tau\gamma \mathrm{d}A\mathrm{d}x$$

$$= \int_0^l \frac{1}{2} G(\theta'_x)^2 \cdot \int_A \rho^2 \mathrm{d}A\mathrm{d}x = \int_0^l \frac{1}{2} GI_P(\theta'_x)^2 \mathrm{d}x$$

只受集中载荷的自由扭转杆的总势能为

$$\prod = \int_0^l \frac{1}{2} GI_P(\theta'_x)^2 \mathrm{d}x - \sum_i M_{xi}\theta_{xi} \tag{8.4}$$

由式（8.4）也可导出式（8.3）。应当注意到式（8.4）使用了平面假设。

8.1.3　杆的平面弯曲——梁

当杆横截面上的内力偶矩矢量有平行于横截面的分量，杆就会发生弯曲。以弯曲变形为主的杆称为梁。

梁变形后的轴线与原轴线位于同一平面内的弯曲称为平面弯曲，平面弯曲理论是有限元中梁单元模型的基础。发生平面弯曲的载荷条件是：对于横截面具有对称轴的梁，梁上所有外力的作用线都位于梁的纵向对称平面内；对于横截面无对称轴的梁，梁上所有外力作用线都位于梁的形心主惯性平面内。

在图 8.4 的平面弯曲中，设杆弯曲后横截面保持平面，即梁内任一点 x 向位移为

$$u = u_0(x) + z\theta_y(x)$$

显然 $u_0(x)$ 是由杆受拉产生的截面的平移，不属于弯曲部分，为讨论简单，令 $u_0(x) = 0$。θ_y 是截面绕 y 轴的转角（设 xy 面是梁的中性层，受力后不产生伸长或缩短）。即

$$u = z\theta_y$$

在小变形情况下，以上分析是正确的。梁中纵向纤维的应变为

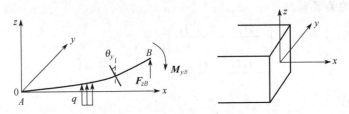

图 8.4 平面弯曲梁坐标系与载荷

$$\varepsilon_x = \frac{\mathrm{d}u}{\mathrm{d}x} = z\frac{\mathrm{d}\theta_y}{\mathrm{d}x} = z\theta'_y$$

由于纵向纤维之间无挤压（即单向应力状态）

$$\sigma_x = E\varepsilon_x = Ez\theta'_y$$

梁在平面弯曲时的应变能

$$U = \int_l \int_A \frac{1}{2}\sigma_x\varepsilon_x \mathrm{d}A\mathrm{d}x = \int_0^l \frac{1}{2}E(\theta'_y)^2 \int_A z^2 \mathrm{d}A\mathrm{d}x = \int_0^l \frac{1}{2}EI_y(\theta'_y)^2 \mathrm{d}x$$

式中 I_y——横截面对 y 轴的惯性矩。

弯曲总势能为

$$\prod = \frac{1}{2}\int_0^l EI_y(\theta'_y)^2 \mathrm{d}x - \int_0^l qw\mathrm{d}x - \sum_i M_{yi}\theta_{yi} - \sum_i F_{zi}w_j \tag{8.5}$$

式中 q——作用在梁上 z 向的分布载荷；

w——梁上一点 z 向位移（挠度）；

M_{yi}——作用在 i 点上对 y 的弯矩；

F_{zi}——作用在 i 点沿 z 向的集中力。

引用欧拉-伯努利关于梁变形的假设。该假设认为梁横截面的转角等于梁变形后挠曲线的转角，即 $\theta_y = -\dfrac{\mathrm{d}w}{\mathrm{d}x}$，因此梁的总势能为

$$\prod = \frac{1}{2}\int_0^l EI_y\left(\frac{\mathrm{d}^2w}{\mathrm{d}x^2}\right)^2 \mathrm{d}x - \int_0^l qw\mathrm{d}x + \sum_i M_{yi}\left(\frac{\mathrm{d}w}{\mathrm{d}x}\right)_i - \sum_i F_{zi}w_j \tag{8.5a}$$

当梁同时有在 xy 面内的弯曲时，总势能可以进行叠加。

梁横截面上有剪力时就会产生相应的切应力和切应变，而式(8.5)略去了这些应变能。若要考虑切应力、切应变对弯曲的影响就必须在应变能 U 中增加相应的项。

8.2 单元分析

首先分别单独分析杆只发生拉压、扭转、弯曲的三种情况。

设单元长为 l，单元坐标系如图 8.5 所示，同时引入单元自然坐标

$$\xi = \frac{x - x_1}{l} \qquad 0 \leqslant \xi \leqslant 1 \tag{8.6}$$

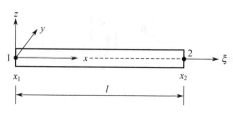

图 8.5　单元自然坐标

8.2.1　拉、压杆单元

设杆两端结点轴向位移列阵为

$$\boldsymbol{\delta}^e = (u_1 \quad u_2)^{\mathrm{T}} \tag{8.7}$$

坐标为 x 的横截面上各点位移表示为

$$u = N_1 u_1 + N_2 u_2$$

$$= (N_1 \quad N_2) \begin{Bmatrix} u_1 \\ u_2 \end{Bmatrix} \tag{8.8}$$

其中 N_1，N_2 为形函数

$$N_1 = 1 - \xi \qquad N_2 = \xi \tag{8.9}$$

此时

$$\frac{\partial u}{\partial x} = \frac{\partial u}{\partial \xi} \cdot \frac{1}{l} = \frac{1}{l} \left(\frac{\partial N_1}{\partial \xi} \quad \frac{\partial N_2}{\partial \xi} \right) \begin{Bmatrix} u_1 \\ u_2 \end{Bmatrix} = \frac{1}{l}(-1 \quad 1) \begin{Bmatrix} u_1 \\ u_2 \end{Bmatrix}$$

$$\left(\frac{\partial u}{\partial x} \right)^2 = \frac{1}{l^2}(u_1 \quad u_2) \begin{pmatrix} -1 \\ 1 \end{pmatrix} (-1 \quad 1) \begin{Bmatrix} u_1 \\ u_2 \end{Bmatrix} = \frac{1}{l^2}(u_1 \quad u_2) \begin{pmatrix} 1 & -1 \\ -1 & 1 \end{pmatrix} \begin{Bmatrix} u_1 \\ u_2 \end{Bmatrix}$$

代入式(8.2)

$$\Pi = \frac{1}{2} \int_0^l EA \left(\frac{\partial u}{\partial x} \right)^2 \mathrm{d}x - F_{x1} u_1 - F_{x2} u_2$$

$$= \frac{1}{2} \frac{EA}{l}(u_1 \quad u_2) \begin{pmatrix} 1 & -1 \\ -1 & 1 \end{pmatrix} \begin{Bmatrix} u_1 \\ u_2 \end{Bmatrix} - (F_{x1} \quad F_{x2}) \begin{Bmatrix} u_1 \\ u_2 \end{Bmatrix}$$

因为位移真解使总势能取驻值，即 $\dfrac{\partial \Pi}{\partial \delta^e} = 0$，得

$$\frac{EA}{l} \begin{pmatrix} 1 & -1 \\ -1 & 1 \end{pmatrix} \begin{Bmatrix} u_1 \\ u_2 \end{Bmatrix} = \begin{Bmatrix} F_{x1} \\ F_{x2} \end{Bmatrix} \tag{8.10}$$

式(8.10) 即为只在结点处受集中力作用的两结点拉压杆单元的单元结点力与单元结点位移的关系，与式(8.1) 相同。

如果杆作用有沿轴向分布力 f_x，则在总势能中增加 $-f_x u$，而在式(8.10) 右端增加

$$\int_0^1 f_x \cdot \begin{Bmatrix} N_1 \\ N_2 \end{Bmatrix} l \mathrm{d}\xi \tag{8.11}$$

8.2.2　自由扭转单元

单元两端绕 x 轴转角记为

$$\boldsymbol{\theta}_x^e = \begin{Bmatrix} \theta_{x1} \\ \theta_{x2} \end{Bmatrix} \tag{8.12}$$

单元内任一截面绕 x 轴的转角为

$$\theta_x(x) = (N_1 \quad N_2) \begin{Bmatrix} \theta_{x1} \\ \theta_{x2} \end{Bmatrix} \tag{8.13}$$

其中 N_1 和 N_2 为形函数，与式(8.9)同。

有

$$\theta'_x = \frac{\mathrm{d}\theta_x}{\mathrm{d}\xi} \cdot \frac{1}{l} = \frac{1}{l}(-1 \quad 1)\boldsymbol{\theta}_x^e$$

$$(\theta'_x)^2 = \frac{1}{l^2}\boldsymbol{\theta}_x^{e\mathrm{T}} \cdot \begin{pmatrix} 1 & -1 \\ -1 & 1 \end{pmatrix}\boldsymbol{\theta}_x^e$$

代入式(8.4)，得

$$\Pi = \frac{1}{2}\frac{GI_P}{l}(\theta_{x1} \quad \theta_{x2}) \begin{pmatrix} 1 & -1 \\ -1 & 1 \end{pmatrix} \begin{Bmatrix} \theta_{x1} \\ \theta_{x2} \end{Bmatrix} - (M_{x1} \quad M_{x2}) \begin{Bmatrix} \theta_{x1} \\ \theta_{x2} \end{Bmatrix}$$

同样由 $\dfrac{\partial \Pi}{\partial \boldsymbol{\theta}_x^e} = 0$，得

$$\frac{GI_P}{l} \begin{pmatrix} 1 & -1 \\ -1 & 1 \end{pmatrix} \begin{Bmatrix} \theta_{x1} \\ \theta_{x2} \end{Bmatrix} = \begin{Bmatrix} M_{x1} \\ M_{x2} \end{Bmatrix} \tag{8.14}$$

式(8.14)是只在两端受扭转力矩的两结点扭转单元，结点力（矩）与结点位移（端面绕 x 轴转角）的关系与式(8.3)类似。

8.2.3　两结点梁单元

不失一般性，考虑梁在 xz 面内产生平面弯曲。基本未知函数是梁的挠度 $w(x)$，在梁的任意截面处不仅挠度 $w(x)$ 连续而且横截面转角也连续。若挠度 w 连续但 θ_y 不连续则成为铰链连接。单元形函数应能满足这一要求。

如图 8.6 所示两结点梁单元，单元结点位移列阵为

$$\boldsymbol{\delta}^e = \begin{bmatrix} w_1 & \left(\dfrac{\mathrm{d}w}{\mathrm{d}x}\right)_1 & w_2 & \left(\dfrac{\mathrm{d}w}{\mathrm{d}x}\right)_2 \end{bmatrix}^{\mathrm{T}} \tag{8.15}$$

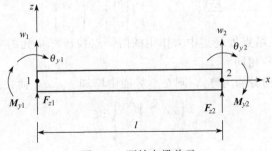

图 8.6　两结点梁单元

即每个结点有两个广义位移，一是结点挠度 w_i，一是结点所在横截面转角 $\left(\dfrac{\mathrm{d}w}{\mathrm{d}x}\right)_i = -\theta_{yi}$。场变量只有一个，即挠度 $w(x)$。令梁轴线上各点挠度为

$$w = \begin{bmatrix} N_1 & N_2 & N_3 & N_4 \end{bmatrix} \boldsymbol{\delta}^e$$
$$= \boldsymbol{N}^e \boldsymbol{\delta}^e \tag{8.16}$$

其中形函数 N_i 为

$$\left.\begin{aligned}
N_1 &= 1 - 3\xi^2 + 2\xi^3 \\
N_2 &= (\xi - 2\xi^2 + \xi^3)l \\
N_3 &= 3\xi^2 - 2\xi^3 \\
N_4 &= (\xi^3 - \xi^2)l
\end{aligned}\right\} \tag{8.17}$$

容易验证式(8.16) 能满足

$$w(\xi = 0) = w_1 \qquad w(\xi = 1) = w_2$$

$$\left(\frac{\mathrm{d}w}{\mathrm{d}x}\right)\bigg|_{\xi=0} = \left(\frac{\mathrm{d}w}{\mathrm{d}x}\right)_1 \qquad \left(\frac{\mathrm{d}w}{\mathrm{d}x}\right)\bigg|_{\xi=1} = \left(\frac{\mathrm{d}w}{\mathrm{d}x}\right)_2$$

这就可以保证在单元间挠度连续，截面转角连续。

由式(8.16) 和式(8.17) 得

$$\frac{\mathrm{d}^2 w}{\mathrm{d}x^2} = \frac{1}{l^2}\begin{bmatrix} \dfrac{\mathrm{d}^2 N_1}{\mathrm{d}\xi^2} & \dfrac{\mathrm{d}^2 N_2}{\mathrm{d}\xi^2} & \dfrac{\mathrm{d}^2 N_3}{\mathrm{d}\xi^2} & \dfrac{\mathrm{d}^2 N_3}{\mathrm{d}\xi^2} \end{bmatrix}\boldsymbol{\delta}^e = \frac{1}{l^2}\frac{\mathrm{d}^2 \boldsymbol{N}^e}{\mathrm{d}\xi^2}\boldsymbol{\delta}^e$$

$$= \frac{1}{l^2}\begin{bmatrix} -6(1-2\xi) & -2(2-3\xi)l & 6(1-2\xi) & -2(1-3\xi)l \end{bmatrix}\boldsymbol{\delta}^e \tag{A}$$

将式(8.16)代入式(8.5a)得

$$\Pi = \frac{1}{2}\boldsymbol{\delta}^{e\mathrm{T}}\int_0^1 EI_y \frac{1}{l^3}\left(\frac{\mathrm{d}^2 \boldsymbol{N}}{\mathrm{d}\xi^2}\right)^{\mathrm{T}}\left(\frac{\mathrm{d}^2 \boldsymbol{N}}{\mathrm{d}\xi^2}\right)\mathrm{d}\xi\,\boldsymbol{\delta}^e - \int_0^1 q\boldsymbol{N}^{e\mathrm{T}}l\mathrm{d}\xi\boldsymbol{\delta}^e$$

$$- \begin{bmatrix} F_{z1} & -M_{y1} & F_{z2} & -M_{y2} \end{bmatrix}\boldsymbol{\delta}^e$$

由 $\dfrac{\partial \Pi}{\partial \boldsymbol{\delta}^e} = 0$ 得

$$\boldsymbol{K}^e \boldsymbol{\delta}^e = \boldsymbol{F}^e \tag{8.18}$$

其中单元刚度矩阵

$$\boldsymbol{K}^e = \int_0^l \frac{EI_y}{l^3}\left(\frac{\mathrm{d}^2 \boldsymbol{N}}{\mathrm{d}\xi^2}\right)^{\mathrm{T}}\left(\frac{\mathrm{d}^2 \boldsymbol{N}}{\mathrm{d}\xi^2}\right)\mathrm{d}\xi$$

$$= \frac{EI_y}{l^3}\int_0^1 \begin{bmatrix} -6(1-2\xi) \\ 2(-2+3\xi)l \\ 6(1-2\xi) \\ -2(1-3\xi)l \end{bmatrix}\begin{bmatrix} -6(1-2\xi) & 2(-2+3\xi)l & 6(1-2\xi) & -2(1-3\xi)l \end{bmatrix}\mathrm{d}\xi$$

$$\tag{8.19}$$

$$= \frac{EI_y}{l^3} \begin{bmatrix} 12 & 6l & -12 & 6l \\ 6l & 4l^2 & -6l & 2l^2 \\ -12 & -6l & 12 & -6l \\ 6l & 2l^2 & -6l & 4l^2 \end{bmatrix}$$

式（8.18）右端项

$$\boldsymbol{F}^e = \int_0^1 q \boldsymbol{N}^{e\mathrm{T}} l \mathrm{d}\xi + \begin{bmatrix} F_{z1} \\ -M_{y1} \\ F_{z2} \\ -M_{y2} \end{bmatrix} \tag{8.20}$$

其中右面第二项为直接作用在单元结点上的力，第一项为分布载荷 q 的等效结点力。当 q 为均匀分布，即 $q=q_0$ 时

$$\int_0^1 q \boldsymbol{N}^{e\mathrm{T}} l \mathrm{d}\xi = \frac{q_0 l}{12} \begin{bmatrix} 6 & l & 6 & -l \end{bmatrix}^{\mathrm{T}} \tag{8.21}$$

在梁的模型中，知道内力就容易算出应力。

弯曲单元的截面内力有如下定义。弯矩

$$M_y = \int_A z\sigma_x \mathrm{d}A = -E\left(\frac{\mathrm{d}^2 w}{\mathrm{d}x^2}\right) \cdot \int_A z^2 \mathrm{d}A = -EI_y\left(\frac{\mathrm{d}^2 w}{\mathrm{d}x^2}\right) \tag{B}$$

结合式（A），可以看出在这种位移模式下弯矩是长度 x 的线性函数

$$M_y = -\frac{EI_y}{l^2}\begin{bmatrix} -6(1-2\xi) & -2(2-3\xi)l & 6(1-2\xi) & -2(1-3\xi)l \end{bmatrix}\boldsymbol{\delta}^e$$

最大弯矩只在梁的两端取得。

由于在梁（欧拉-伯努利梁）的平面假设中忽略了切应力的影响。横截面上的剪力不是由切应力的积分定义，而是利用

$$F_{sz} = \frac{\mathrm{d}M_y}{\mathrm{d}x} \tag{C}$$

得出。结合式（A）同样可以得出，这种位移模式的剪力在单元内为常数。

实际计算中往往只需要计算梁端的内力。除了式（B）（C）外，可以通过改造单元方程式（8.18）来实现。这时假设梁单元只受梁端的剪力与弯矩作用（注意内力的正负符号与外力不同）

$$\boldsymbol{K}^e \boldsymbol{\delta}^e = \begin{Bmatrix} -F_{s1} \\ M_1 \\ F_{s2} \\ -M_2 \end{Bmatrix} \tag{8.22a}$$

或

132

$$\frac{EI_y}{l^3}\begin{bmatrix} 12 & 6l & -12 & 6l \\ 6l & 4l^2 & -6l & 2l^2 \\ -12 & -6l & 12 & -6l \\ 6l & 2l^2 & -6l & 4l^2 \end{bmatrix}\begin{Bmatrix} w_1 \\ \left(\dfrac{\mathrm{d}w}{\mathrm{d}x}\right)_1 \\ w_2 \\ \left(\dfrac{\mathrm{d}w}{\mathrm{d}x}\right)_2 \end{Bmatrix}=\begin{Bmatrix} -F_{s1} \\ M_1 \\ F_{s2} \\ -M_2 \end{Bmatrix} \tag{8.22b}$$

8.3 简单例子

由材料力学如图 8.7 所示两个简支梁的中点挠度、两端转角、中点弯矩见表 8.1。

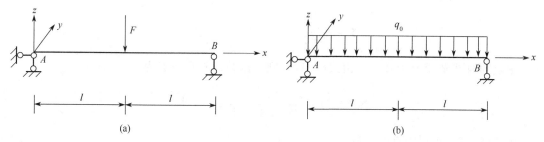

图 8.7 简支梁的例子

表 8.1 简支梁的中点挠度、两端转角及中点弯矩

	(a)梁	(b)梁
中点挠度	$-\dfrac{Fl^3}{6EI_y}$	$-\dfrac{5q_0l^4}{24EI_y}$
两端转角	$\pm\dfrac{Fl^2}{4EI_y}$	$\pm\dfrac{q_0l^3}{3EI_y}$
中点弯矩	$-\dfrac{Fl}{2}$	$-\dfrac{1}{2}q_0l^2$

先将梁划分成一个单元,分析图 8.7(b),而图 8.7(a) 的分析留给读者去做。

由 8.2 节可知,一个梁单元共有两个结点 1、2。参考图 8.7 (b),以 A 端为结点 1,B 端为结点 2;位移约束有 $w_1=w_2=0$;同时在结点 1、2 处分别作用有约束反力 F_{R1} 和 F_{R2}。根据式(8.18),图 8.7 中 (b) 梁的有限元方程为

$$\frac{EI_y}{l_e^3}\begin{bmatrix} 12 & 6l_e & -12 & 6l_e \\ 6l_e & 4l_e^2 & -6l_e & 2l_e^2 \\ -12 & -6l_e & 12 & -6l_e \\ 6l_e & 2l_e^2 & -6l_e & 4l_e^2 \end{bmatrix}\begin{Bmatrix} 0 \\ \left(\dfrac{\mathrm{d}w}{\mathrm{d}x}\right)_1 \\ 0 \\ \left(\dfrac{\mathrm{d}w}{\mathrm{d}x}\right)_2 \end{Bmatrix}=\begin{Bmatrix} F_{R1}-\dfrac{q_0l_e}{2} \\ -\dfrac{q_0l_e^2}{12} \\ F_{R2}-\dfrac{q_0l_e}{2} \\ \dfrac{q_0l_e^2}{12} \end{Bmatrix}$$

其中 l_e 为单元的长度。去掉含有约束反力的方程，上式简化为

$$\frac{4EI_y}{l_e}\begin{bmatrix} 1 & 0.5 \\ 0.5 & 1 \end{bmatrix}\begin{Bmatrix} \left(\dfrac{dw}{dx}\right)_1 \\ \left(\dfrac{dw}{dx}\right)_2 \end{Bmatrix} = -\frac{q_0 l_e^2}{12}\begin{Bmatrix} 1 \\ -1 \end{Bmatrix}$$

$$\begin{Bmatrix} \left(\dfrac{dw}{dx}\right)_1 \\ \left(\dfrac{dw}{dx}\right)_2 \end{Bmatrix} = \frac{q_0 l_e^3}{24EI_y}\begin{Bmatrix} -1 \\ 1 \end{Bmatrix}$$

其中 $l_e = 2l$，由有限元法得出的转角与解析解相同。

为计算梁中点挠度，写出结点位移列阵

$$\boldsymbol{\delta}^e = \frac{q_0 l_e^3}{24EI_y}\begin{bmatrix} 0 & -1 & 0 & 1 \end{bmatrix}^T$$

中点的自然坐标为 $\xi = 0.5$，由式（8.17）则形函数矩阵在该点为

$$\boldsymbol{N}^e(0.5) = \begin{bmatrix} \dfrac{1}{2} & \dfrac{l_e}{8} & \dfrac{1}{2} & -\dfrac{l_e}{8} \end{bmatrix}$$

由式（8.16），可得中点的挠度

$$w(0.5) = \boldsymbol{N}^e(0.5)\boldsymbol{\delta}^e = -\frac{q_0 l_e^4}{96EI_y}$$

因为 $l_e = 2l$，有

$$w(0.5) = -\frac{q_0 l^4}{6EI_y}$$

根据式（B）求出的（b）梁中点弯矩与解析解相差太多，且各处弯矩相同，均为 $M = -\dfrac{q_0 l^2}{3}$。

下面将梁划分成两个单元，对图8.7的（a）和（b）梁进行分析。当采用两个单元时，共有三个结点，用1、2和3表示，如图8.8所示。

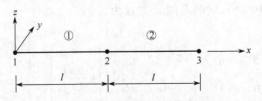

图 8.8 两个单元的简支梁模型

三个结点的 x 坐标分别为 $x_1 = 0$，$x_2 = l$，$x_3 = 2l$，单元长均为 l，两个单元的单刚是相同的，为

$$\boldsymbol{K}^{①}=\boldsymbol{K}^{②}=\frac{EI_y}{l^3}\begin{bmatrix} 12 & 6l & -12 & 6l \\ 6l & 4l^2 & -6l & 2l^2 \\ -12 & -6l & 12 & -6l \\ 6l & 2l^2 & -6l & 4l^2 \end{bmatrix}$$

如果用按照点号排列的子块来表示单刚，则两个单元的单刚分别为

$$\boldsymbol{K}^{①}=\begin{bmatrix} \boldsymbol{K}^{①}_{11} & \boldsymbol{K}^{①}_{12} \\ \boldsymbol{K}^{①}_{21} & \boldsymbol{K}^{①}_{22} \end{bmatrix} \qquad \boldsymbol{K}^{②}=\begin{bmatrix} \boldsymbol{K}^{②}_{22} & \boldsymbol{K}^{②}_{23} \\ \boldsymbol{K}^{2}_{32} & \boldsymbol{K}^{②}_{33} \end{bmatrix}$$

两个单刚组装得到总刚

$$\boldsymbol{K}=\begin{bmatrix} \boldsymbol{K}^{①}_{11} & \boldsymbol{K}^{①}_{12} & \boldsymbol{0} \\ \boldsymbol{K}^{①}_{21} & \boldsymbol{K}^{①+②}_{22} & \boldsymbol{K}^{②}_{23} \\ \boldsymbol{0} & \boldsymbol{K}^{②}_{32} & \boldsymbol{K}^{②}_{33} \end{bmatrix}=\frac{EI_y}{l^3}\begin{bmatrix} 12 & 6l & -12 & 6l & 0 & 0 \\ 6l & 4l^2 & -6l & 2l^2 & 0 & 0 \\ -12 & -6l & 24 & 0 & -12 & 6l \\ 6l & 2l^2 & 0 & 8l^2 & -6l & 2l^2 \\ 0 & 0 & -12 & -6l & 12 & -6l \\ 0 & 0 & 6l & 2l^2 & -6l & 4l^2 \end{bmatrix}$$

已知的位移有 $w_1=w_3=0$，故位移列阵为

$$\begin{bmatrix} 0 & \left(\dfrac{\mathrm{d}w}{\mathrm{d}x}\right)_1 & w_2 & \left(\dfrac{\mathrm{d}w}{\mathrm{d}x}\right)_2 & 0 & \left(\dfrac{\mathrm{d}w}{\mathrm{d}x}\right)_3 \end{bmatrix}^{\mathrm{T}}$$

（a）梁的结点力列阵为

$$\begin{bmatrix} F_{R1} & 0 & -F & 0 & F_{R3} & 0 \end{bmatrix}^{\mathrm{T}}$$

式中 F_{R1}，F_{R3} 是结点 1、3 处的约束反力，大小未知。

（b）梁结点力列阵由两个单元等效结点力叠加得

$$\begin{bmatrix} F_{R1}-\dfrac{q_0 l}{2} & -\dfrac{q_0 l^2}{12} & -q_0 l & 0 & R_{R3}-\dfrac{q_0 l}{2} & \dfrac{q_0 l^2}{12} \end{bmatrix}^{\mathrm{T}}$$

有限元方程是

$$\frac{EI_y}{l^3}\begin{bmatrix} 12 & 6l & -12 & 6l & 0 & 0 \\ 6l & 4l^2 & -6l & 2l^2 & 0 & 0 \\ -12 & -6l & 24 & 0 & -12 & 6l \\ 6l & 2l^2 & 0 & 8l^2 & -6l & 2l^2 \\ 0 & 0 & -12 & -6l & 12 & -6l \\ 0 & 0 & 6l & 2l^2 & -6l & 4l^2 \end{bmatrix}\begin{Bmatrix} 0 \\ \left(\dfrac{\mathrm{d}w}{\mathrm{d}x}\right)_1 \\ w_2 \\ \left(\dfrac{\mathrm{d}w}{\mathrm{d}x}\right)_2 \\ 0 \\ \left(\dfrac{\mathrm{d}w}{\mathrm{d}x}\right)_3 \end{Bmatrix}=\begin{Bmatrix} F_{R1} & F_{R1}-\dfrac{q_0 l}{2} \\ 0 & -\dfrac{q_0 l^2}{12} \\ -F & -q_0 l \\ 0 & 0 \\ F_{R3} & R_{R3}-\dfrac{q_0 l}{2} \\ 0 & \dfrac{q_0 l^2}{12} \end{Bmatrix}$$

去掉含有约束反力的第 1、第 5 个方程，即把系数矩阵第 1、5 行列去掉。右端两列分别对应着（a）梁和（b）梁的两种载荷工况，求解的方程为

$$\begin{bmatrix} 4 & -\dfrac{6}{l} & 2 & 0 \\[2mm] -\dfrac{6}{l} & \dfrac{24}{l^2} & 0 & \dfrac{6}{l} \\[2mm] 2 & 0 & 8 & 2 \\[2mm] 0 & \dfrac{6}{l} & 2 & 4 \end{bmatrix} \begin{Bmatrix} \left(\dfrac{\mathrm{d}w}{\mathrm{d}x}\right)_1 \\[2mm] w_2 \\[2mm] \left(\dfrac{\mathrm{d}w}{\mathrm{d}x}\right)_2 \\[2mm] \left(\dfrac{\mathrm{d}w}{\mathrm{d}x}\right)_3 \end{Bmatrix} = \dfrac{l}{EI_y}\left[-F\begin{Bmatrix} 0 \\ 1 \\ 0 \\ 0 \end{Bmatrix} - \dfrac{q_0 l^2}{12}\begin{Bmatrix} 1 \\ \dfrac{12}{l} \\ 0 \\ -1 \end{Bmatrix} \right]$$

解之，得

$$\begin{Bmatrix} \left(\dfrac{\mathrm{d}w}{\mathrm{d}x}\right)_1 \\[2mm] w_2 \\[2mm] \left(\dfrac{\mathrm{d}w}{\mathrm{d}x}\right)_2 \\[2mm] \left(\dfrac{\mathrm{d}w}{\mathrm{d}x}\right)_3 \end{Bmatrix} = \dfrac{l}{EI_y}\left[-F\begin{Bmatrix} \dfrac{l}{4} \\[1mm] \dfrac{l^2}{6} \\[1mm] 0 \\[1mm] -\dfrac{l}{4} \end{Bmatrix} - \dfrac{q_0 l^2}{12}\begin{Bmatrix} 4 \\[1mm] \dfrac{5}{2}l \\[1mm] 0 \\[1mm] -4 \end{Bmatrix} \right]$$

所得数值结果与解析解相同。

利用式(8.22)计算 2 点的弯矩。①单元的位移列阵为

$$\begin{Bmatrix} w_1 \\[2mm] \left(\dfrac{\mathrm{d}w}{\mathrm{d}x}\right)_1 \\[2mm] w_2 \\[2mm] \left(\dfrac{\mathrm{d}w}{\mathrm{d}x}\right)_2 \end{Bmatrix} = \left[-\dfrac{Fl^2}{EI_y}\begin{Bmatrix} 0 \\[1mm] \dfrac{1}{4} \\[1mm] \dfrac{l}{6} \\[1mm] 0 \end{Bmatrix} - \dfrac{q_0 l^2}{12EI_y}\begin{Bmatrix} 0 \\[1mm] 4 \\[1mm] \dfrac{5}{2}l \\[1mm] 0 \end{Bmatrix} \right]$$

$$\qquad\qquad\qquad\qquad\text{(a)}\qquad\qquad\qquad\text{(b)}$$

把上式代入式(8.22)，得到 2 点的弯矩分别为

(a) $\qquad M_2^{①} = -\dfrac{Pl}{2}$ $\qquad$ (b) $\qquad M_2^{①} = -\dfrac{7}{12}q_0 l^2$

同样分析单元②可得

(a) $\qquad M_2^{②} = -\dfrac{Fl}{2}$ $\qquad$ (b) $\qquad M_2^{②} = -\dfrac{7}{12}q_0 l^2$

对比解析解，受集中力作用的（a）梁的数值解和解析解相同，而均布力作用下的（b）梁则有较大误差。原因是均布横向力等效载荷的出现，使得梁端的弯矩与剪力不能精确地满足力边界条件。可见当有横向分布载荷时，单元要适当细分。

8.4 平面刚架

这一节讨论由梁、杆单元组成的刚架结构。

平面刚架中的长为 l 的梁单元会同时受到拉伸及弯曲，单元的方向也会各不相同。为了便于引用单元分析的结果，引入总体坐标系 $\bar{x}\,\bar{y}\,\bar{z}$ 以区别单元局部坐标系 xyz，如图 8.9 所示。单元有两个结点 i 点和 j 点。

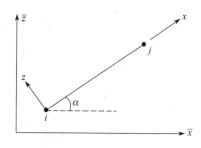

图 8.9 在 $\bar{x}\,\bar{z}$ 面内的梁单元

在单元局部坐标系中，结点位移为

$$\boldsymbol{\delta}_i^e = \begin{bmatrix} u_i & w_i & \left(\dfrac{\mathrm{d}w}{\mathrm{d}x}\right)_i \end{bmatrix}^{\mathrm{T}} \tag{8.23}$$

在总体坐标系中，结点位移为

$$\bar{\boldsymbol{\delta}}_i^e = \begin{bmatrix} \bar{u}_i & \bar{w}_i & \left(\dfrac{\mathrm{d}\bar{w}}{\mathrm{d}\bar{x}}\right)_i \end{bmatrix}^{\mathrm{T}} \tag{8.23a}$$

局部坐标系中的结点力为

$$\boldsymbol{F}_i^e = \begin{bmatrix} F_{xi} & F_{zi} & -M_{yi} \end{bmatrix}^{\mathrm{T}} \tag{8.24}$$

总体坐标系中的结点力为

$$\bar{\boldsymbol{F}}_i^e = \begin{bmatrix} \bar{F}_{xi} & \bar{F}_{zi} & -\bar{M}_{yi} \end{bmatrix}^{\mathrm{T}} \tag{8.24a}$$

单元局部坐标系下单元结点位移列阵为

$$\boldsymbol{\delta}^e = \begin{Bmatrix} \boldsymbol{\delta}_i \\ \boldsymbol{\delta}_j \end{Bmatrix} \tag{8.25}$$

总体坐标系下单元结点位移列阵为

$$\bar{\boldsymbol{\delta}}^e = \begin{Bmatrix} \bar{\boldsymbol{\delta}}_i \\ \bar{\boldsymbol{\delta}}_j \end{Bmatrix} \tag{8.25a}$$

单元局部坐标系下单元结点力列阵为

$$\boldsymbol{F}^e = \begin{Bmatrix} \boldsymbol{F}_i \\ \boldsymbol{F}_j \end{Bmatrix} \tag{8.26}$$

总体坐标系下单元结点力列阵

$$\bar{\boldsymbol{F}}^e = \begin{Bmatrix} \bar{\boldsymbol{F}}_i \\ \bar{\boldsymbol{F}}_j \end{Bmatrix} \tag{8.26a}$$

将方程组(8.10)与方程组(8.18)结合起来，得

$$\begin{bmatrix} \dfrac{EA}{l} & 0 & 0 & -\dfrac{EA}{l} & 0 & 0 \\[2mm] 0 & \dfrac{12EI_y}{l^3} & \dfrac{6EI_y}{l^2} & 0 & -\dfrac{12EI_y}{l^3} & \dfrac{6EI_y}{l^2} \\[2mm] 0 & \dfrac{6EI_y}{l^2} & \dfrac{4EI_y}{l} & 0 & -\dfrac{6EI_y}{l^2} & \dfrac{2EI_y}{l} \\[2mm] -\dfrac{EA}{l} & 0 & 0 & \dfrac{EA}{l} & 0 & 0 \\[2mm] 0 & -\dfrac{12EI_y}{l^3} & -\dfrac{6EI_y}{l^2} & 0 & \dfrac{12EI_y}{l^3} & -\dfrac{6EI_y}{l^2} \\[2mm] 0 & \dfrac{6EI_y}{l^2} & \dfrac{2EI_y}{l} & 0 & -\dfrac{6EI_y}{l^2} & \dfrac{4EI_y}{l} \end{bmatrix} \begin{Bmatrix} u_i \\ w_i \\ \left(\dfrac{\mathrm{d}w}{\mathrm{d}x}\right)_i \\ u_j \\ w_j \\ \left(\dfrac{\mathrm{d}w}{\mathrm{d}x}\right)_j \end{Bmatrix} = \begin{Bmatrix} F_{xi} \\ F_{zi} \\ -M_{yi} \\ F_{xj} \\ F_{zj} \\ -M_{yj} \end{Bmatrix} \tag{8.27}$$

简记为

$$\boldsymbol{K}^e \boldsymbol{\delta}^e = \boldsymbol{F}^e \tag{8.27a}$$

其中 $\boldsymbol{K}^e$ 为局部坐标系下的单元刚度矩阵，为 12×12 矩阵。单刚也可以按结点分为 4 个子块。按单元内次序排列，单刚 $\boldsymbol{K}^e$ 用子块表示为

$$\boldsymbol{K}^e = \begin{bmatrix} \boldsymbol{K}_{11}^e & \boldsymbol{K}_{12}^e \\ \boldsymbol{K}_{21}^e & \boldsymbol{K}_{22}^e \end{bmatrix}$$

如果按单元两端点号排列，单刚 $\boldsymbol{K}^e$ 用子块表示为

$$\boldsymbol{K}^e = \begin{bmatrix} \boldsymbol{K}_{ii}^e & \boldsymbol{K}_{ij}^e \\ \boldsymbol{K}_{ji}^e & \boldsymbol{K}_{jj}^e \end{bmatrix}$$

方程组(8.27)就是单元在单元局部坐标系下的有限元方程，实际是在单元局部坐标系下的平衡方程。当刚架离散为杆系，结点位移与结点力必须用整体坐标表示。

设两个结点在总体坐标系 $\bar{x}\ \bar{y}\ \bar{z}$ 中的坐标分别为 $(\bar{x}_i, \bar{z}_i)$、$(\bar{x}_j, \bar{z}_j)$，则有

$$\cos\alpha = \frac{\bar{x}_j - \bar{x}_i}{l} \qquad \sin\alpha = \frac{\bar{z}_j - \bar{z}_i}{l} \tag{8.28}$$

整体坐标系中的位移 $\bar{u}_i$ 和 $\bar{w}_i$ 用单元坐标中位移 u_i 和 w_i 表示为

$$\left. \begin{aligned} \bar{u}_i &= u_i \cos\alpha - w_i \sin\alpha \\ \bar{w}_i &= u_i \sin\alpha + w_i \cos\alpha \\ \left(\frac{\mathrm{d}\bar{w}}{\mathrm{d}\bar{x}}\right)_i &= \left(\frac{\mathrm{d}w}{\mathrm{d}x}\right)_i \end{aligned} \right\} \tag{8.29}$$

写作矩阵形式

$$\left\{ \begin{array}{c} \bar{u}_i \\ \bar{w}_i \\ \left(\dfrac{d\bar{w}}{d\bar{x}}\right)_i \end{array} \right\} = \begin{pmatrix} \cos\alpha & -\sin\alpha & 0 \\ \sin\alpha & \cos\alpha & 0 \\ 0 & 0 & 1 \end{pmatrix} \left\{ \begin{array}{c} u_i \\ w_i \\ \left(\dfrac{dw}{dx}\right)_i \end{array} \right\} \tag{8.29a}$$

令

$$\boldsymbol{\lambda}_1^e = \begin{pmatrix} \cos\alpha & -\sin\alpha & 0 \\ \sin\alpha & \cos\alpha & 0 \\ 0 & 0 & 1 \end{pmatrix}$$

方程组(8.29a) 记为

$$\bar{\boldsymbol{\delta}}_i = \boldsymbol{\lambda}_1^e \boldsymbol{\delta}_i \tag{8.29b}$$

显然有

$$\boldsymbol{\delta}_i = \boldsymbol{\lambda}_1^e \bar{\boldsymbol{\delta}}_i \tag{8.29c}$$

对单元节点位移列阵有

$$\bar{\boldsymbol{\delta}}^e = \left\{ \begin{array}{c} \bar{u}_i \\ \bar{w}_i \\ \left(\dfrac{d\bar{w}}{d\bar{x}}\right)_i \\ \bar{u}_j \\ \bar{w}_j \\ \left(\dfrac{d\bar{w}}{d\bar{x}}\right)_j \end{array} \right\} = \begin{pmatrix} \cos\alpha & -\sin\alpha & 0 & 0 & 0 & 0 \\ \sin\alpha & \cos\alpha & 0 & 0 & 0 & 0 \\ 0 & 0 & 1 & 0 & 0 & 0 \\ 0 & 0 & 0 & \cos\alpha & -\sin\alpha & 0 \\ 0 & 0 & 0 & \sin\alpha & \cos\alpha & 0 \\ 0 & 0 & 0 & 0 & 0 & 1 \end{pmatrix} \left\{ \begin{array}{c} u_i \\ w_i \\ \left(\dfrac{dw}{dx}\right)_i \\ u_j \\ w_j \\ \left(\dfrac{dw}{dx}\right)_j \end{array} \right\} = \boldsymbol{\lambda}^e \boldsymbol{\delta}^e \tag{8.30}$$

其中

$$\boldsymbol{\lambda}^e = \begin{pmatrix} \boldsymbol{\lambda}_1^e & \mathbf{0} \\ \mathbf{0} & \boldsymbol{\lambda}_1^e \end{pmatrix} \tag{8.30a}$$

显然对单元结点力列阵也有

$$\bar{\boldsymbol{F}}^e = \boldsymbol{\lambda}^e \boldsymbol{F}^e \tag{8.31}$$

用式(8.30) 及式(8.31) 改造式(8.27)，即可得到在整体坐标下的单元方程

$$\boldsymbol{\lambda}^e \boldsymbol{K}^e \boldsymbol{\lambda}^{e\mathrm{T}} \bar{\boldsymbol{\delta}}^e = \bar{\boldsymbol{F}}^e \tag{8.32}$$

即

$$\bar{\boldsymbol{K}}^e \bar{\boldsymbol{\delta}}^e = \bar{\boldsymbol{F}}^e \tag{8.32a}$$

其中

$$\overline{\boldsymbol{K}}^e = \boldsymbol{\lambda}^e \boldsymbol{K}^e \boldsymbol{\lambda}^{e\mathrm{T}} \tag{8.32b}$$

显然对应于结点的子块有下式

$$\overline{\boldsymbol{K}}_{ij}^e = \boldsymbol{\lambda}_1^e \boldsymbol{K}_{ij}^e \boldsymbol{\lambda}_1^{e\mathrm{T}} \qquad (i,j=1,2) \tag{8.33}$$

当所有单元的刚度矩阵、结点位移（已知与未知的）和结点载荷都统一在整体坐标下后，就能组织整体结构的有限元方程组，解出来的是结点在总体坐标下的位移。当要计算单元内力时，则要将总体坐标下的单元结点位移转换为单元局部坐标系下的单元结点位移。

8.5 空间梁系结构

在实际工程结构的有限元分析中，常常用到空间梁单元。空间的梁既可能弯曲，也可能会伸缩、扭转。

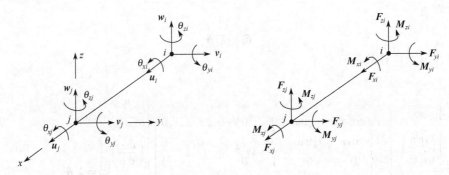

图 8.10 空间梁单元结点的位移与受力

空间梁单元一端的受力可以简化为一个力矢量和一个力偶矢量，各有三个分量如图 8.10 所示。结点的结点力列阵为

$$\boldsymbol{F}_i = \begin{bmatrix} F_{xi} & F_{yi} & F_{zi} & M_{xi} & M_{yi} & M_{zi} \end{bmatrix}^{\mathrm{T}} \tag{8.34}$$

式(8.34)是在单元坐标系下的分量。在轴力 F_x 的作用下杆产生轴向拉压，M_x 使杆产生扭转，F_y 与 M_z 使梁在 xy 平面内弯曲，F_z 与 M_y 使梁在 xz 平面内弯曲。

结点位移向量也有 6 个分量，记为

$$\boldsymbol{\delta}_i = \begin{bmatrix} u_i & v_i & w_i & \theta_{xi} & \theta_{yi} & \theta_{zi} \end{bmatrix}^{\mathrm{T}} \tag{8.35}$$

注意，轴线转角在小变形下近似当作矢量，其中

$$\theta_y = -\frac{\mathrm{d}w}{\mathrm{d}x} \qquad \theta_z = \frac{\mathrm{d}v}{\mathrm{d}x} \tag{A}$$

对拉伸（压缩），由 8.2 节可知

$$\begin{bmatrix} \dfrac{EA}{l} & -\dfrac{EA}{l} \\[2mm] -\dfrac{EA}{l} & \dfrac{EA}{l} \end{bmatrix} \begin{Bmatrix} u_i \\ u_j \end{Bmatrix} = \begin{Bmatrix} F_{xi} \\ F_{xj} \end{Bmatrix} \tag{B}$$

140

对于扭转，有

$$
\begin{bmatrix} \dfrac{EI_P}{l} & -\dfrac{EI_P}{l} \\ -\dfrac{EI_P}{l} & \dfrac{EI_P}{l} \end{bmatrix} \begin{Bmatrix} \theta_{xi} \\ \theta_{xj} \end{Bmatrix} = \begin{Bmatrix} M_{xi} \\ M_{yi} \end{Bmatrix} \tag{C}
$$

在 xy 面内弯曲

$$
\begin{bmatrix} \dfrac{12EI_z}{l^3} & \dfrac{6EI_z}{l^2} & \dfrac{-12EI_z}{l^3} & \dfrac{6EI_z}{l^2} \\ \dfrac{6EI_z}{l^2} & \dfrac{4EI_z}{l} & \dfrac{-6EI_z}{l^2} & \dfrac{2EI_z}{l} \\ \dfrac{-12EI_z}{l^3} & \dfrac{-6EI_z}{l^2} & \dfrac{12EI_z}{l^3} & \dfrac{-6EI_z}{l^2} \\ \dfrac{6EI_z}{l^2} & \dfrac{2EI_z}{l} & \dfrac{-6EI_z}{l^2} & \dfrac{4EI_z}{l} \end{bmatrix} \begin{Bmatrix} v_i \\ \theta_{zi} \\ v_j \\ \theta_{zj} \end{Bmatrix} = \begin{Bmatrix} F_{yi} \\ M_{zi} \\ F_{yj} \\ M_{zj} \end{Bmatrix} \tag{D}
$$

xz 面内弯曲

$$
\begin{bmatrix} \dfrac{12EI_y}{l^3} & \dfrac{6EI_y}{l^2} & \dfrac{-12EI_y}{l^3} & \dfrac{6EI_y}{l^2} \\ \dfrac{6EI_y}{l^2} & \dfrac{4EI_y}{l} & \dfrac{-6EI_y}{l^2} & \dfrac{2EI_y}{l} \\ \dfrac{-12EI_y}{l^3} & \dfrac{-6EI_y}{l^2} & \dfrac{12EI_y}{l^3} & \dfrac{-6EI_y}{l^2} \\ \dfrac{6EI_y}{l^2} & \dfrac{2EI_y}{l} & \dfrac{-6EI_y}{l^2} & \dfrac{4EI_y}{l} \end{bmatrix} \begin{Bmatrix} w_i \\ \left(\dfrac{\mathrm{d}w}{\mathrm{d}x}\right)_i \\ w_j \\ \left(\dfrac{\mathrm{d}w}{\mathrm{d}x}\right)_j \end{Bmatrix} = \begin{Bmatrix} F_{zi} \\ -M_{yi} \\ F_{zj} \\ -M_{yj} \end{Bmatrix} \tag{E}
$$

由于 $\dfrac{\mathrm{d}w}{\mathrm{d}x} = -\theta_y$，改造以上 4 个方程

$$
\begin{bmatrix} \dfrac{12EI_y}{l^3} & \dfrac{-6EI_y}{l^2} & \dfrac{-12EI_y}{l^3} & \dfrac{-6EI_y}{l^2} \\ \dfrac{-6EI_y}{l^2} & \dfrac{4EI_y}{l} & \dfrac{6EI_y}{l^2} & \dfrac{2EI_y}{l} \\ \dfrac{-12EI_y}{l^3} & \dfrac{6EI_y}{l^2} & \dfrac{12EI_y}{l^3} & \dfrac{6EI_y}{l^2} \\ \dfrac{-6EI_y}{l^2} & \dfrac{2EI_y}{l} & \dfrac{6EI_y}{l^2} & \dfrac{4EI_y}{l} \end{bmatrix} \begin{Bmatrix} w_i \\ \theta_{yi} \\ w_j \\ \theta_{yj} \end{Bmatrix} = \begin{Bmatrix} F_{zi} \\ M_{yi} \\ F_{zj} \\ M_{yj} \end{Bmatrix} \tag{F}
$$

按照式(8.34)、式(8.35) 中变量的次序将 （B）（C）（D）（F）中的 12 个方程排列起来整理为单元方程

$$
\begin{bmatrix}
\frac{EA}{l} & 0 & 0 & 0 & 0 & 0 & \frac{EA}{l} & 0 & 0 & 0 & 0 & 0 \\
0 & \frac{12EI_z}{l^3} & 0 & 0 & 0 & \frac{6EI_z}{l^2} & 0 & \frac{-12EI_z}{l^3} & 0 & 0 & 0 & \frac{6EI_z}{l^2} \\
0 & 0 & \frac{12EI_y}{l^3} & 0 & \frac{-6EI_y}{l^2} & 0 & 0 & 0 & \frac{-12EI_y}{l^3} & 0 & \frac{-6EI_y}{l^2} & 0 \\
0 & 0 & 0 & \frac{GI_P}{l} & 0 & 0 & 0 & 0 & 0 & \frac{-GI_P}{l} & 0 & 0 \\
0 & 0 & \frac{-6EI_y}{l^2} & 0 & \frac{4EI_y}{l} & 0 & 0 & 0 & \frac{6EI_y}{l^2} & 0 & \frac{2EI_y}{l} & 0 \\
0 & \frac{6EI_z}{l^2} & 0 & 0 & 0 & \frac{4EI_z}{l} & 0 & \frac{-6EI_z}{l^2} & 0 & 0 & 0 & \frac{2EI_z}{l} \\
\frac{EA}{l} & 0 & 0 & 0 & 0 & 0 & \frac{EA}{l} & 0 & 0 & 0 & 0 & 0 \\
0 & \frac{-12EI_z}{l^3} & 0 & 0 & 0 & \frac{-6EI_z}{l^2} & 0 & \frac{12EI_z}{l^3} & 0 & 0 & 0 & \frac{-6EI_z}{l^2} \\
0 & 0 & \frac{-12EI_y}{l^3} & 0 & \frac{6EI_y}{l^2} & 0 & 0 & 0 & \frac{12EI_y}{l^3} & 0 & \frac{6EI_y}{l^2} & 0 \\
0 & 0 & 0 & \frac{-GI_P}{l} & 0 & 0 & 0 & 0 & 0 & \frac{GI_P}{l} & 0 & 0 \\
0 & 0 & \frac{-6EI_y}{l^2} & 0 & \frac{2EI_y}{l} & 0 & 0 & 0 & \frac{6EI_y}{l^2} & 0 & \frac{4EI_y}{l} & 0 \\
0 & \frac{6EI_z}{l^2} & 0 & 0 & 0 & \frac{2EI_z}{l} & 0 & \frac{-6EI_z}{l^2} & 0 & 0 & 0 & \frac{4EI_z}{l}
\end{bmatrix}
\begin{Bmatrix}
u_i \\ v_i \\ w_i \\ \theta_{xi} \\ \theta_{yi} \\ \theta_{zi} \\ u_j \\ v_j \\ w_j \\ \theta_{xj} \\ \theta_{yj} \\ \theta_{zj}
\end{Bmatrix}
=
\begin{Bmatrix}
F_{xi} \\ F_{yi} \\ F_{zi} \\ M_{xi} \\ M_{yi} \\ M_{zi} \\ F_{xj} \\ F_{yj} \\ F_{zj} \\ M_{xj} \\ M_{yj} \\ M_{zj}
\end{Bmatrix}
$$

$$\tag{8.36}$$

简写为

$$\boldsymbol{K}^e \boldsymbol{\delta}^e = \boldsymbol{F}^e \tag{8.37}$$

或子块形式

$$
\begin{bmatrix}
\boldsymbol{K}_{ii}^e & \boldsymbol{K}_{ij}^e \\
\boldsymbol{K}_{ji}^e & \boldsymbol{K}_{jj}^e
\end{bmatrix}
\begin{Bmatrix}
\boldsymbol{\delta}_i \\ \boldsymbol{\delta}_j
\end{Bmatrix}
=
\begin{Bmatrix}
\boldsymbol{F}_i^e \\ \boldsymbol{F}_j^e
\end{Bmatrix}
\tag{8.37a}
$$

梁在空间可能是任意方向，必须将单元坐标系下的结点位移、结点力、单元刚度矩阵等转化到整体坐标系下，才能组装整体有限元方程，最终解出结点位移。

梁是一维数学模型，如前面的梁单元只有 i,j 两个结点。要建立单元空间坐标系必须另取一个参考点。一般地取在 xy 面内的某一点 t，以 $\vec{ij}$ 为 x 方向，以 $\vec{ij} \times \vec{it}$ 的方向为 z 方向，由右手规则，y 方向也就确定了。具体表达式读者可自行列出。

设单元局部坐标系单位长度的坐标基矢量为 $\hat{e}_1$、$\hat{e}_2$、$\hat{e}_3$，整体坐标系的坐标基矢量为 $\vec{e}_1$、$\vec{e}_2$、$\vec{e}_3$，如图 8.11 所示。矢量 $\boldsymbol{r}$ 在单元坐标系下坐标为 (x, y, z)，在整体坐标系下坐标为 $(\bar{x}, \bar{y}, \bar{z})$，其间关系为

$$
\begin{Bmatrix}
\bar{x} \\ \bar{y} \\ \bar{z}
\end{Bmatrix}
=
\begin{bmatrix}
\cos(\vec{e}_1, \hat{e}_1) & \cos(\vec{e}_1, \hat{e}_2) & \cos(\vec{e}_1, \hat{e}_3) \\
\cos(\vec{e}_2, \hat{e}_1) & \cos(\vec{e}_2, \hat{e}_2) & \cos(\vec{e}_2, \hat{e}_3) \\
\cos(\vec{e}_3, \hat{e}_1) & \cos(\vec{e}_3, \hat{e}_2) & \cos(\vec{e}_3, \hat{e}_3)
\end{bmatrix}
\begin{Bmatrix}
x \\ y \\ z
\end{Bmatrix}
\tag{8.38}
$$

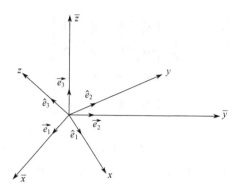

图 8.11 单元局部坐标基矢量与总体坐标基矢量的方向关系

或记为

$$\left\{\begin{array}{c} \bar{x} \\ \bar{y} \\ \bar{z} \end{array}\right\} = \boldsymbol{\lambda}_o^e \left\{\begin{array}{c} x \\ y \\ z \end{array}\right\} \tag{8.38a}$$

应用在位移矢量上，得

$$\left\{\begin{array}{c} \bar{u}_i \\ \bar{v}_i \\ \bar{w}_i \end{array}\right\} = \boldsymbol{\lambda}_o^e \left\{\begin{array}{c} u_i \\ v_i \\ w_i \end{array}\right\} \tag{8.39}$$

因为在小变形时，截面转角可视为矢量，有

$$\left\{\begin{array}{c} \bar{\theta}_{xi} \\ \bar{\theta}_{yi} \\ \bar{\theta}_{zi} \end{array}\right\} = \boldsymbol{\lambda}_o^e \left\{\begin{array}{c} \theta_{xi} \\ \theta_{yi} \\ \theta_{zi} \end{array}\right\} \tag{8.40}$$

两个坐标系下的结点位移之间的关系为

$$\bar{\boldsymbol{\delta}}_i = \left[\begin{array}{cc} \boldsymbol{\lambda}_o^e & \boldsymbol{0} \\ \boldsymbol{0} & \boldsymbol{\lambda}_o^e \end{array}\right]_{6 \times 6} \boldsymbol{\delta}_i = \boldsymbol{\lambda}_1^e \boldsymbol{\delta}_i$$

结点力向量 $\bar{\boldsymbol{F}}_i$ 和 $\boldsymbol{F}_i$ 之间的关系为

$$\bar{\boldsymbol{F}}_i = \left[\begin{array}{cc} \boldsymbol{\lambda}_o^e & \boldsymbol{0} \\ \boldsymbol{0} & \boldsymbol{\lambda}_o^e \end{array}\right]_{6 \times 6} \boldsymbol{F}_i = \boldsymbol{\lambda}_1^e \boldsymbol{F}_i$$

对单元结点位移列阵，有

$$\bar{\boldsymbol{\delta}}^e = \left\{\begin{array}{c} \bar{\boldsymbol{\delta}}_i \\ \bar{\boldsymbol{\delta}}_j \end{array}\right\} = \left[\begin{array}{cc} \boldsymbol{\lambda}_1^e & \boldsymbol{0} \\ \boldsymbol{0} & \boldsymbol{\lambda}_1^e \end{array}\right] \left\{\begin{array}{c} \boldsymbol{\delta}_i \\ \boldsymbol{\delta}_j \end{array}\right\} = \boldsymbol{\lambda}^e \boldsymbol{\delta}^e \tag{8.41}$$

其中 $\boldsymbol{\lambda}^e$ 为转换矩阵，是 12×12 的矩阵

$$\boldsymbol{\lambda}^e = \begin{bmatrix} \boldsymbol{\lambda}_o^e & 0 & 0 & 0 \\ 0 & \boldsymbol{\lambda}_o^e & 0 & 0 \\ 0 & 0 & \boldsymbol{\lambda}_o^e & 0 \\ 0 & 0 & 0 & \boldsymbol{\lambda}_o^e \end{bmatrix} \qquad (8.41a)$$

对单元结点力列阵，有

$$\overline{\boldsymbol{F}}^e = \boldsymbol{\lambda}^e \boldsymbol{F}^e \qquad (8.42)$$

据此，可以将单元方程(8.37) 或式(8.36) 改造为整体坐标系下的形式。注意到 $\boldsymbol{\lambda}_o^{\mathrm{T}} = \boldsymbol{\lambda}_o^{-1}$，则式(8.41) 改写为

$$\boldsymbol{\delta}^e = \boldsymbol{\lambda}^{e\mathrm{T}} \overline{\boldsymbol{\delta}}^e$$

把上式和式(8.42) 代入单元方程 (8.37)，得

$$\boldsymbol{\lambda}^e \boldsymbol{K}^e \boldsymbol{\lambda}^{e\mathrm{T}} \overline{\boldsymbol{\delta}}^e = \overline{\boldsymbol{F}}^e \qquad (8.43)$$

或

$$\overline{\boldsymbol{K}}^e \overline{\boldsymbol{\delta}}^e = \overline{\boldsymbol{F}}^e \qquad (8.43a)$$

其中 $\overline{\boldsymbol{K}}^e$ 为整体坐标下的单刚

$$\overline{\boldsymbol{K}}^e = \boldsymbol{\lambda}^e \boldsymbol{K}^e \boldsymbol{\lambda}^{e\mathrm{T}} \qquad (8.44)$$

在组装总刚时，叠加的是单刚子块，其子块为

$$\overline{\boldsymbol{K}}_{ij}^e = \boldsymbol{\lambda}_1^e \boldsymbol{K}_{ij}^e \boldsymbol{\lambda}_1^{e\mathrm{T}} \qquad (i,j=1,2 \ \text{或点号}) \qquad (8.45)$$

将局部坐标系下的相关量转换到总体坐标系后，不同方向的单元便可组装了。

有时候两段梁在结合点的结点位移不完全相同。如刚架中的个别铰接点。如图 8.12 中平面刚架的 4 结点，④单元与⑤单元在 4 结点位移和转角都相同，而③单元的 4 结点位移与④、⑤单元的 4 结点位移相同，③单元 4 结点的转角与④、⑤单元的 4 结点转角不同。因此当③单元并入整体前要把 4 结点的转角自由度凝聚掉。

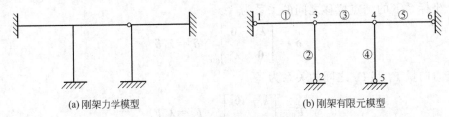

(a) 刚架力学模型   (b) 刚架有限元模型

图 8.12　刚架中个别铰接点

设集成前某单元在单元坐标系中的结点位移 $\boldsymbol{\delta}_c^e$ 是需要凝聚掉的，$\boldsymbol{\delta}_o^e$ 是其余的单元结点位移。把单元结点位移列阵重新写为

$$\boldsymbol{\delta}^e = \left\{ \begin{matrix} \boldsymbol{\delta}_o^e \\ \boldsymbol{\delta}_c^e \end{matrix} \right\} \qquad (8.46)$$

根据这个次序，调整单元方程次序，为

$$\begin{bmatrix} \boldsymbol{K}_o^e & \boldsymbol{K}_{oc}^e \\ \boldsymbol{K}_{co}^e & \boldsymbol{K}_c^e \end{bmatrix} \begin{Bmatrix} \boldsymbol{\delta}_o^e \\ \boldsymbol{\delta}_c^e \end{Bmatrix} = \begin{Bmatrix} \boldsymbol{F}_o^e \\ \boldsymbol{F}_c^e \end{Bmatrix} \qquad (8.47)$$

为书写简单以下省略上标 e。由式(8.47) 的第二组方程有

$$\boldsymbol{\delta}_c = \boldsymbol{K}_c^{-1}(\boldsymbol{F}_c - \boldsymbol{K}_{co}\boldsymbol{\delta}_o) \qquad (8.48)$$

把式(8.48) 代入式(8.47) 的第一组方程，得

$$(\boldsymbol{K}_o - \boldsymbol{K}_{oc}\boldsymbol{K}_c^{-1}\boldsymbol{K}_{co})\boldsymbol{\delta}_o = \boldsymbol{F}_o - \boldsymbol{K}_{oc}\boldsymbol{K}_c^{-1}\boldsymbol{F}_c \qquad (8.49)$$

简记为

$$\boldsymbol{K}^* \boldsymbol{\delta}_o^e = \boldsymbol{F}_o^* \qquad (8.50)$$

当该单元按结点位移的次序并入整体时，用的就是式(8.50)，而不是原有的单元方程。而这个单元被凝聚掉的位移大小则由式(8.48) 确定。

具体来讨论图 8.12 的③单元，若采用前述两结点平面刚架单元，需要凝聚掉的恰是第 6 个自由度。

$$\delta_c^{③} = \theta_4$$

剩下的结点位移为

$$\boldsymbol{\delta}_o^{③} = [u_3 \quad v_3 \quad \theta_3 \quad u_4 \quad v_4]^{\mathrm{T}}$$

参照方程(8.27)、方程(8.47)，有

$$\boldsymbol{K}_{co} = \boldsymbol{K}_{oc}^{\mathrm{T}} = \begin{bmatrix} 0 & \dfrac{6EI}{l^2} & \dfrac{2EI}{l} & 0 & -\dfrac{6EI}{l^2} \end{bmatrix}$$

$$\boldsymbol{K}_c = \frac{4EI}{l}$$

$$\boldsymbol{K}_{oc}\boldsymbol{K}_c^{-1}\boldsymbol{K}_{co} = \begin{bmatrix} 0 \\ \dfrac{6EI}{l^2} \\ \dfrac{2EI}{l} \\ 0 \\ -\dfrac{6EI}{l^2} \end{bmatrix} \frac{l}{4EI} \begin{bmatrix} 0 & \dfrac{6EI}{l^2} & \dfrac{2EI}{l} & 0 & -\dfrac{6EI}{l^2} \end{bmatrix}$$

$$= \begin{bmatrix} 0 & 0 & 0 & 0 & 0 \\ 0 & \dfrac{9EI}{l^3} & \dfrac{3EI}{l^2} & 0 & -\dfrac{9EI}{l^3} \\ 0 & \dfrac{3EI}{l^2} & \dfrac{EI}{l} & 0 & -\dfrac{3EI}{l^2} \\ 0 & 0 & 0 & 0 & 0 \\ 0 & -\dfrac{9EI}{l^3} & -\dfrac{3EI}{l^2} & 0 & \dfrac{9EI}{l^3} \end{bmatrix}$$

代入式(8.49) 得

$$
\boldsymbol{K}^{③*} = \begin{bmatrix}
\dfrac{EA}{l} & 0 & 0 & -\dfrac{EA}{l} & 0 \\[2mm]
0 & \dfrac{3EI}{l^3} & \dfrac{3EI}{l^2} & 0 & -\dfrac{3EI}{l^3} \\[2mm]
0 & \dfrac{3EI}{l^2} & \dfrac{3EI}{l} & 0 & -\dfrac{3EI}{l^2} \\[2mm]
-\dfrac{EA}{l} & 0 & 0 & \dfrac{EA}{l} & 0 \\[2mm]
0 & -\dfrac{3EI}{l^3} & -\dfrac{3EI}{l^2} & 0 & \dfrac{3EI}{l^3}
\end{bmatrix}
\tag{8.51}
$$

或扩充为

$$
\boldsymbol{K}^{③*} = \begin{bmatrix}
\dfrac{EA}{l} & 0 & 0 & -\dfrac{EA}{l} & 0 & 0 \\[2mm]
0 & \dfrac{3EI}{l^3} & \dfrac{3EI}{l^2} & 0 & -\dfrac{3EI}{l^3} & 0 \\[2mm]
0 & \dfrac{3EI}{l^2} & \dfrac{3EI}{l} & 0 & -\dfrac{3EI}{l^2} & 0 \\[2mm]
-\dfrac{EA}{l} & 0 & 0 & \dfrac{EA}{l} & 0 & 0 \\[2mm]
0 & -\dfrac{3EI}{l^3} & -\dfrac{3EI}{l^2} & 0 & \dfrac{3EI}{l^3} & 0 \\[2mm]
0 & 0 & 0 & 0 & 0 & 0
\end{bmatrix}
$$

如式(8.49)与式(8.50)所写，单元结点载荷也要做相应修改。

8.6 考虑剪切效应的梁单元

前面考虑的梁模型通常称为欧拉-伯努利梁。其假设是梁的横截面始终垂至于梁的轴线所在的中性层，因此轴线转角等于横截面转角，然而当梁横截面上作用有横向力时，截面上必有切应力和切应变，这一假设显然需要修正。下面考虑切应力对梁变形的影响。

取长为 $\mathrm{d}x$ 的微段梁，在切应力作用下的变形如图 8.13 所示。由于切应力在中性层处最大，切应变 γ 也在中性层处最大，到截面距中性层最远的两端处 $\gamma=0$。原本为平面的横截面变成了曲面。考虑到这里只想对原有的假设做小的修改，因此仍然假设变形后横截面是平面。仍用 θ 表示横截面转角，如图 8.14 所示，则切应变

$$
\bar{\gamma} = \frac{\mathrm{d}w}{\mathrm{d}x} - \theta
\tag{8.52}
$$

这里定义的切应变在整个截面是一个值，这显然与真实的切应变分布情况不符，因此又可称其为名义切应变或平均切应变。平均切应力为

$$\bar{\tau} = \frac{F_s}{A} \tag{8.53}$$

式中 F_s——横截面上的剪力。

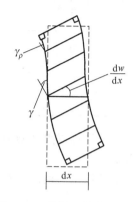

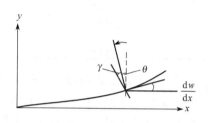

图 8.13 微梁段的剪切变形 　　　　图 8.14 轴线转角、截面转角与平均切应变

考虑平均切应变，有

$$\bar{\tau} = \frac{G\bar{\gamma}}{k} \tag{8.54}$$

式中 k 是一个修正因子，或叫形式剪切因数。引入 k 可以使以 $\bar{\gamma}$ 表示的剪切应变能等于真实切应变的应变能。

由于考虑了剪切效应，在总势能表达式(8.5)中需增加剪切应变能

$$\iint\limits_{l\,A} \frac{1}{2} \frac{G\bar{\gamma}}{k} \bar{\gamma} \mathrm{d}A \mathrm{d}x = \frac{1}{2} \int_l GA \frac{\bar{\gamma}^2}{k} \mathrm{d}x \tag{8.55}$$

例如对于矩形截面，真实切应力、切应变为

$$\tau = \frac{3F_s}{2A}\left(1 - 4\frac{z^2}{h^2}\right)$$

$$\gamma = \frac{3F_s}{2AG}\left(1 - 4\frac{z^2}{h^2}\right)$$

式(8.55)左端的单位长度剪切应变能为

$$\int_A \frac{1}{2}\tau\gamma\mathrm{d}y\mathrm{d}z = \frac{3}{5}\frac{F_s^2}{AG} \tag{A}$$

而式(8.55)右端的单位长度剪切应变能为

$$\frac{1}{2}GA\frac{\bar{\gamma}^2}{k} = \frac{1}{2}k\frac{F_s^2}{AG} \tag{B}$$

对比 （A）（B）得出对于矩形截面 $k = \dfrac{6}{5}$。表 8.2 为三种不同截面的形式剪切因数 k

表 8.2　形式剪切因数

截 面 形 状	形式剪切因数 k
矩形	$\dfrac{6}{5}$
圆形	$\dfrac{10}{9}$
薄圆管	2

采用以上假设的梁理论通常被称为铁木辛柯梁理论。用该理论可以更精确地计算出受横力弯曲梁的挠度。对于某些夹层梁或动力学问题有时会很重要。

在有限元中引入剪切影响的方法有两个。第一种方法是承袭铁木辛柯的思路将挠度表示为弯曲挠度与剪切挠度之和

$$w = w_b + w_s \tag{8.56}$$

其中 $\dfrac{\mathrm{d}w_b}{\mathrm{d}x} = \theta$，因此由式（8.52）有

$$\bar{\gamma} = \frac{\mathrm{d}w_s}{\mathrm{d}x} \tag{8.57}$$

剪切应变能为

$$\frac{1}{2} \int_l \frac{GA}{k} \left(\frac{\mathrm{d}w_s}{\mathrm{d}x} \right)^2 \mathrm{d}x$$

相应于式（8.5），总势能为

$$\prod = \int_0^l \frac{1}{2} EI \left(\frac{\mathrm{d}^2 w_b}{\mathrm{d}x^2} \right)^2 \mathrm{d}x + \int_0^l \frac{1}{2} \frac{GA}{k} \left(\frac{\mathrm{d}w_s}{\mathrm{d}x} \right)^2 \mathrm{d}x - \int_0^l qw \, \mathrm{d}x - \sum_j F_{zj} w_j - \sum_i M_{zi} \left(\frac{\mathrm{d}w_b}{\mathrm{d}x} \right)_i \tag{8.58}$$

令单元结点位移为

$$\boldsymbol{\delta}_b^e = \begin{Bmatrix} w_{b1} \\ \theta_1 \\ w_{b2} \\ \theta_2 \end{Bmatrix} \qquad \boldsymbol{\delta}_s^e = \begin{Bmatrix} w_{s1} \\ w_{s2} \end{Bmatrix} \tag{8.59}$$

单元内位移场

$$\left. \begin{aligned} w_b &= N_1 w_{b1} + N_2 \theta_1 + N_3 w_{b2} + N_4 \theta_2 = \boldsymbol{N}_b^e \boldsymbol{\delta}_b^e \\ w_s &= N_5 w_{s1} + N_6 w_{s2} = \boldsymbol{N}_s^e \boldsymbol{\delta}_s^e \end{aligned} \right\} \tag{8.60}$$

形函数 N_1、N_2、N_3 及 N_4 同式（8.17），N_5 和 N_6 分别为

$$N_5 = 1 - \xi \qquad N_6 = \xi \tag{8.61}$$

将式(8.60)代入式(8.58)，由 $\dfrac{\partial \Pi}{\partial \boldsymbol{\delta}_b^e}=0$ 及 $\dfrac{\partial \Pi}{\partial \boldsymbol{\delta}_s^e}=0$，可得如下方程

$$\boldsymbol{K}_b^e \boldsymbol{\delta}_b^e = \boldsymbol{F}_b^e \qquad \boldsymbol{K}_s^e \boldsymbol{\delta}_s^e = \boldsymbol{F}_s^e \tag{8.62}$$

其中第一式与前一节中不含剪切因素的有限元方程是一样的。而后一式中

$$\boldsymbol{K}_s^e = \frac{GA}{kl}\begin{bmatrix} 1 & -1 \\ -1 & 1 \end{bmatrix} \tag{8.63}$$

$$\boldsymbol{F}_s^e = \int_0^1 \boldsymbol{N}_s^{e\mathrm{T}} q l \, \mathrm{d}\xi + \sum_j \boldsymbol{N}_s^{e\mathrm{T}}(\boldsymbol{\xi}_j)\boldsymbol{F}_{jz} \tag{8.63a}$$

每个结点有 3 个位移参数 w_{bi}、w_{si}、θ_i，可以通过单元内部将其合并为两个位移参数。横截面上的剪力为

$$F_s = \frac{AG}{k}\bar{\gamma} = \frac{AG}{k}\frac{\mathrm{d}w_s}{\mathrm{d}x} = \frac{GA}{kl}(w_{s2}-w_{s1}) \tag{8.64}$$

弯矩为

$$M = \int_A z\sigma_x \, \mathrm{d}A = EI\frac{\mathrm{d}^2 w_b}{\mathrm{d}x^2}$$

$$= \frac{EI}{l^2}\big[(6-12\xi)(w_{b2}-w_{b1}) + l(6\boldsymbol{\xi}-4)\theta_1 + l(6\boldsymbol{\xi}-2)\theta_2\big] \tag{8.65}$$

式中 I 为 I_y。利用

$$F_s = -\frac{\mathrm{d}M}{\mathrm{d}x} = \frac{6EI}{l^3}\big[2(w_{b2}-w_{b1}) - l(\theta_1+\theta_2)\big] \tag{8.66}$$

结点 2 的挠度减去结点 1 的挠度得

$$w_2 - w_1 = w_{b2} - w_{b1} + w_{s2} - w_{s1} \tag{8.66a}$$

仍采用上节的单元结点位移符号

$$\boldsymbol{\delta}^e = \begin{bmatrix} w_1 & \theta_1 & w_2 & \theta_2 \end{bmatrix}^{\mathrm{T}} \tag{8.67}$$

引入参数

$$b = \frac{12EIk}{GAl^2} \tag{8.68}$$

联立式(8.64)、式(8.66)、式(8.66a)及式(8.67)，可解出

$$\left\{\begin{matrix} w_{b2}-w_{b1} \\ w_{s2}-w_{s1} \end{matrix}\right\} = \begin{bmatrix} \dfrac{1}{1+b}\left(-1 & \dfrac{lb}{2} & 1 & \dfrac{lb}{2}\right) \\ \dfrac{b}{1+b}\left(-1 & -\dfrac{l}{2} & 1 & \dfrac{l}{2}\right) \end{bmatrix}\boldsymbol{\delta}^e \tag{8.69}$$

将式(8.69)代入式(8.62)和式(8.63)，将 6 个方程简化为 4 个方程，并按 $\boldsymbol{\delta}^e$ 的次序排列。得单元方程

$$\boldsymbol{K}^e \boldsymbol{\delta}^e = \boldsymbol{F}^e \tag{8.70}$$

其中

$$\boldsymbol{K}^e = \frac{EI}{(1+b)l^3}\begin{bmatrix} 12 & 6l & -12 & 6l \\ 6l & (4+b)l^2 & -6l & (2-b)l^2 \\ -12 & -6l & 12 & -6l \\ 6l & (2-b)l^2 & -6l & (4+b)l^2 \end{bmatrix} \tag{8.71}$$

$$\boldsymbol{F}^e = \int_0^1 \overline{\boldsymbol{N}}^{\mathrm{T}} ql\,\mathrm{d}\xi + \sum_j \overline{\boldsymbol{N}}^{\mathrm{T}}(\xi_j) F_{zj} + \sum_i \frac{\mathrm{d}\boldsymbol{N}_b^{e\mathrm{T}}(\xi_i)}{\mathrm{d}\xi}\frac{M_{yi}}{l} \tag{8.72}$$

$$\overline{\boldsymbol{N}} = \left[\ \frac{1}{2}(N_1+N_5)\quad N_2 \quad \frac{1}{2}(N_3+N_6) \quad N_4\ \right] \tag{8.73}$$

式(8.72)中若集中力只作用于结点处，后两项会简单些。由式(8.71)可见，由于考虑了剪切，出现了参数 b，而 b 使刚度减小从而位移增加。例如对矩形截面的梁 $b=\dfrac{6Eh^2}{5Gl^2}$，当 h 相对 l 小得较多时，剪切的影响可以忽略。

考虑剪切效应的梁单元的第二种方法是将梁的挠度与截面转角视为彼此独立的函数在单元内各自独立，令

$$w = \sum_{i=1}^n N_i w_i \qquad \theta = \sum_{i=1}^n N_i \theta_i \tag{8.74}$$

单元间的连续由挠度 w 连续及截面转角 θ 的连续体现，不需要挠度的导函数连续。相应于式(8.5)及式(8.58)的势能为

$$\prod = \int_0^l \frac{1}{2}EI\left(\frac{\mathrm{d}\theta}{\mathrm{d}x}\right)^2\mathrm{d}x + \int_0^l \frac{1}{2}\frac{GA}{k}\left(\frac{\mathrm{d}w}{\mathrm{d}x}-\theta\right)^2\mathrm{d}x - \int_0^l qw\,\mathrm{d}x - \sum_j F_{zj}w_j - \sum_i M_{yi}\theta_i \tag{8.75}$$

关于这种方法的单元有许多的讨论。它有些好处，理论上便于向空间板、壳推广。它也带来了计算上的一些问题，同时人们为解决问题而创造出来了一些方法，值得读者借助其它书籍做深入学习。

有趣的是虽然这两种方法都基于铁木辛柯梁的理论，人们却常常只把第二种方法的单元称为铁木辛柯梁单元。

为了便于读者做数值实验，介绍考虑剪切梁理论的解析解。

简支梁跨度为 l，(a) 受均布载荷 q_0；(b) 在梁中心截面受集中力 F，则中心截面挠度

$$\text{(a) 梁} \quad w_c = \frac{5q_0 l^4}{384EI} + \frac{1}{6}\frac{kq_0 l^2}{GA} \tag{8.76}$$

$$\text{(b) 梁} \quad w_c = \frac{Fl^3}{48EI} + \frac{kFl}{4GA} \tag{8.77}$$

式中的第二项就是由于剪切影响而增加的挠度。

8.7 板壳单元的力学模型

板壳结构由于其优良的性质而在工程结构中得到广泛的应用，板壳结构的计算工作受到多方重视。用有限元法分析板壳结构现在常常是首选的方法。本书将利用这一节对板壳单元的力学模型及主要特征作基础性的介绍。

板和壳共同的几何特征是厚度远小于长和宽，它们存在中面，如图8.15所示。中面为平面的称为板；中面为曲面的称为壳。

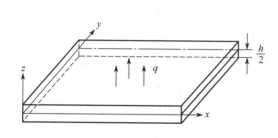

图8.15 薄板及其坐标

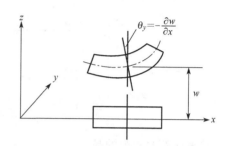

图8.16 法线转角和挠度

由于有共同的特征，板和壳受力变形后有类似的"几何假设"。由于中面为曲面的壳的数学描述比较复杂，壳的理论比较"数学化"，对初学者来说壳的数学理论较为艰深而繁复。有限元法出现后这一现象有了改观，因为人们可以只研究一个单元，回避了许多数学上的困难。

梁的理论中由于作了变形的平面假设使梁简化为一维弹性曲线的挠度问题。板理论中则通过变形的法线假设从而把一个三维问题简化为二维弹性曲面的挠度问题。下面介绍弹性薄板理论的基本公式。

（1）克希霍夫假设

关于薄板（壳）的克希霍夫假设为

ⅰ. 中面法线在薄板变形后长度不变、保持直线且垂直于变形后的中面，如图8.16所示。这一假设被称为直线法假设。

ⅱ. 纵向层面间无挤压，即忽略 σ_z。

由于法线不伸缩，有 $\varepsilon_z = \dfrac{\partial w}{\partial z} = 0$，对坐标 z 积分可知挠度 w 仅是坐标 x,y 的函数，即

$$w = w(x,y) \tag{8.78}$$

（2）几何关系

由于法线垂直于中面，则绕 y 轴与 z 轴的转角分别为

$$\left.\begin{aligned} \theta_y &= -\frac{\partial w}{\partial x} \\ \theta_x &= \frac{\partial w}{\partial y} \end{aligned}\right\} \tag{8.79}$$

中面上一点 (x,y) 的位移矢量为 $\begin{bmatrix} u_0(x,y) & v_0(x,y) & w(x,y) \end{bmatrix}^{\mathrm{T}}$。在过该点的中面法线上各点位移

$$\begin{Bmatrix} u \\ v \\ w \end{Bmatrix} = \begin{Bmatrix} u_0 + z\theta_y \\ v_0 - z\theta_x \\ w \end{Bmatrix} = \begin{Bmatrix} u_0 - z\dfrac{\partial w}{\partial x} \\ u_0 - z\dfrac{\partial w}{\partial y} \\ w \end{Bmatrix} \tag{8.80}$$

应变分量中 $\gamma_{zx} = \gamma_{zy} = 0$，$\varepsilon_z = 0$，其余三个分量为

$$\boldsymbol{\varepsilon} = \begin{Bmatrix} \varepsilon_x \\ \varepsilon_y \\ \gamma_{xy} \end{Bmatrix} = \begin{Bmatrix} \dfrac{\partial u_0}{\partial x} - z\dfrac{\partial^2 w}{\partial x^2} \\ \dfrac{\partial v_0}{\partial y} - z\dfrac{\partial^2 w}{\partial y^2} \\ \dfrac{\partial u_0}{\partial y} + \dfrac{\partial v_0}{\partial x} - 2z\dfrac{\partial^2 w}{\partial x \partial y} \end{Bmatrix} = \begin{Bmatrix} \varepsilon_{x0} \\ \varepsilon_{y0} \\ \gamma_{xy0} \end{Bmatrix} + z\begin{Bmatrix} -\dfrac{\partial^2 w}{\partial x^2} \\ -\dfrac{\partial^2 w}{\partial y^2} \\ -2\dfrac{\partial^2 w}{\partial x \partial y} \end{Bmatrix} = \boldsymbol{\varepsilon}_0 + z\boldsymbol{\chi} \tag{8.81}$$

其中反映平面弯曲程度的是

$$\boldsymbol{\chi} = \begin{Bmatrix} -\dfrac{\partial^2 w}{\partial x^2} \\ -\dfrac{\partial^2 w}{\partial y^2} \\ -2\dfrac{\partial^2 w}{\partial x \partial y} \end{Bmatrix} \tag{8.81a}$$

由于是平面的小变形，称 $\boldsymbol{\chi}$ 为曲率。沿法线均匀的应变是

$$\boldsymbol{\varepsilon}_0 = \begin{bmatrix} \dfrac{\partial}{\partial x} & 0 \\ 0 & \dfrac{\partial}{\partial y} \\ \dfrac{\partial}{\partial y} & \dfrac{\partial}{\partial x} \end{bmatrix} \begin{Bmatrix} u_0 \\ v_0 \end{Bmatrix} = \boldsymbol{\varepsilon}_0^m \tag{8.81b}$$

（3）物理关系

引入线弹性应力应变关系，并注意到假设 2，可得应力为

$$\boldsymbol{\sigma} = \begin{Bmatrix} \sigma_x \\ \sigma_y \\ \tau_{xy} \end{Bmatrix} = \frac{E}{1-\mu^2} \begin{bmatrix} 1 & \mu & 0 \\ \mu & 1 & 0 \\ 0 & 0 & \dfrac{1-\mu}{2} \end{bmatrix} \begin{Bmatrix} \varepsilon_x \\ \varepsilon_y \\ \gamma_{xy} \end{Bmatrix} = \begin{Bmatrix} \sigma_x^m \\ \sigma_y^m \\ \tau_{xy}^m \end{Bmatrix} + \begin{Bmatrix} \sigma_x^w \\ \sigma_y^w \\ \tau_{xy}^w \end{Bmatrix} = \boldsymbol{\sigma}^m + \boldsymbol{\sigma}^w = \boldsymbol{D}\boldsymbol{\varepsilon}_0^m + z\boldsymbol{D}\boldsymbol{\chi} \tag{8.82}$$

$\boldsymbol{\varepsilon}_0^m$ 与 z 无关，被称为膜应变，$\boldsymbol{\sigma}^m$ 为膜应力。$\boldsymbol{D}$ 与平面应力问题相同。

（4）薄板的内力

薄板的内力如图 8.17 所示，单位宽度的沿板厚均匀分布的应力分量构成板的膜力，定义为

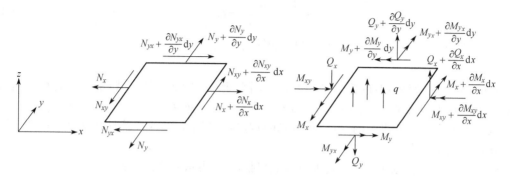

图 8.17　板微元上的内力

$$\begin{Bmatrix} N_x \\ N_y \\ N_{xy} \end{Bmatrix} = \int_{-\frac{h}{2}}^{\frac{h}{2}} \boldsymbol{\sigma} \mathrm{d}z = \begin{Bmatrix} h\sigma_x^m \\ h\sigma_y^m \\ h\tau_{xy}^m \end{Bmatrix} = h\boldsymbol{\sigma}^m \tag{8.83}$$

在截面上单位宽度的沿板厚方向线性分布的应力构成板的弯矩，定义为

$$\begin{Bmatrix} M_x \\ M_y \\ M_{xy} \end{Bmatrix} = \int_{-\frac{h}{2}}^{\frac{h}{2}} z\boldsymbol{\sigma} \mathrm{d}z = \frac{h^3}{12} \boldsymbol{D}\boldsymbol{\chi} = \frac{Eh^3}{12(1-\mu^2)} \begin{bmatrix} 1 & \mu & 0 \\ \mu & 1 & 0 \\ 0 & 0 & \dfrac{1-\mu}{2} \end{bmatrix} \begin{Bmatrix} -\dfrac{\partial^2 w}{\partial x^2} \\[2mm] -\dfrac{\partial^2 w}{\partial y^2} \\[2mm] -2\dfrac{\partial^2 w}{\partial x \partial y} \end{Bmatrix} \tag{8.84a}$$

其中 h 为板的厚度，$\dfrac{Eh^3}{12(1-\mu^2)}$ 称为板的弯曲刚度，与单位宽度矩形截面梁的弯曲刚度 $EI = \dfrac{Eh^3}{12}$ 有类似之处。式（8.84）也可简写为

$$\boldsymbol{M} = \frac{h^3}{12} \boldsymbol{D}\boldsymbol{\chi} \tag{8.84b}$$

$\boldsymbol{M}$ 的三个分量称为板的弯矩，其中 M_{xy} 或 M_{yx} 也叫转矩，其量纲是力的量纲。

（5）板的方程

借助于图 8.17 可以建立用内力表示的板的平衡方程。由 x 和 y 方向的力平衡，有

$$\left. \begin{aligned} \frac{\partial N_x}{\partial x} + \frac{\partial N_{yx}}{\partial y} = 0 \\ \frac{\partial N_{xy}}{\partial x} + \frac{\partial N_y}{\partial y} = 0 \end{aligned} \right\} \tag{8.85}$$

由板微元绕 y 轴、x 轴的力矩平衡方程与 z 向力的平衡方程，可得

$$
\left.
\begin{aligned}
\frac{\partial M_x}{\partial x} + \frac{\partial M_{yx}}{\partial y} &= Q_x \\
\frac{\partial M_{xy}}{\partial x} + \frac{\partial M_y}{\partial y} &= Q_y \\
\frac{\partial Q_x}{\partial x} + \frac{\partial Q_y}{\partial y} + q &= 0
\end{aligned}
\right\}
\tag{8.86}
$$

式(8.85)是板伸展时的膜力平衡方程，同平面应力问题一样。式(8.86)是板弯曲时的平衡方程。其中 Q_x、Q_y 表示在 x、y 面上单位长度的 z 向剪力。

从以上方程可以看出板的变形包含伸展与弯曲。其中板的伸展就是弹性力学中的平面应力问题，可以单独求解。

将式(8.84)代入式(8.86)就可以得到以挠度 w 表示的平衡方程

$$
\frac{Eh^3}{12(1-\mu^2)}\left(\frac{\partial^4 w}{\partial x^4} + 2\frac{\partial^4 w}{\partial x^2 \partial y^2} + \frac{\partial^4 w}{\partial y^4}\right) = q
\tag{8.87}
$$

式(8.87)又被称为薄板弯曲的弹性曲面方程。

(6) 板的边界条件

在按位移求解时，未知函数 $u_0(x,y),v_0(x,y),w$ 除必须在板的域内满足上述方程，还必须在板边满足边界条件。

① 位移边界条件 以图 8.15 的坐标 x 为常数的边为例，边界条件有

$$
\left.
\begin{aligned}
u_0 &= \bar{u}_0 \\
v_0 &= \bar{v}_0
\end{aligned}
\right\}
\tag{8.88a}
$$

$$
\left.
\begin{aligned}
w &= \bar{w} \\
\frac{\partial w}{\partial x} &= \left(\frac{\partial \bar{w}}{\partial x}\right)
\end{aligned}
\right\}
\tag{8.88b}
$$

式中 $\dfrac{\partial w}{\partial x}$——板中面法线绕边界的转角。

这些是强迫边界条件，在位移有限元法中必须在结点上精确满足。

② 力边界条件 仍以 x 为常数的边为例。

$$
\left.
\begin{aligned}
N_x &= \overline{N}_x \\
N_{xy} &= \overline{N}_{xy}
\end{aligned}
\right\}
\tag{8.89a}
$$

$$
\left.
\begin{aligned}
M_x &= \overline{M}_x \\
Q_x + \frac{2M_{xy}}{2y} &= \overline{V}_x
\end{aligned}
\right\}
\tag{8.89b}
$$

式(8.89b)中右端 $\overline{V}_x$ 是已知的剪力集度，左端常被称为综合剪力。

在位移有限元法中，力边界是列入载荷条件的。包含伸展的板在边界上点必须给出四个边界条件。

（7）板、壳单元的结点变量

有各种类型的板、壳单元，其单元结点数，单元可适应的形状、形函数、计算方法都有不小的差别，但在位移法中板的结点变量是一样的。

板单元的坐标系如图 8.15，中面为 x、y 面，此时板单元的结点位移为

$$\boldsymbol{\delta}_i = (u_i \quad v_i \quad w_i \quad \theta_{xi} \quad \theta_{yi})^{\mathrm{T}} \tag{8.90}$$

式中　θ_{xi}，θ_{yi}——法线绕 x 轴、y 轴的转角。

结点力为

$$\boldsymbol{F}_i = (F_{xi} \quad F_{yi} \quad F_{zi} \quad M_{xi} \quad M_{yi})^{\mathrm{T}} \tag{8.91}$$

式中　M_{xi}，M_{yi}——外力（或等效外力）力偶矩矢量在 x、y 轴的投影。

曲面的壳可以用小块的平面板单元连成"折面壳"来逼近。这时板在空间会有不同方向，相当于图 8.15 中的坐标系变成了单元坐标系，单元坐标系与整体坐标系的关系仍可写作式(8.38)。只要知道板中面上约定的三个点的整体坐标，坐标系旋转矩阵 $\boldsymbol{\lambda}_0^e$ 中的 9 个元素都可以算出来。小转角矢量、力偶矩矢量在三个轴上的投影都会出现，结点位移与结点力的分量各有 6 个，分别为

$$\boldsymbol{\delta}_i = (u_i \quad v_i \quad w_i \quad \theta_{xi} \quad \theta_{yi} \quad \theta_{zi})^{\mathrm{T}} \tag{8.92}$$

结点力

$$\boldsymbol{F}_i = (M_{xi} \quad F_{yi} \quad F_{zi} \quad M_{xi} \quad M_{yi} \quad M_{zi})^{\mathrm{T}} \tag{8.93}$$

（8）壳元与板元的共同点

由于壳与板的变形假设是基本相同的，因此应力沿厚度的分布规律是相同的；描述内力的量和边界条件也是相同的；壳元与板元在空间的结点位移向量（8.92）、结点力向量（8.93）在形式上是相同的。

壳元的变化更多些，例如有的壳元内可以有厚度变化，有的壳元可以和体单元直接过渡等。

对于初学者重视数值实验是应该提倡的。在进行工程项目之前先找到一些经典问题的解析解，例如圆平板弯曲的薄板弹性力学解、仅受内压的柱壳的解、柱壳一端受力的壳体理论解等。采用板元、壳元、体元分别计算，通过实验会对程序提供的单元及计算精度有个基本了解，会避免在工程问题中出错，实际上节约了时间。

选择单元类型要合理，最好遵从逐步细化的原则。例如一个换热器，虽说理论上说可以全都采用体单元，只要单元够小就能得到足够精度的解，但逐步细化是个更好更实际的技术路线。初次计算时，在一切能用梁元（如管元）就用梁元，能用（板）壳元就不用体元，分析结果基本合理之后再细分，继续更精细的计算。

从弹性力学角度看，板壳的力边界是一种"圣维南"边界，计算所得的应力在这附近精度比较低，如果恰恰对这些地方应力感兴趣，是不能使用壳元的。又比如，在两壳的中面不能光滑过渡（如垂直）的接缝处，最大应力用体元计算与用壳元计算有可能会有较大差别。这时可以取一部分用体元做细化的计算效果更好。

8.8　四结点矩形弯曲薄板单元

在薄板单元中，矩形单元是比较简单的一种。由前节分析可知，板的变形包含伸展与弯曲，在小变形之下，伸展是个独立的平面应力问题，弯曲与伸展可以分离，可以叠加。为叙述简单计，下面讨论仅考虑弯曲的四结点矩形薄板单元，如图 8.18 所示。

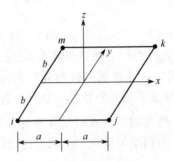

图 8.18　四结点矩形薄板单元

8.8.1　位移函数

图 8.18 中的矩形板单元长为 $2a$，宽为 $2b$。当仅考虑板的弯曲时，板的结点位移为

$$\boldsymbol{\delta}_i = (w_i \quad \theta_{xi} \quad \theta_{yi})^{\mathrm{T}} \tag{8.94}$$

结点力为

$$\boldsymbol{F}_i = (F_{zi} \quad M_{xi} \quad M_{yi})^{\mathrm{T}} \tag{8.95}$$

结点位移列阵为

$$\boldsymbol{\delta}^e = \begin{Bmatrix} \boldsymbol{\delta}_i \\ \boldsymbol{\delta}_j \\ \boldsymbol{\delta}_k \\ \boldsymbol{\delta}_m \end{Bmatrix} \tag{8.96}$$

该四结点矩形薄板单元共有 12 个自由度，构造的位移函数 w 的表达式里必须包含 12 个待定系数，选取的位移函数如下

$$w = \alpha_1 + \alpha_2 x + \alpha_3 y + \alpha_4 x^2 + \alpha_5 xy + \alpha_6 y^2 + \alpha_7 x^3 + \alpha_8 x^2 y + \alpha_9 xy^2 + \alpha_{10} y^3 + \alpha_{11} x^3 y + \alpha_{12} xy^3 \tag{8.97a}$$

绕 x 轴、y 轴的转角分别为 $\theta_x = \dfrac{\partial w}{\partial y}$，$\theta_y = -\dfrac{\partial w}{\partial x}$，由式（8.97a）可得

$$\theta_x = \frac{\partial w}{\partial y} = \alpha_3 + \alpha_5 x + 2\alpha_6 y + \alpha_8 x^2 + 2\alpha_9 xy + 3\alpha_{10} y^2 + \alpha_{11} x^3 + 3\alpha_{12} xy^2 \tag{8.97b}$$

$$\theta_y = -\frac{\partial w}{\partial x} = -(\alpha_2 + 2\alpha_4 x + \alpha_5 y + 3\alpha_7 x^2 + 2\alpha_8 xy + \alpha_9 y^2 + 3\alpha_{11} x^2 y + \alpha_{12} y^3) \tag{8.97c}$$

将各结点的坐标代入式(8.97a)~式(8.97c)，得 12 个方程，联立求解，可得 12 个待定常数 $\alpha_1 \sim \alpha_{12}$，再代入式(8.97a)，整理得

$$w = (\boldsymbol{N}_i^e \quad \boldsymbol{N}_j^e \quad \boldsymbol{N}_k^e \quad \boldsymbol{N}_m^e)\boldsymbol{\delta}^e = \boldsymbol{N}^e \boldsymbol{\delta}^e \tag{8.98}$$

其中 $\boldsymbol{N}^e$ 为形函数矩阵，其子块 $\boldsymbol{N}_i^e$ 为

$$\boldsymbol{N}_i^e = (N_i \quad N_{xi} \quad N_{yi}) \quad (i = i, j, k, m)$$

式中 N_i，N_{xi}，N_{yi} 为形函数，都是坐标 x, y 的四次多项式，有

$$N_i = \frac{1}{16}\xi_1\eta_1(\xi_1\eta_1 - \xi_2\eta_2 + 2\xi_1\xi_2 + 2\eta_1\eta_2), N_{xi} = \frac{1}{16}\xi_1\eta_1(2b\eta_1\eta_2), \quad N_{yi} = \frac{1}{16}\xi_1\eta_1(-2a\xi_1\xi_2)$$

$$N_j = \frac{1}{16}\xi_2\eta_1(\xi_2\eta_1 - \xi_1\eta_2 + 2\xi_1\xi_2 + 2\eta_1\eta_2), N_{xj} = \frac{1}{16}\xi_2\eta_1(2b\eta_1\eta_2), \quad N_{yj} = \frac{1}{16}\xi_2\eta_1(2a\xi_1\xi_2)$$

$$N_k = \frac{1}{16}\xi_2\eta_2(\xi_2\eta_2 - \xi_1\eta_1 + 2\xi_1\xi_2 + 2\eta_1\eta_2), N_{xk} = \frac{1}{16}\xi_2\eta_2(-2b\eta_1\eta_2), N_{yk} = \frac{1}{16}\xi_2\eta_2(2a\xi_1\xi_2)$$

$$N_m = \frac{1}{16}\xi_1\eta_2(\xi_1\eta_2 - \xi_2\eta_1 + 2\xi_1\xi_2 + 2\eta_1\eta_2), N_{xm} = \frac{1}{16}\xi_1\eta_2(-2b\eta_1\eta_2), N_{ym} = \frac{1}{16}\xi_1\eta_2(-2a\xi_1\xi_2)$$

其中 $\xi_1 = 1 - \dfrac{x}{a}$，$\xi_2 = 1 + \dfrac{x}{a}$，$\eta_1 = 1 - \dfrac{y}{b}$，$\eta_2 = 1 + \dfrac{y}{b}$。

通过分析相邻单元之间位移的连续性，可知四结点矩形薄板单元是部分协调的，当单元逐步细分时，计算结果可收敛于精确解。

8.8.2 单元刚度矩阵

把式(8.98)代入式(8.81)，可得仅考虑弯曲下四结点矩形薄板单元的应变为

$$\boldsymbol{\varepsilon}^e = \boldsymbol{B}^e \boldsymbol{\delta}^e = (\boldsymbol{B}_i^e \quad \boldsymbol{B}_j^e \quad \boldsymbol{B}_k^e \quad \boldsymbol{B}_m^e)\boldsymbol{\delta}^e \tag{8.99}$$

其中 $\boldsymbol{B}^e$ 为应变转换矩阵，是 3×12 的矩阵，子块 $\boldsymbol{B}_i^e$ 为 3×3 的矩阵

$$\boldsymbol{B}_i^e = -z \begin{bmatrix} \dfrac{\partial^2 N_i}{\partial x^2} & \dfrac{\partial^2 N_{xi}}{\partial x^2} & \dfrac{\partial^2 N_{yi}}{\partial x^2} \\[2mm] \dfrac{\partial^2 N_i}{\partial y^2} & \dfrac{\partial^2 N_{xi}}{\partial y^2} & \dfrac{\partial^2 N_{yi}}{\partial y^2} \\[2mm] 2\dfrac{\partial^2 N_i}{\partial x \partial y} & 2\dfrac{\partial^2 N_{xi}}{\partial x \partial y} & 2\dfrac{\partial^2 N_{yi}}{\partial x \partial y} \end{bmatrix} \quad (i = i, j, k, m)$$

求得应变矩阵 $\boldsymbol{B}^e$ 后，代入计算单元刚度矩阵 $\boldsymbol{K}^e$ 的一般公式

$$\boldsymbol{K}^e = \int_{V_e} \boldsymbol{B}^{e\mathrm{T}} \boldsymbol{D} \boldsymbol{B}^e \, \mathrm{d}V \tag{8.100}$$

由上式即可求得四结点矩形薄板单元的单元刚度矩阵 $\boldsymbol{K}^e$，具体的显式在此不给出。此

外，单元结点等效载荷的求法以及单刚组装成总刚的方法同平面问题是类似的。

把四结点矩形平面应力单元和该节讨论的四结点矩形弯曲薄板单元结合起来，可构造同时考虑中面的伸展和板弯曲的四结点矩形板单元，进而分析壳体问题。

本 章 小 结

对杆变形作的平面假设是杆的力学模型基础，由此推出应变、应力在杆中的分布规律，进一步得出结点力与结点位移的简单关系。平面假设的条件并不总是能得到满足。当非圆截面受扭转时会发生翘曲，但只要这种翘曲不严重就可以采用自由扭转的模型。当梁发生横力弯曲时，事实上平面假设也不能严格保证，处理的方法有两个：一是忽略影响；二是适当考虑剪力的影响作一些修正。在使用有限元技术时首先要考虑力学模型是否适当，应逐步学会预见到模型与真实问题的差别。

本章介绍的两结点杆（梁）单元是最简单的杆（梁）单元。梁单元间位移的连续包含挠度连续与截面转角连续，式(8.17)的形函数可以保证这一点，在板壳单元中需要考虑同样的问题。

在杆单元的组装过程中要解决两个问题：一是结点变量的组合、扩充；二是将单元方程实现由单元坐标系向整体坐标系的转化。

薄板、壳的变形假设是直法线假设，由此将三维固体简化成二维板、壳结构。本章仅给出了一个最简单的板单元——四结点矩形板单元的分析例子。

习 题

8.1 在平面刚架中，梁单元的两个结点的整体坐标是 $(\bar{x}_i, \bar{y}_i)$，$(\bar{x}_j, \bar{y}_j)$，试写出 $\boldsymbol{\lambda}_0$ 的计算式。

8.2 如果杆系全是由铰链连接，彼此在结点处不传递力矩，这样的杆系结构称为桁架。试写出平面桁架从单刚到总体有限元方程的推导全过程。

8.3 图8.19所示平面桁架，每根杆的 E、截面面积 A 均相同，求施力点位移。

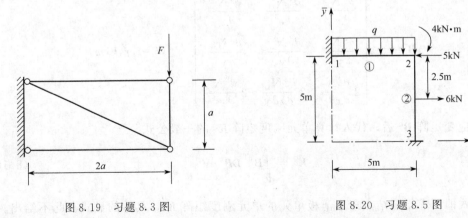

图 8.19 习题 8.3 图   图 8.20 习题 8.5 图

8.4 编写平面桁架有限元程序。

8.5 图 8.20 所示平面刚架共分为两个单元，设抗拉刚度均为 EA，抗弯刚度均为 EI，$q=400\text{N/m}$。求：①试写出各单元的等效载荷列阵与结构的整体载荷列阵；②写出总刚；③利用位移约束修改总刚矩阵，形成最终有限元方程，并求出结点位移。

8.6 矩形截面梁，两端约束分别为图 8.21 所示 4 种情况：(a) 两端只限制铅直位移，即两端水平可移动简支；(b) 两端为固定铰链；(c) 一端为固定端，一端限制铅直位移和转角，称为夹支；(d) 两端均为固定端，即约束全部位移与转角，称为固支。试分析在不同外力下的不同之处。

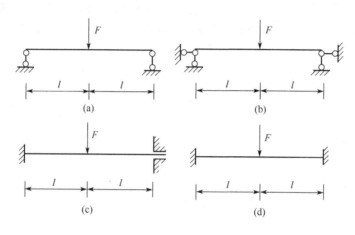

图 8.21 习题 8.6 图

8.7 如图 8.22 所示一燃烧炉内有工字梁焊成的十字钢梁放在支承钢圈之上，工字钢为 22A 号，$I=34\times10^{-6}\text{m}^4$，$E=2.1\times10^5\text{MPa}$，设工字钢受向下的均布载荷作用，$q=1000\text{N/m}$，$r=3\text{m}$，钢圈设为不变形，试用有限元法求中心点挠度与梁的最大弯矩。

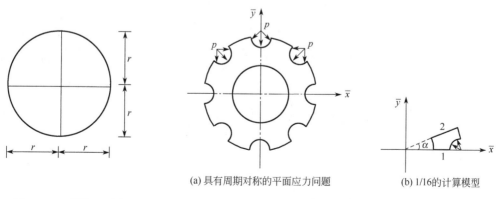

(a) 具有周期对称的平面应力问题　(b) 1/16 的计算模型

图 8.22 习题 8.7 图　　　　　　图 8.23 习题 8.8 图

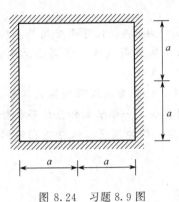

图 8.24　习题 8.9 图

8.8　在弹性力学平面问题的位移约束中有时会发生斜位移约束，如以下的例子。图 8.23 所示平面应力问题，由对称性可取 1/16 为计算模型，$\alpha=\dfrac{\pi}{8}$。其中 1 与 2 为对称边界，1 边界的对称条件是 $\bar{v}_1=0$，$F_x=0$，而在 2 面上的两个边界条件是：垂直于 2 面的位移为零；沿 2 面切向的内力为零。试利用本章的坐标旋转方法将 2 面上的对称条件引入有限元方程。

8.9　薄板如图 8.24 所示，边长 $2a$，杨氏模量 E，泊松比 μ，板厚 h，四周边夹支，中心受集中力 F，试求中心点挠度与弯矩。

9 ANSYS 程序简介及基本使用方法

本章简要介绍国际上流行的有限元分析软件 ANSYS（9.0 版本）。通过本章的学习，可以对 ANSYS 有初步的了解和进行简单的操作。因此，本章的写法更接近 ANSYS 的操作手册。当然，熟练掌握 ANSYS 软件需要进一步的学习并参考更详细的教科书或软件操作指南。另外，关于 ANSYS 的版本在不断更新，不断增加新的功能或算法，本章只是基础的入门介绍。

9.1　简介

ANSYS 是 Analysis System 的缩写，是一种广泛性的商业套装工程分析软件。ANSYS 公司自 1970 年成立，创始人是 John Swanson 博士，总部位于美国宾夕法尼亚的匹兹堡。该软件已从 1971 年的 2.0 版本发展至现在的 10.0 版本，有 30 多年的历史，已经非常成熟，是目前世界上公认的较好的有限元分析软件之一。ANSYS 软件是第一个通过 ISO 9001 质量认证的大型分析设计类软件，是美国机械工程师协会（ASME）、美国核安全局（NQA）及近二十种专业技术协会认证的标准分析软件。目前已有许多国际化的大公司以 ANSYS 作为其标准（以 ANSYS 的分析结果作为其应用标准），在国内第一个通过了中国压力容器标准化技术委员会认证并推广使用。

ANSYS 的主要发展历程见表 9.1（其版本号的第 1 个数字表示软件本身的重大改进及更新，第 2 个数字表示有小幅度改进与更新）。

表 9.1　ANSYS 的主要发展历程

版　本	年　份	版　本	年　份	版　本	年　份
2.0	1971	5.0	1992	6.0	2001
3.0	1978	5.1	1995	6.1	2002
4.0	1982	5.2	1996	7.0	2002
4.1	1983	5.3	1996	8.0	2004
4.2	1985	5.4	1997	9.0	2004
4.3	1987	5.5	1999	10.0	2006
4.4	1989	5.7	2001		

ANSYS 软件是融结构、传热、流体、电场、磁场、声场分析于一体的大型通用有限元分析软件。它能与多数 CAD 软件接口，实现数据的共享和交换，如 Pro/E，PATRAN，I-DEAS，AutoCAD 等，是现代产品设计中的高级 CAD 工具之一。ANSYS 可以安装于多种

操作系统平台，例如 Windows 2000、Windows XP 等操作系统。

ANSYS（9.0 版本）的最低硬件配置要求：

ⅰ. 内存 256MB＋700MB 的可用硬盘空间＋虚拟内存；

ⅱ. 能够支持 1024×768 分辨率的显示器和显卡；

ⅲ. 光盘驱动器＋鼠标。

这些是 ANSYS 进行有限元分析的最低要求。求解大型有限元问题对于内存的需求和处理器速度的需求是没有止境的。因此，尽量选用配置更高、速度更快的计算机是必要的。为了获得较好的视觉效果，应该使用 17 英寸以上屏幕的显示器。

ANSYS 主要包括三个部分：前处理模块、求解计算模块和后处理模块。

前处理模块提供了一个强大的实体建模及网格划分工具，用户可以方便地构造有限元模型。求解计算模块包括结构分析（可进行线性分析、非线性分析）、流体动力学分析、电磁场分析、声场分析、压电分析以及多物理场的耦合分析，可模拟多种物理介质的相互作用，具有灵敏度分析及优化分析能力。后处理模块是将计算结果进行处理，以彩色等值线显示、梯度显示、矢量显示、粒子流迹显示、立体切片显示、透明及半透明显示（可看到结构内部）等图形方式将计算结果显示出来，也可将计算结果以图表、曲线形式显示或输出。

ANSYS（9.0 版本）软件提供了 150 种以上的单元类型，用来模拟工程中的各种结构和材料。该软件有多种不同版本，可以运行在从个人机到大型机的多种计算机设备上。

ANSYS 软件在高等学校、科研院所、设计和生产单位得到广泛应用，范围涉及航空航天、国防军工、核工业、铁路、造船、汽车、石油化工、能源、机械制造、水利水电、建筑、桥梁、土木工程、生物医学、地矿、电子、电力、通讯、日用家电家具等几乎所有学术界、工业界和企业界。

ANSYS 软件能够与大多数流行的 CAD 软件接口以实现数据共享和数据交换，是现代产品和结构设计中最重要的 CAD/CAE/CAM 仿真工具之一。

9.1.1　ANSYS 的基本功能

（1）结构静力分析

用于求解外载荷作用下引起的位移和应力，这种分析类型广泛应用于机械工程和土木结构工程。结构静力分析不仅可以分析满足胡克定律并满足小变形条件的线性问题，也可以分析多种非线性问题，如塑性、屈曲、蠕变、膨胀、大变形、大应变及接触问题等。非线性静力分析通常通过逐渐施加载荷完成。

（2）结构动力学分析

用于求解结构的动力特性以及随时间变化的载荷对结构或部件的影响，这些载荷包括交变载荷、爆轰等作用产生的冲击、随机载荷（如地震载荷）等。ANSYS 可求解动力学分析问题，如模态分析、瞬态动力分析、谱响应及随机振动响应分析等。

（3）热分析

对传热中的 3 种基本类型，即热传导、热对流和热辐射均可以进行稳态和瞬态、线性和非线性分析，得到所期望的温度场或温度分布。热分析还具有可以模拟材料固化和熔解过程的相变分析能力及模拟热与结构应力之间的热-结构耦合分析能力。

（4）电磁场分析

用于稳态和瞬态电磁场相关问题的分析，如电感、电容、磁通量密度、涡流、电场分析、磁力线分布、运动效应、电路和能量损失等。可以用于螺线管、调制器、发电机、磁体、加速器、电解槽等电子电气仪器设备的设计和分析领域。

（5）计算流体动力学（CFD）分析

流体动力学可以对层流和湍流、压缩和不可压缩流体、对流传热等进行数值模拟，分析类型可以是瞬态或稳态流场。可以用于多种复杂流场的分析及计算。

（6）声场分析

声学分析用于研究在含有流体的介质中声波的传播或分析浸在流体中的固体结构的动态特性，这些功能可以用来确定音响话筒的频率响应、研究音乐大厅的声场强度分布或预测水对振动船体的阻尼效应等。

（7）压电分析

用于分析 2D 或 3D 压电材料结构对交流（AC）、直流（DC）或随时间任意变化的电流或机械载荷的响应特性，可用于振荡器、谐振器、麦克风等部件及其它电子设备的结构动态性能分析。

9.1.2　ANSYS 的高级功能

ANSYS 有以下几个高级功能。

（1）多物理场耦合分析

考虑两个或多个物理场之间的相互作用。如果两个物理场之间相互影响，单独求解一个物理场不可能得到正确结果。例如在压电分析中，需要同时求解电压分布（电场分析）和应变（结构分析）。耦合场分析适用于下列类型的相互作用。

ⅰ．热-结构分析。

ⅱ．热-电分析。

ⅲ．热-流体分析。

ⅳ．磁-热分析（感应加热）。

ⅴ．磁-结构分析。

ⅵ．感应振荡分析。

ⅶ．电磁-电路分析。

ⅷ．电-结构分析。

ⅸ．电-磁分析。

ⅹ．电磁-热分析。

ⅺ．电-磁-热结构分析。

ⅻ．压力-结构分析。

Ⅹⅲ．速度-温度-压力分析。

ⅹⅳ. 稳态-流体-固体分析。

（2）优化设计

优化设计是一种寻找最优方案的技术，设计方案的任何方面都是可以优化的，如尺寸（厚度）、形状（如过渡圆角的大小）、支撑位置、制造费用、结构的固有频率和材料属性等。实际上，所有可以参数化的 ANSYS 选项均可做优化设计。

（3）单元生死

如果在模型中加入（或删除）材料，则其中相应的单元就"存在"或"消亡"。单元生死选项用于在这种情况下杀死或重新激活单元，该功能主要用于钻孔（如开矿和挖隧道等）、建筑物施工过程（如桥梁的建筑过程）及顺序组装（如分层的计算机芯片组装）等。

（4）可扩展功能（UPF）

ANSYS 的开放结构允许连接自己的 FORTRAN 程序和子过程。

9.1.3 ANSYS 软件的优越性

以 ANSYS 为代表的有限元分析软件，不断汲取计算方法和计算机技术的最新进展，将有限元分析、计算机图形学和优化技术相结合，已经成为解决现代工程问题必不可少的有力工具。ANSYS 在功能上非常强大，主要体现在前、后处理能力，使得 ANSYS 在功能、性能、易用性、可靠性以及对运行环境的适应性方面，基本上满足了用户的当前需求，帮助用户解决了成千上万个工程实际问题，同时也为科研尽心服务。ANSYS 软件的优势体现在以下几点。

（1）与 CAD 软件的无缝集成

为了满足工程师快捷地解决复杂工程问题的要求，ANSYS 软件开发了同著名的 CAD 软件（例如 Pro/E、Unigraphics、SolidEdge、SolidWorks、IDEAS 和 AutoCAD 等）的数据接口，实现了双向数据交换，使用户在用 CAD 软件完成部件和零件的造型设计后，能直接将模型传送到 CAE 软件中进行有限元网格离散划分并进行分析计算，也可以及时调整设计方案，有效地提高分析效率。

（2）强大的网格处理能力

有限元法求解问题的基本过程主要包括：分析对象的离散化、有限元求解、计算结果的后处理三部分。结构离散后的网格质量直接影响求解时间及求解结果的正确性与否。复杂的空间模型需要非常精确的六面体网格才能得到有效的分析结果，另外由于在许多工程问题求解过程中，模型的某个区域产生极大的应变，单元畸变严重，如果不进行网格重新划分将使求解中止或结果不正确。ANSYS 凭借其对体单元精确的处理能力和网格划分自适应技术使其在实际工程应用方面具有很大的优势，受到越来越多的用户欢迎。

（3）高精度非线性问题求解

随着科学技术的发展，线性理论已经远远不能满足设计的要求，许多工程问题如材料的破坏与失效、裂纹扩展等仅靠线性理论根本不能解决，必须进行非线性分析求解，例如薄板成形就要求同时考虑结构的大位移、大应变（几何非线性）和塑性（材料非线性）；而对塑料、橡胶、陶瓷、混凝土及岩土等材料进行分析或者考虑材料的塑性、蠕变效应时则必须考虑材料非线性。众所周知，非线性问题的求解是很复杂的，它不仅涉及很多专门的数学问题，还必须掌握一定的理论知识和求解技巧，学习起来也较为困难。为此，ANSYS 公司开发出适用于非线性求解的求解器以满足用户高精度非线性分析的需求。

（4）强大的耦合场求解能力

有限元分析方法最早应用于航空航天领域，主要用来求解线性结构问题，实践证明这是一种非常有效的数值分析方法。而且从理论上也已经证明，只要用于离散求解对象的单元足够小，所得的数值解就可足够逼近于精确值。现在用于求解结构线性问题的有限元方法和软件已经比较成熟，发展方向是结构非线性、流体动力学和耦合场问题的求解。例如由于摩擦接触而产生的热问题，金属成形时由于塑性功而产生的热问题，这需要结构应力场和温度场的有限元分析结果交叉迭代求解，即热力耦合的问题。当流体在弯管中流动时，流体压力会使弯管产生变形，而管的变形又反过来影响到流体的流动，这就需要对结构场和流场的有限元分析结果交叉迭代求解，即所谓流固耦合的问题。由于有限元的应用越来越深入，人们关注的问题越来越复杂，耦合场的求解成为用户迫切需求，ANSYS 软件是能够较好进行耦合场分析的有限元分析软件之一。

（5）程序面向用户的开放性

ANSYS 给了用户一个开放的环境，允许用户根据自己的实际情况对软件进行扩充，这些包括用户自定义单元特性、自定义材料本构（结构本构、热本构、流体本构）、自定义流场边界条件、自定义结构断裂判据和裂纹扩展规律等。同时，为用户进行二次开发提供了多种实用工具，如宏（Macro）、参数设计语言（APDL）、用户界面语言（UIDL）等，AN-SYS 的二次开发环境可以满足不同类型用户的需求。

本章简要介绍 ANSYS 的结构静力分析的功能，并通过此章进一步学习有限元的基本理论，初步掌握 ANSYS 的简单操作过程，了解其基本分析方法。

9.2　ANSYS 的启动与 GUI 环境

9.2.1　ANSYS 运行环境的配置

运行环境的配置主要是设定求解器类型，工作目录和初始工作文件名。从开始\程序\ANSYS 组名\Configure ANSYS Products 进入。

ⅰ.仿真环境，即求解器类型。默认为 ANSYS/Multiphysics。ANSYS 包括如下几种产品。

ANSYS/Mechanical 产品能够进行所有的结构和热力学分析，但是不能进行电磁学、CFD FLORTRAN 和显式动力学分析。

ANSYS/Multiphysics 产品是应用于各个工程领域中的一个强大的多用途有限元程序。它能够进行结构、热力学、电磁学和流体动力学分析，但是不能进行显式动力学分析。

ANSYS/Structural 产品能够进行各种结构分析，但是不能进行热力学、电磁学、流体动力学和显式动力学分析。

此外，ANSYS 还包括一系列其它能够进行特殊情况分析的产品，可查阅 ANSYS 在线手册。

ⅱ．Working Directory（工作目录）。ANSYS 所有运行生成的文件都会写在该目录下。

ⅲ．Job Name（工作文件名）。

9.2.2 启动步骤

安装完成后，在 Windows 操作系统中按照图 9.1 所示路径启动 ANSYS 程序。

图 9.1 ANSYS 的启动

单击 ANSYS Product Launcher，弹出 ANSYS 总控制启动对话框，如图进行 ANSYS 运行环境的综合设置与选择。

ⅰ．选择 Launch 选项卡，设置下列选项，如图 9.2 所示。

Simuation Enviorment：选择启动的产品类型。

  ANSYS：经典的 ANSYS 产品。

  ANSYS Batch：ANSYS 批处理产品。

License：选择列表中的授权类型，即针对所使用计算机的 ANSYS 被授权类型。

  选择 ANSYS Multiphysics 选项：ANSYS 多物理场分析。

Add-on Modules：可供选择的附加模块产品，选项如下。

  Parallel Performance for ANSYS（-PP）：ANSYS 并行计算模块。

  ANSYS DesignXplorer VT（-FXS）：ANSYS 变分设计模块。

  VT HI（-HI）：VT HI 模块。

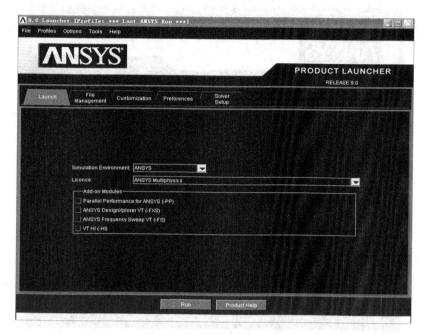

图 9.2　ANSYS Launch 选项

ⅱ. 选择 File Management 选项卡，设置下列选项，如图 9.3 所示。

Working Directory　指定工作目录，ANSYS 程序生成的所有文件读写存储都发生在该目录下。

Job Name　指定工作文件名，ANSYS 进程中所有文件都将具有这个名称，该文件最多包含 64 个字符。

ⅲ. 选择 Customization 选项卡，设置下列选项，如图 9.4 所示。

Use custom memory settings 默认为程序自动管理内存，选中后则为用户自己指定内存分配，此时设置下列选项。

Total Workspace（MB）　分配总内存空间，是采用分配给 ANSYS 运行时使用的内存容量。一般情况下建议尽量使用较大的内存，这样减少计算机读写硬盘的次数，提高求解速度。一般建议计算机配置 512MB 以上的物理内存，并将物理内存的数目设置为总内存空间。

Database（MB）　分配给 ANSYS 数据库的内存，它是将分配给 ANSYS 的总内存划分出一部分再分配给 ANSYS 数据库使用，默认为 32MB，可以根据总内存大小适当提高。

Custom ANSYS Exe　执行用户自定义的 ANSYS 程序。

Additional Parameters　设置启动参数和参数赋值，格式为 "-par1（参数名）val1（参数值）-par2 val2…"，例如 "-width＝200　-length＝300"，定义两个启动变量。

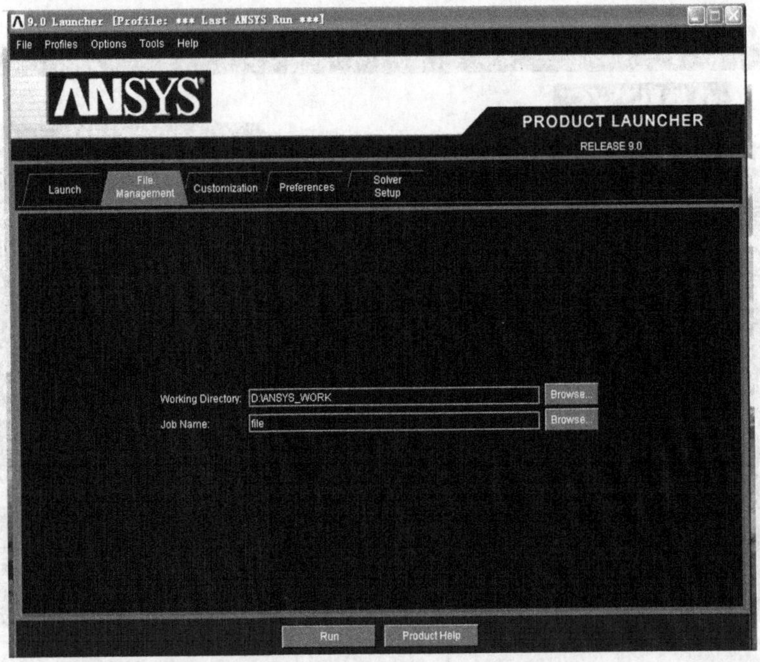

图 9.3 File Management 选项

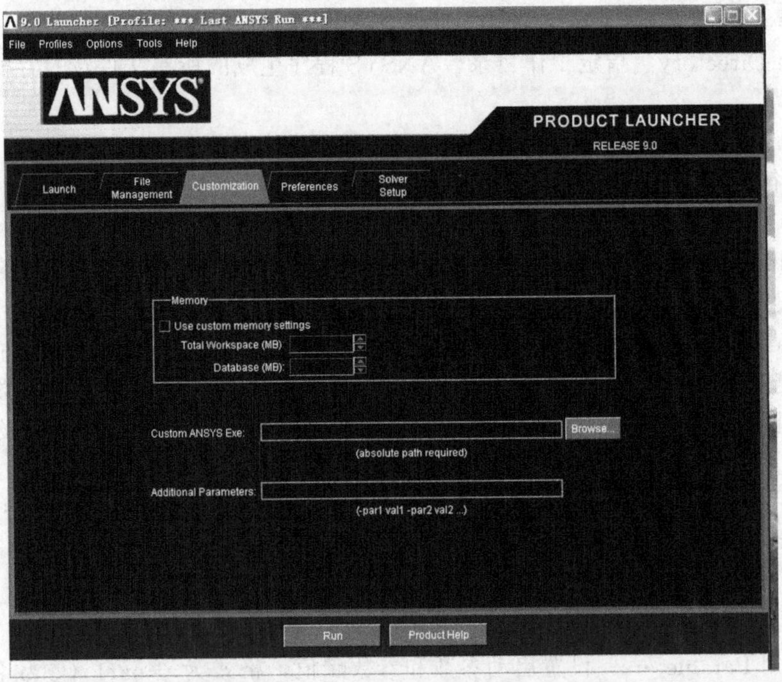

图 9.4 Customization 设置

ⅳ. 选择 Preferences 选项卡，设置下列选项，如图 9.5 所示。

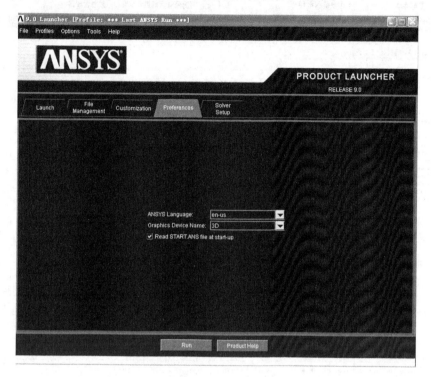

图 9.5　Preferences 设置

ANSYS Language　选择环境语言，一般仅提供英文环境，即 en-us。

Graphics Device Name　选择计算机支持的图形设备即显卡类型，Windows 操作系统默认认为 win32，如果用户的计算机显卡具有 3D 功能则选择 3D，那么 ANSYS 图形可进行连续 3D 图形变换。

Read START. ANS file at start-up　选择是否在启动之前读取 start. ans 文件，该文件是 ANSYS 的启动文件，其中包含大量的启动设置命令，完成对 ANSYS 启动时的运行环境设置。

设置完成后，单击 Run 按钮，进入 ANSYS 交互运行界面环境。

9.2.3　ANSYS 的运行界面和文件系统

ANSYS 交互图形界面环境包含多个子区域的主窗口和输出窗口，如图 9.6 所示，各部分名称及其主要功能如下。

（1）交互界面主环境窗口

① 工具菜单（Utility Menu）　包含文件管理（File）、选择（Select）、列表（List）、绘图（Plot）、图形控制（PlotCtrls）、工作平面（WorkPlane）、参数（Parameters）、宏（Macro）、菜单控制（MenuCtrls）以及帮助系统（Help）等子菜单。

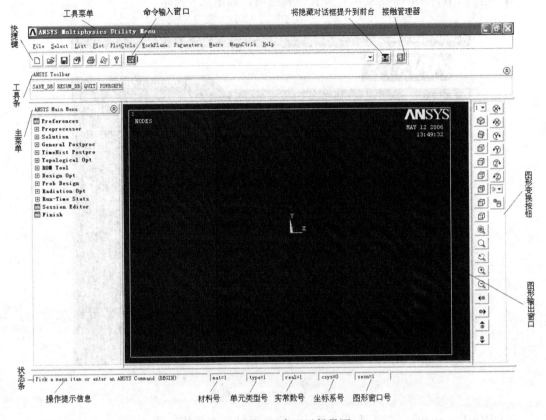

图 9.6　ANSYS 交互运行界面

② 主菜单（Main Menu）　包含 ANSYS 有限元分析操作处理菜单，前处理器（Pre-processor，建立有限元模型）、求解器（Solution，执行各种分析求解）、通用后处理器（General Postproc，结果处理）、时间历程后处理器（TimeHist Postpro，一定时间范围内结果分析处理）等主要处理器，另外，还有拓扑设计、优化设计、概率设计等专用处理器。

③ 命令输入窗口（Input Window）　包含 ANSYS 命令输入、命令提示信息、其它提示信息以及下拉式运行命令记录列表等，可以直接选取下拉式运行命令记录列表中的命令行，然后双击重新执行该命令行。

④ 图形输出窗口（Graphics Window）　ANSYS 各种图形的输出显示窗口，如几何图形、结点与单元模型、结果显示等。

⑤ 状态条（Status）　显示当前系统的基本状态信息，包括当前操作提示信息、当前材料号、单元类型号、实常数号、坐标系号和窗口号。

⑥ 工具条（Toolbar）　常用操作缩写按钮，以方便随时单击执行缩写命令或者宏文件等，依次为存储 DB（数据库文件）、恢复 DB（数据库文件）、退出 ANSYS 和图形显示模式

切换等按钮。

⑦ 快捷键功能按钮　基本的快捷操作按钮，依次为新建分析文件、打开分析数据库文件、存储分析数据库文件、弹出 Pan-Zoom-Rotate 图形变换对话框、打印、自动生成报告和打开帮助系统等。

⑧ 图形变换按钮组　该组按钮实现与菜单路径 Utility Menu \ PlotCtrls \ Pan Zoom/Rotate 对应的所有功能，包括窗口号选择，各方向视图，图形放大、缩小、平移、旋转、单次旋转角度等快捷按钮。

⑨ 对话框隐藏与提升按钮　将对话框隐藏到后台或者将后台隐藏对话框提升到前台。

⑩ 接触管理器按钮　单击显示接触管理器。

⑪ 输出窗口（Output Window）　显示 ANSYS 程序运行过程中的输出文本信息。该窗口一般位于交互界面主环境窗口的后面，需要查看时单击操作系统状态条上的 Output Window 图标就可以了。

（2）鼠标键的使用方法

① 左键　拾取（或取消）距离鼠标点最近的图元或坐标。按住此键进行拖拉，可以预览被拾取的图元或坐标。

② 中键　（对于两键鼠标，可以用 Shift 加鼠标右键代替）相当于拾取图形菜单中的 APPLY。

③ 右键　在拾取和取消之间切换。

在主菜单中选择带"＋"号结尾的菜单，将会弹出图形拾取菜单。

按住鼠标右键，移动鼠标，模型将绕 X，Y 轴旋转。

按住鼠标中键不放，左右移动鼠标，则模型绕着 Z 轴旋转。

按住鼠标中键不放，向上移动鼠标，放大模型；向下移动鼠标，则缩小模型。

按住鼠标左键不放，移动鼠标，模型将随鼠标而平移。

（3）ANSYS 的输出文件

ANSYS 广泛采用文件来存储和恢复数据，这些文件被命名为 filename. ext，这里的文件名为默认的作业名，. ext 表示文件的内容。默认的作业名是在进入 ANSYS 软件时设定的，也可以在进入 ANSYS 后指定（在命令输入窗口中输入/FILENAME 命令或实用菜单中选择 File \ Change Jobname 命令）。

（4）ANSYS 数据库

ANSYS 运行时在内存中维护着一个数据库，这个数据库包括模型数据、有限元网格数据、载荷数据、结果数据等所有 ANSYS 支持的对象的数据信息。在任意的处理器中，ANSYS 使用和维护着同样一个数据库，用户所做的一切工作，其结果都会被存入数据库中。因为这个数据库包括了所有的输入数据，因此有必要经常保存以备出错时恢复。由于保存与恢复数据时，作业名并不改变，建议如下操作：

ⅰ. 针对每一个问题设置不同的作业名和工作目录；

ⅱ. 分析求解过程中，每隔一段时间存储一次数据库文件；

ⅲ. 存储数据库文件时从实用菜单中选择 File\Save as，换个文件名保存，选择 File\Resume from 命令可从当前备份的某个数据库文件恢复。

清除内存中 ANSYS 正在使用的数据库，从而得到一个空白数据库可以选择File\Clear&Start New 命令。

（5）ANSYS Log 文件

ANSYS Log 文件是在 ANSYS 运行过程中自动生成的名为 Jobname.log 的文件，它记录了从 ANSYS 运行以来所执行的一切命令，包括 GUI 界面操作和输入窗口直接输入的合法命令。

用户的指令可以通过鼠标点击菜单项选取和执行，也可以在命令输入窗口通过键盘输入。命令一经执行，该命令就会在 Log 文件中列出，打开输出窗口可以看到 Log 文件的内容。如果软件运行过程中出现问题，查看 Log 文件中的命令流及其错误提示，将有助于快速发现问题的根源。Log 文件的内容可以略作修改存到一个批处理文件中，在以后进行同样工作时，由 ANSYS 自动读入并执行，这是 ANSYS 软件的一种命令输入方式。这种命令方式在进行某些重复性较高的工作时，能有效地提高工作速度。

Log 文件是文本文件，能够再现同样的一个分析过程，可以通过编辑得到分析过程的命令流。这对开始学习 ANSYS 的人掌握命令流的写法有重要的参考价值。通过在命令流中改变一些命令的参数，即可实现简单意义上的所谓参数化分析和建模。

ANSYS 读入命令流的菜单命令是：File \ Read Input from。

（6）ANSYS 输出文件类型

结构分析中经常用到的输出文件，如表 9.2 所示。

表 9.2　ANSYS 结构分析中的输出文件

文件后缀	类型	文　件　说　明	文件后缀	类型	文　件　说　明
DB	二进制	数据库文件	MODE	二进制	模态矩阵文件
ELEM	二进制	单元定义文件	MP	文本	材料属性定义文件
EMAT	二进制	单元矩阵文件	NODE	文本	结点定义文件
ESAV	二进制	单元数据存储文件	OUT	文本	ANSYS 输出文件
FULL	二进制	组集的整体刚度矩阵和质量矩阵文件	RST	二进制	结构和耦合场分析的结果文件
Lnn	二进制	载荷工况文件	RTH	二进制	温度场分析的结果文件
Log	文本	日志文件	Snn	文本	载荷步文件

9.3　用 ANSYS 求解结构问题的步骤及操作方式

9.3.1　ANSYS 有限元分析过程的一般步骤

（1）ANSYS 分析开始准备工作

ⅰ. 清空数据库并开始一个新的分析；

ⅱ. 指定新的工作文件名（Jobname）；

ⅲ．指定新标题（Title）；

ⅳ．指定新的工作目录（Working Directory）。

（2）建立模型（前处理器：Preprocessor）

ⅰ．选择定义单元类型；

ⅱ．定义单元实常数；

ⅲ．定义材料属性数据；

ⅳ．创建或读入几何模型；

ⅴ．划分单元网格模型（结点及单元）；

ⅵ．模型检查；

ⅶ．存储检查。

（3）加载求解（求解器：Solution）

ⅰ．选择分析类型并设置分析选项；

ⅱ．施加载荷；

ⅲ．设置载荷步选项；

ⅳ．执行求解。

（4）查看分析结果（后处理器：General Postproc/TimeHist Postpro）

ⅰ．查看分析结果；

ⅱ．分析处理并评估结果。

上述的操作步骤和过程只是一个一般的过程，在执行中并非每一步都要进行，针对不同的分析问题类型及采用的方法，可以省略其中的一些步骤，但上列的多数操作步骤是必需的。

9.3.2 ANSYS 的操作方式

① GUI 方式 即图形界面交互方式，是 ANSYS 操作方法中最容易且最常用的方法，主要通过鼠标在图形界面上直接进行操作。

② Command 方式 即命令方式。通过在命令输入窗口中逐条输入 ANSYS 的命令进行每一步的操作。

③ 命令流方式 将要完成的任务用 ANSYS 的命令方式写成一个文本文件，只要读入该文件，程序就可以按文件中的命令流自动完成全部的指令。

9.4 ANSYS 的前处理——建立几何模型和有限元模型

建立模型在 ANSYS 的整个分析过程中所花费的时间远远多于其它过程。首先必须指定作业名和分析标题，然后使用 PREP7（前处理器）定义单元类型、单元实常数、材料属性和几何模型。

双击实用菜单中的"Preprocessor"，就进入 ANSYS 的前处理模块。前处理部分主要有下面的几个内容。

9.4.1 预备工作

（1）设定工作目录

设定工作目录的目的：使 ANSYS 软件操作所产生的所有文件都存放在此目录下，确保分析不同问题所产生的文件不会有被覆盖的危险。因此建议不同的分析用不同的工作目录，而不使用缺省目录（即系统所在的根目录）。

进入 ANSYS 软件后，工作目录的设置方式有两种：

ⅰ．Command 方式：/CWD；

ⅱ．GUI 方式：[Utility Menu]\File\Change Directory。

（2）指定作业名和分析标题

该项工作与设定工作目录一样，不是进行一个 ANSYS 分析过程必需的，但 ANSYS 推荐使用作业名和分析标题。

① 定义作业名　作业名被用来识别 ANSYS 作业。当为某个分析定义了作业名后，作业名就成为分析过程所产生的所有文件名的第一部分（Jobname）。如果未指定作业名，所有文件的作业名默认为 file。在进入 ANSYS 软件后，可按下面的方式改变作业名。

ⅰ．Command 方式：/FILENAME；

ⅱ．GUI 方式：[Utility Menu]\File\Change Jobname。

需要注意的是：设置作业名仅在 Begin level 才有效（开始级，此时 ANSYS 不处于任何一个处理器中），且新的作业名只适用于更名后打开的文件。在更名前打开的文件，如记录文件、错误信息文件等仍然是原来的作业名。如果想新指定的作业名重新建立这些文件，可以将 Change Jobname 对话框中 New log and error files 复选框选中。

② 定义分析标题　ANSYS 将在所有的图形显示、所有求解输出中包含该标题。

ⅰ．Command 方式：/TITLE；

ⅱ．GUI 方式：[Utility Menu]\File\Change Title。

（3）ANSYS 的单位制

ANSYS 软件并没有为分析指定系统单位，在结构分析中，可以使用任何一套自封闭的单位制（所谓自封闭是指这些单位量纲之间可以互相推导得出），只要保证输入的所有数据的单位都是正在使用的同一套单位制中的单位即可（如力的单位为 N，长度单位为 m 等）。

ANSYS 提供的/UNITS 命令可以设定系统的单位制系统，但这项设定只有当 ANSYS 与其它系统（如 CAD 系统）交换数据时才可用到（表示数据交换的比例关系），对于 AN-SYS 本身的结果数据和模型数据没有任何影响。例如：ANSYS 系统中建立了实体模型 AX-IS1，PRO/E 中建立了实体 AXIS2，ANSYS 中设定的单位制系统只影响将 AXIS2 转换到 ANSYS 中的效果，而不影响 AXIS1。

9.4.2 定义单元类型

ANSYS 单元库中提供了超过 150 种单元类型，每种单元类型有一个特定的编号和一个标示单元类型的前缀，如 BEAM4（4 号梁单元）、PLANE82（82 号平面单元）、SOLID45

（45 号三维实体单元）等。

单元类型决定了单元的结点数、自由度以及单元的空间维数。如 BEAM44 为有六个结点自由度的空间梁单元。

定义途径：必须在通用处理器 PREP7（前处理器）中定义单元类型。

ⅰ．Command 方式：/ET；

ⅱ．GUI 方式：[Main Menu]\Preprocessor\Element Type\Add/Edit/Delete。

定义了单元类型后，ANSYS 会自动生成一个与此单元类型对应的单元类型参考号，如果模型中定义了多种单元类型，则与这些单元类型相对应的类型参考号组成的表称为单元类型表（如图 9.7 所示）。在创建实际单元时（直接创建单元或者划分网格），需要从单元类型表中为其分配一个类型参考号以选择对应的单元类型生成有限元模型（如图 9.8、图 9.9 所示）。

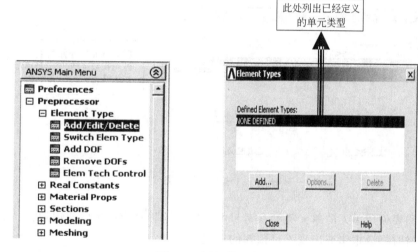

图 9.7　添加单元类型

许多单元有一些另外的选项（KEYOPTs），这些项用于控制单元刚度矩阵的生成、单元的输出和单元坐标系的选择等。KEYOPTs 可以在定义单元类型时指定（单元类型中 Options 选项）。

9.4.3　定义单元实常数

单元实常数是依赖单元类型的单元特性，如梁单元的横截面特性。例如二维梁单元 BEAM3 的实常数：面积（AREA）、惯性矩（IZZ）、高度（HEIGHT）、剪切变形因子（SHERZ）、初应变（ISTRAN）和线密度（ADDMAS）等。并不是所有的单元类型都需要实常数，同一类型的不同单元可以有不同的实常数值。对应于特定单元类型，每组实常数有一个参考号，与每组实常数对应的参考号组成的表称为实常数表。在创建单元（直接创建单元或者划分网格）时，可以为将要创建的单元分配实常数号。在分配实常数号时，要注意实

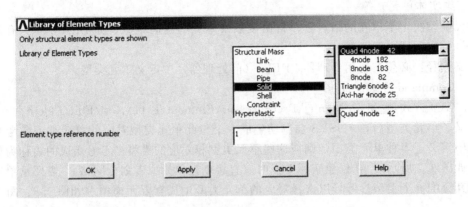

图 9.8 从单元库中选择单元

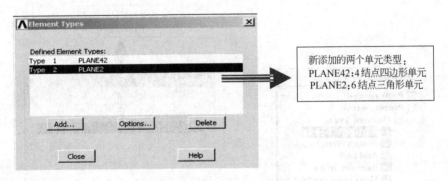

图 9.9 选取的单一类型

常数参考号和要创建单元的单元类型参考号的对应，这种对应性是由使用者自己保证的，否则在划分网格时将会报错或出现不可预知的错误。

定义途径：

ⅰ. Command\/R；

ⅱ. [Main Menu]\Preprocessor\Real Constants\Add/Edit/Delete。

9.4.4 定义材料属性

绝大多数单元类型都需要材料属性。根据应用的不同，材料属性可以有如下几种：

ⅰ. 线性或者非线性；

ⅱ. 弹性（各向同性、正交各向异性、各向异性）、非弹性或黏弹性；

ⅲ. 不随温度变化或者随温度变化。

像单元类型和单元实常数一样，每一组材料属性也有一个材料属性参考号。与材料属性组对应的材料属性参考号表称为材料属性表。在一个分析中，可能有多个材料属性组（对应模型中的多种材料）。

在创建单元时可以使用相关命令通过材料属性参考号来为单元分配其采用的材料属性组。

定义材料属性（如图 9.10 所示）：

ⅰ. Command 方式：/MP；

ⅱ. GUI 方式： ［Main Menu］\Preprocessor\Material Props\Material Models。

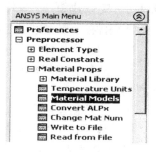

图 9.10　定义材料属性

在图 9.11 中，Define Material Model Behavior 框的左边选中材料号，然后在右边框设置材料属性。例如，对应于线弹性、各向同性材料，可依次双击 Linear\Elastic\Isotropic，出现如图 9.12 所示的需定义的该种材料的弹性常数，分别输入数值，则定义了该材料的属性。

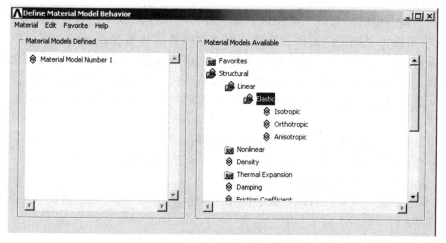

图 9.11　定义材料属性的界面

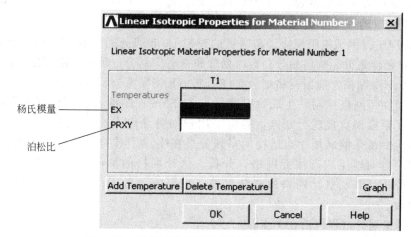

图 9.12　各向同性线弹性材料弹性常数的定义

9.4.5 实体建模

ANSYS 主要有以下几种模型来源。

ⅰ. 创建实体模型，划分有限元网格；

ⅱ. 从其它 CAD 软件导入实体模型，然后在 ANSYS 上进行修正，划分网格得到有限元模型；

ⅲ. 直接创建结点和单元（对于简单的二维梁结构和桁架结构这种方法非常适合）；

ⅳ. 从其它软件中建立有限元模型，将结点、单元数据导入 ANSYS。

这里主要讨论 ANSYS 自身的实体建模。

ANSYS 程序提供了两种实体建模方法：自顶向下与自底向上。无论使用自顶向下还是自底向上方法建模，用户均能使用布尔运算来组合数据集，从而"雕塑出"一个实体模型。ANSYS 程序提供了完整的布尔运算，诸如相加、相减、相交、分割、粘接和重叠。在创建复杂实体模型时，对线、面、体、基元的布尔操作能减少相当可观的建模工作量。ANSYS 程序还提供了拖拉、延伸、旋转、移动和拷贝实体模型图元的功能。附加的功能还包括圆弧构造、切线构造、通过拖拉与旋转生成面和体、线与面的自动相交运算、自动倒角生成、用于网格划分的硬点的建立、移动、拷贝和删除。自底向上进行实体建模时，用户从最低级的图元向上构造模型，即：用户首先定义关键点，然后依次是相关的线、面、体。

实体建模中几何模型的生成方法包括以下两种。

ⅰ. 对于不太复杂的模型，可以直接用 ANSYS 的实体建模工具完成；

[Main Menu]\Preprocessor\Modeling。

ⅱ. 如果模型过于复杂，可以考虑在 CAD 中建立几何模型，然后通过 ANSYS 提供的接口导入模型。

导入方法：[Utility Menu]\File\Import。

ANSYS 支持的接口通常包括 AutoCAD、Pro/E、UG、Solidworks、I-DEAS 等。

9.4.6 实体模型的网格划分

ANSYS 程序提供了使用便捷、高质量的对 CAD 模型进行网格划分的功能，有四种网格划分方法：延伸划分、映射划分、自由划分和自适应划分。延伸网格划分可将一个二维网格延伸成一个三维网格。映射网格划分允许用户将几何模型分解成简单的几部分，然后选择合适的单元属性和网格控制，生成映射网格。ANSYS 程序的自由网格划分器的功能十分强大，可对复杂模型直接进行划分，避免了用户对各个部分分别划分然后进行组装时各部分网格不匹配带来的麻烦。自适应网格划分是在生成了具有边界条件的实体模型以后，用户指示程序自动地生成有限元网格，分析、估计网格的离散误差，然后重新定义网格大小，再次分析计算、估计网格的离散误差，直至误差低于用户定义的值或达到用户定义的求解次数。

有限元网格划分过程包括 3 个步骤。

ⅰ. 设定单元属性，包括单元类型、分配实常数或者截面属性、分配材料属性等；

ⅱ．设置网格控制（可选择的）；

ⅲ．生成网格。

9.4.6.1　网格类型

在对模型划分网格之前，确定是采用自由网格还是采用映射网格进行分析是十分重要的。

自由网格对于单元形状没有限制，并且对几何模型没有特定的要求；映射网格对其包含的单元形状有限制，而且要求几何模型必须满足特定的规则，即必须有相当规则的体或面才能进行映射网格划分。映射面网格只能包含四边形和三角形单元，映射体网格只能包含六面体单元。一般说来映射网格往往比自由网格得到的结果更加精确，而且在求解时对 CPU 和内存的需求也相对低些。

9.4.6.2　定义单元属性

在定义单元类型、实常数以及材料属性时，已形成了单元类型表、实常数表和材料属性表。在生成单元时可以通过指向各个表中合适（通过各个表项的参考号）的条目来为要生成的单元分配单元属性，也可以给选定的实体模型图元分配单元属性。

（1）为实体模型图元分配单元属性

给实体模型图元分配单元属性允许对模型的每个区域预置单元属性，从而可以避免在网格划分过程中重置单元属性。

利用下列命令和 GUI 方式的菜单命令可直接给实体模型图元分配属性。

① 给关键点分配属性

ⅰ．Command 方式：/KATT；

ⅱ．GUI 方式：[Main Menu]\Preprocessor\Meshing\Mesh Attributes\All Keypoints；

ⅲ．GUI 方式：[Main Menu]\Preprocessor\Meshing\Mesh Attributes\ Picked KPs。

② 给线分配属性

ⅰ．Command 方式：/LATT ；

ⅱ．GUI 方式：[Main Menu]\Preprocessor\Meshing\Mesh Attributes\All Lines；

ⅲ．GUI 方式：[Main Menu]\Preprocessor\Meshing\Mesh Attributes\Picked Lines。

（2）默认单元属性

通常的工作中，如果各个属性表（单元类型表、材料属性表以及实常数表）只包含一个条目，即只定义了一项材料属性、一个单元类型等，则在划分网格时可以不再为各个图元分配单元属性，ANSYS 将唯一的表项生成默认单元属性，在生成网格时自动将默认单元属性分配给实体模型和单元。

9.4.6.3　单元网格划分控制

单元属性配置完成后进入有限元建模的最后一步：网格划分。下面介绍划分网格的主要步骤及划分网格时参数的设置。

（1）划分网格的主要步骤

网格划分时尺寸参数控制及划分通过 MeshTool 菜单（见图 9.13）执行，其操作如下。

GUI：[Main Menu]\Preprocessor \ Meshing\MeshTool

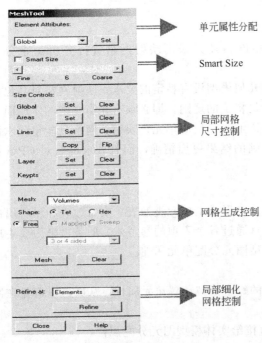

单元属性分配

Smart Size

局部网格
尺寸控制

网格生成控制

局部细化
网格控制

图 9.13　划分单元网格控制对话框

在操作过程中要密切注意网格密度的控制，如果不需要详细设置模型的区域网格参数，可以采用 ANSYS 默认设置划分实体网格。下面介绍划分网格时的 AN-SYS 默认设置：

① 单元属性分配；

② Smart Size 控制智能单元尺寸；

③ 局部网格尺寸控制；

④ 网格生成控制（指单元形状和网格划分方式）；

⑤ 局部细化网格控制。

ⅰ．自由网格划分：若对于二维网格没有特殊要求，则绝大多数是生成四边形单元和部分三角形单元的二维实体，对于三维实体全部生成四面体单元。

ⅱ．单元尺寸由 ANSYS 自动根据模型类型及其复杂程度决定。

ⅲ．默认材料属性为材料、单元类型、实常数。

ANSYS 划分过程中有很多不同的网格尺寸设置方式：Smart Size、Global 设置等，指定网格尺寸、指定线上单元分割数及间距控制；指定关键点附近单元尺寸控制；网格细化，即在特定区域细化网格。为保证网格划分质量，一般组合使用上述方法。对于一般问题的网格划分，最简便的是 Smart Size 法，即所谓的智能网格划分技术，这种方法考虑几何图形的曲率及线之间的变化梯度，一般所需密度为 4~6 即可。如果对于网格划分有特殊要求，可以通过 Manual Size 设置，详细指定 Keypoints、Lines、Areas，Layers 的网格划分参数保证分析结果的可靠性。

（2）设定网格尺寸参数

对于有限元分析而言，网格密度决定分析结果的质量。一般情况下，网格密度越大，计算结果收敛得越好，计算精度越高。细密的网格大多数情况下可以获取更加精确的结果，但是有时增加网格的密度而分析结果却没有多少改观，是因为这时结果可能已经收敛，非常接近精确解，继续增加网格密度已经没有多大意义了。

前面介绍过了 Smart Size 控制网格密度，这里将介绍另外一种方法即采用 Global 设置全局单元尺寸值（Global Element Size），其设置的单元尺寸参数覆盖所有默认设置，其操作如下。

GUI：[Main Menu] \Preprocessor\Meshing\Size Ctrls\ManualSize\Global\Size。

180

操作后将出现如图 9.14 所示的对话框。

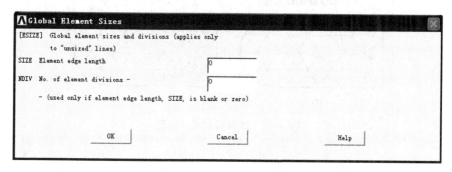

图 9.14　单元尺寸控制对话框

图 9.14 所示对话框能够用单元边长或单元划分的数量限制单元的尺寸。单纯限定单元尺寸参数并不能得到非常高质量的网格，对于特殊区域需要通过下面操作进行单独设定。

GUI：[Main Menu]\Preprocessor\Meshing\Size Ctrls\Manual Size。

在特定的 Keypoints、Lines、Areas、Volumes 上或附近定义网格参数，得到高质量的网格。Manul Size（人工设置）等级高于其它设置，网格会根据人工设置进行调整。网格参数设定完毕，最后检验模型是否完美，对于不完美的模型继续进行修改，直到达到要求为止。网格划分完毕可以进行求解处理，但是对于复杂实体还需要对实体局部网格进行细化。

（3）细化局部网格

通常有两种情况需要重新划分局部区域网格：①网格划分完毕后希望在特定区域进行细化；②已经查看分析结果，发现局部区域收敛精度太差，需要重新细化网格获取更高精度的结果。对于二维平面和仅有四面体单元的三维实体，ANSYS 软件允许在特定的结点、单元、关键点、线、面进行局部细化。如果体单元不只是四面体单元，ANSYS 将禁止网格局部细化。

一般网格细化通过 Xrefine 命令和相关的菜单操作选择需要细化的实体、设置细化参数，下面介绍网格细化的命令及其操作。

① 细化结点附近网格　其操作如下。

GUI：[Main Menu] \Preprocessor\Meshing\Modify Mesh\Refine At\Nodes。

命令：Nrefine。

如图 9.15 所示为细化效果。

② 细化单元附近网格　其操作如下。

GUI：[Main Menu] \Preprocessor\Meshing\Modify Mesh\Refine At\Elements。

命令：Erefine。

图 9.16 显示了单元附近网格细化效果。

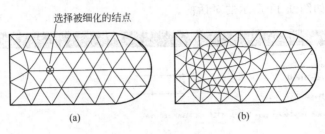

图 9.15　结点附近网格细化

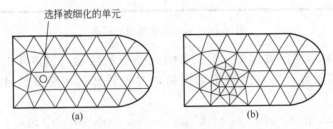

图 9.16　单元附近网格细化

③ 细化关键点附近网格　其操作如下。

GUI：［Main Menu］\Preprocessor\Meshing\Modify Mesh\Refine At\Keypoints。

命令：Krefine。

图 9.17 显示了关键点附近网格细化效果。

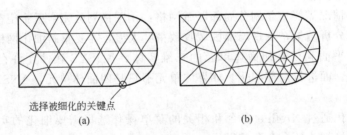

图 9.17　关键点附近网格细化

④ 细化线附近网格　其操作如下。

GUI：［Main Menu］\Preprocessor\Meshing\Modify Mesh\Refine At\Lines。

命令：Lrefine。

图 9.18 显示了线附近网格细化效果。

⑤ 细化面附近网格　其操作如下。

GUI：［Main Menu］\Preprocessor\Meshing\Modify Mesh\Refine At\Areas。

命令：Arefine。

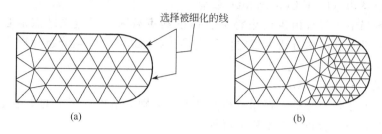

图 9.18　线附近网格细化

图 9.19 显示了面附近网格细化效果。

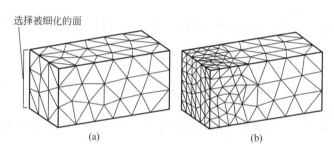

图 9.19　面附近网格细化

根据实际情况，按照结构要求合理划分网格直接关系到有限元模型的好坏，影响有限元结果，因而前处理部分是有限元分析中十分关键的一步。

9.5　施加载荷与求解

经过实体建模、网格划分后，可以进入施加载荷求解系统方程以获取分析结果。首先点击快捷工具区的 SAVE_DB 将前处理模块生成的模型存盘（在有限元分析过程中要经常进行这样的操作以避免文件丢失），退出 Preprocessor；点击主菜单中的 Solution，即可进入分析求解模块。在分析求解模块中可以根据结构在工程实际中的应用情况为其指定位移边界和载荷，并选择合适的求解器对其求解。

9.5.1　施加载荷与边界条件

ANSYS 中施加边界条件包括在对载荷的操作命令中，且施加载荷和边界条件需要根据载荷类型选择相应的加载方式。下面介绍主要的载荷类型及其加载方式。首先介绍载荷类型。

9.5.1.1　载荷类型

ANSYS 软件将载荷进行分类来方便用户加载，根据载荷类型可以分为以下 6 种类型。

（1）自由度约束（DOF Constraint）载荷

在 ANSYS 当中，将自由度约束称为自由度约束载荷，即定义结点的自由度（DOF）值，自由度约束载荷在结构分析为指定位移边界和对称边界，在热分析为指定温度，在磁场分析为指定磁势等。

（2）集中载荷（Force/Moment）

集中载荷即常说的点载荷，根据分析类型不同分别为结构分析中的集中力、集中力矩，热分析中的热流，电磁分析中的电磁电流等。

（3）面载荷（Surface Load）

顾名思义，面载荷就是作用在模型表面的分布载荷，根据不同分析类型分别为结构分析中的压力、热分析中的热对流等。

（4）体载荷（Body Load）

体积载荷指作用在体积或场域内的载荷，即结构分析中的温度、热分析中的生热率、电磁分析中的磁流密度。

（5）惯性载荷（Inertial Load）

惯性载荷指由于构件质量或惯性引起的载荷，如重力、角速度、角加速度等。

（6）耦合场载荷（Coupled Field Load）

耦合场载荷是指将一个分析得到的载荷用于另一个场分析，如将磁场分析得到的磁力用于结构分析的载荷。

9.5.1.2　加载方式

ANSYS 分析中载荷可以直接在实体模型上加载，如将载荷施加到关键点、线或者面上，也可以在有限元模型上加载，即直接将载荷施加到结点和单元上。对于大多数模型，直接在实体模型上施加载荷，加载比较方便、快捷。当载荷较少或者模型比较简单时，也可以直接在有限元模型上施加载荷。下面首先介绍两种加载方式的优缺点，然后介绍最常用的实体模型加载。

（1）两种加载方式的优缺点

ⅰ．几何模型上的载荷独立于有限元网格，因此重新划分网格及网格局部细化不影响载荷，不需要重新施加载荷；

ⅱ．与网格划分后有限元模型相比，实体模型通常包含较少实体，加载更加方便、快捷，特别适于图形窗口拾取操作；

ⅲ．模型划分生成的单元处于单元坐标系中，而结点处于整体笛卡儿坐标系中，因此实体模型加载和有限元模型加载可能会有不同的坐标系和加载方式；

ⅳ．简化分析中，实体加载不如有限元模型加载方便；

ⅴ．当定义关键点约束的扩展选项启用时，在两个关键点上定义的约束会扩展到关键点连线间所有的结点上，因此在启用扩展选项后在关键点上定义约束要格外小心！

（2）在实体模型上加载

在实体模型上施加载荷通过下面 GUI 操作实现。

GUI：[Main Menu]\Solution\Define Loads\Apply\Structural

这里主要介绍压力载荷、自由度载荷加载。

① 施加面载荷　其操作如下。

GUI：[Main Menu]\Solution\Define Loads\Apply\Structural\Pressure\On Areas(On Lines)。

在弹出对话框中输入载荷值。

② 施加自由度载荷（即定义约束）　只有定义模型约束后才能满足有唯一解的条件。通常约束通过关键点、线、面定义。

ⅰ. 在关键点上定义位移约束，其操作如下。

GUI：[Main Menu]\Solution\Define Loads\Apply\Structural\Displacement\On Keypoints。

在弹出对话框中定义约束。

ⅱ. 在线或面上定义位移约束，其操作如下。

GUI：[Main Menu]\Solution\Define Loads\Apply\Structural\Displacement\ On Lines 或 On Areas。

在弹出的对话框里，根据提示选择要约束的线或面，根据约束类型定义。加载完毕后，为保证载荷加载正确，需要进行校验。下面介绍载荷校验。

9.5.1.3　载荷校验

载荷校验一般通过两个方面进行校验：一是通过显示载荷加载后模型与原有约束及载荷条件进行对比，查看载荷及约束是否正确（其菜单操作为 [Utility Menu]\ Plotctrs \Symbols，在弹出对话框中显示模型载荷及约束）；二是通过列表显示载荷与约束的详细资料，前处理阶段完成建模以后，用户可以在求解阶段获得分析结果。对照特殊点，比如固定端面、支承点等位置的载荷及约束（其菜单 GUI 操作为 [Utility Menu]\List\Loads，可以选择要详细显示的结点、线或者面的载荷及约束），具体显示哪种数据需要根据载荷及约束情况确定。通常载荷校验组合使用上述两种方法，即首先在加载时通过第一种方式大致地校验载荷施加得是否合理，然后通过特定的点、面的已知约束或者载荷校验加载是否合理。

9.5.1.4　将载荷转化到有限元模型上

施加载荷后，在求解初始化时程序将几何实体上的载荷自动转换到有限元模型上。如果不进行求解，则载荷转换可以通过下面操作实现。

GUI：[Main Menu]\ Solution\Define Loads\Operate\Transfer to。

通过此操作选择需要转化的载荷类型，包括约束、体力、面力、集中力及所有实体载荷等。

9.5.1.5　删除载荷

在有限元模型上施加的载荷在重新划分网格时需要首先删除载荷，另外还有其它情况（比如载荷施加过程出错要重新施加时）也需要删除载荷，具体操作如下。

GUI：[Main Menu]\ Solution\Define Loads\Delete。

一般有限元模型重新划分网格时需要全部删除载荷，其它情况可以根据提示删除部分或者全部载荷。

9.5.2　选择求解器

求解所需条件到此全部满足，下面选择求解器。求解器的功能是求解有限元的大型线性代数方程组，其方程组的阶数取决于总结点的自由度数，需要花费的时间取决于自由度的多少，具体的时间由所用计算机速度决定。ANSYS 软件提供两个直接求解器，即波前求解器和稀疏矩阵求解器。与此同时还提供了多个迭代求解器：PCG，JCG，ICCG，DDS 和 AMG 求解器等。两个直接求解器和 PCG 求解器可以用于非线性问题分析。对于模态分析 AN-SYS 提供了六种不同的特征值提取法。对于流体动力学（CFD）及电磁问题也有针对的求解器。这样，针对不同类型问题 ANSYS 分别提供了不同的求解器选择，极大地方便了求解设定，提高了计算精度。求解中发生奇异时，直接求解器会发出警告，提示"主对角值元"或"主元"太小或者为负值。在线性求解中，此类问题多数是单元形状畸变引起的，在非线性求解时，除了单元形状因素外还可能是求解发散。PCG 求解器不预先检测求解的奇异问题，即使出现奇异，计算也继续进行直到完毕，输出错误信息。因此在求解设置上，需要根据所分析问题的类型进行预先评估再选择合理的求解器。求解器选择的方式为，执行 [Main Menu]\Solution\ Analysis Type\Sol'n Controls，出现如图 9.20 所示的 Solution Controls 对话框，可以在此对话框选取求解器类型。ANSYS 的默认求解器是波前求解器。

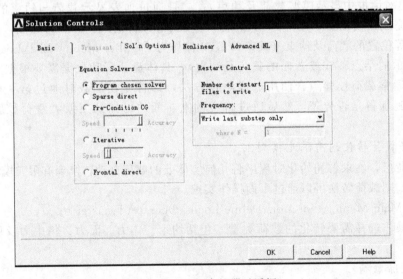

图 9.20　选择求解器对话框

9.5.3 求解

选择合理的求解器后，准备求解。在求解进行之前需要先了解结果文件的类型及求解开始前准备工作。下面首先介绍结果文件类型。

（1）结果文件

分析结果保存在数据库中并输出到结果文件。结果文件由于分析类型不同，ANSYS 赋予不同的后缀（如 Jobname.rst 表示结构分析结果，而 Jobname.rhh 则表示热分析结果），方便用户管理文件。

（2）检验数据是否准确

在求解之前，应该检查分析数据是否正确，下面介绍需要检查的内容：

ⅰ.单位是否统一；

ⅱ.单元类型及其选项是否合理；

ⅲ.材料性质参数输入是否正确，如考虑惯性时是否输入材料密度参数，热应力分析时是否输入材料的热膨胀系数等；

ⅳ.单元特性实常数是否正确；

ⅴ.单元实常数和材料类型设置是否正确；

ⅵ.实体模型的质量特性是否正确（GUI：[Main Menu]\Preprocessor\ Modeling\Operate\Calc Geom Items）；

ⅶ.实体模型是否存在缝隙而不是一个整体；

ⅷ.壳单元的法线方向；

ⅸ.结点坐标系；

ⅹ.集中力、体积载荷是否施加合理；

ⅺ.面力方向是否正确；

ⅻ.温度场的分布和范围是否合理；

ⅹⅲ.热膨胀系数的参考温度与 ALPX 材料属性是否协调。

上述项目的校验主要是查看 ANSYS Output Window 输出信息是否提示出错，如果提示信息没有报错，则上述项目基本正确，如果中间出现提示信息，则需要查看前处理过程对应步骤是否正确。

（3）求解

求解前检查工作完成后，开始求解。下面介绍求解过程中需要注意的事项。

① 求解过程　主要注意以下几点。

ⅰ.求解前保存数据库，防止出错；

ⅱ.在 Output 窗口中查看求解信息是否合理；

ⅲ.开始求解 GUI：[Main Menu]\ Solution\Solve\Current LS。

② 求解过程输出信息　求解过程中，应该将 Output 窗口提到最前面，跟踪求解过程信息。需要注意以下信息。

ⅰ.模型的质量特性，即模型质量是精确的（质心和质量矩的值会存在一点误差）；

ⅱ. 单元矩阵系数，当单元矩阵系数最大/最小值的比例大于 10^8 时，预示着模型中的材料性质、实常数或几何模型可能存在问题，一旦比值过高，求解就可能中途退出；

ⅲ. 模型尺寸和求解统计信息；

ⅳ. 汇总文件和大小。

③ 求解失败的原因　不是每次求解都可以得到结果。没有获得结果时需要分析为什么失败，找出原因，继续进行分析直到得到可信的结果。一般失败的原因有以下几点。

ⅰ. 约束不足，这也是最常见的问题。对平面问题，应至少有三个约束才能保证结构不成为机构，而对空间问题则至少应有六个约束。

ⅱ. 材料属性参数输入有误，值可能为负值，如密度。

9.6　ANSYS 的后处理——对有限元计算结果的提取和图形显示

ANSYS 软件的后处理过程包括两个部分：通用后处理模块 POST1 和时间历程后处理模块 POST26。通过友好的用户界面，可以很容易获得求解过程的计算结果并对其进行显示。这些结果可能包括位移、温度、应力、应变、速度及热流等，输出形式可以有图形显示和数据列表两种。

9.6.1　通用后处理模块 POST1

在有限元求解完成后，通过点击实用菜单项中的"General Postproc"选项即可进入通用后处理模块。这个模块对前面的分析结果能以图形形式显示和列表输出。例如，计算结果（如应力）在模型上的变化情况可用等值线图表示，不同的等值线颜色，代表了不同的值（如应力值）。浓淡图则用不同的颜色代表不同的数值区（如应力范围），可清晰反映计算结果的区域分布情况。下面介绍通用后处理器的常用功能及其操作。

（1）显示结构变形

通过通用后处理器可以显示模型变形前后的图形，包括变形后的形状图形，变形后形状叠加在变形前形状上的图形，以及变形后边界形状叠加在变形前模型的图形，见图 9.21，具体操作如下。

GUI：[Main Menu]\ General Postproc\Plot Results\Deformed Shape。

（2）显示参数等值线分布图

通过等值线图判断各个参数对结构的影响，主要有结点解和单元解，每种解的下拉菜单包括位移解、应力、应变、能量等表单。点击每一项可查看具体的结果。如应力项中有三个方向的正应力、三个面的切应力、三个主应力、应力强度（第三强度理论的相当应力）、Von Mises 应力（第四强度理论的相当应力）等。可在弹出的对话框中选择需要显示的结果数据，显示分析结果数据等值线图操作如下（见图 9.22）。

GUI：[Main Menu]\ General Postproc\Plot Results\Contour Plot。

（3）显示变形动画

动画显示能查看模型在载荷作用下的变化过程，以图形方式显示分析计算结果。AN-

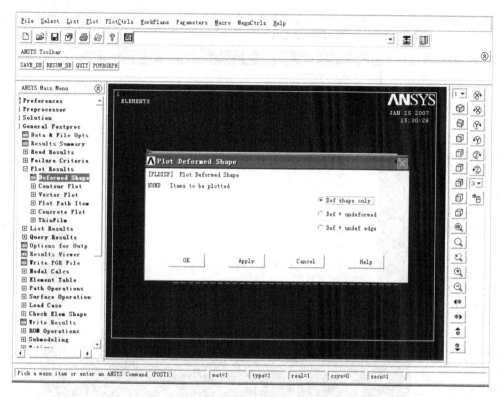

图 9.21　显示结构变形的对话框

SYS 提供了强大的动画显示功能，不管是线性计算，还是非线性计算，动画显示操作如下。

GUI：〔Utility Menu〕\PlotCtrls\Animate。

通过 Animate 子菜单选择需要动画显示的结果数据。

（4）显示反作用力列表

在任何方向上，反作用力总是等于此方向上的载荷总和。通过显示反作用力可以检验分析结果是否合理，操作如下。

GUI：〔Main Menu〕\General Postproc\List Results\Reaction Solution。

（5）PowerGraphics 显示的特点

快速重画，图形轮廓显示得非常清晰。

ⅰ. 模型显示光滑，质感非常好；

ⅱ. 支持各种单元类型（Lines，Pipes，Elbows，Contace 等单元）和几何实体（Lines，Areas 和 Volumes 等）显示。

（6）检查网格精度

由于网格密度对于结果精度影响非常大，因此在后处理过程中应该检查求解所用网格精

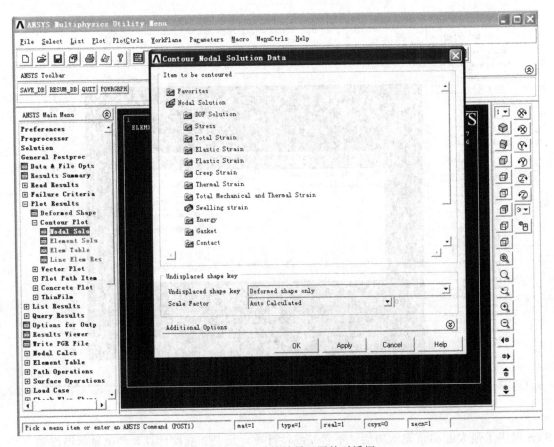

图 9.22　显示计算结果云图的对话框

度是否足够。下面介绍网格精度检验的三种常用方法：观察法、误差估计法、网格加密结果对比法。

① 观察法　观察法主要是通过直观观察应力分布、对比分析数据，验证结果是否合理。

ⅰ. 画出非平均（Unaveraged）应力等值线图，看应力变化是否平滑，是否有应力变化非常剧烈的区域，对应力变化剧烈区域的网格局部细化，重新求解；

ⅱ. 显示每个单元应力值，对比载荷数据及参考数据分析是否合理。

② 误差估计法　这里介绍误差估计的概念和应用。

ⅰ. 误差估计的概念及其适用条件；

ANSYS 通用后处理器包含网格离散误差估计，即借助一定的标准，通过误差估计评估网格密度是否合理。误差估计依据单元内边界应力的不连续性。

误差估计的适用条件。对于结构静力分析、线性稳态热分析及大多数的二维和三维实体和壳单元结构分析适用。不符合上述条件或使用 PowerGraphics 时，ANSYS 自动关闭误差估计。退出 PowerGraphics，ANSYS 则自动重新评估误差。

ⅱ. 误差估计功能。

能量百分比误差估计。能量百分比误差是对所需单元的位移、应力、温度或热流密度误差的简单估计。通常误差值在 10% 以下，如果不选择单元，只选择在结点上施加点载荷或者应力集中处的单元，误差值有时可以达到 50% 甚至更高。在绘制变形图时，百分比误差在图形右侧的文本中以 SEPC 表示，也可以通过 GUI：[Main Menu]\General Postproc\List Results\Percent Error 操作列出误差。

应力偏差估计。画出所有单元的应力偏差图，可给出每个单元的应力误差值，应力误差值随应力类型不同（即平均应力和非平均应力）稍有不同，其操作如下。

GUI：[Main Menu]\ General Postproc\ Plot Results\ Element Solu \ Error Estimation\ Stress Deviation

要检验某个位置的网格离散应力误差，可以列出或者绘制应力偏差等值线图。某个单元的应力偏差是此单元上全部结点的六个应力分量值与此结点的平均应力值之差的最大值。

能量误差估计。单元的另一种误差是能量误差，此项误差与单元上结点应力差值有关，是用于计算所选单元的能量百分比误差。能量误差的单位是能量单位。能量误差在通用后处理器的 Postproc\Plot Results\Element Solu\Error Estimation\Energy Error 菜单中得到。

应力上下限估计。应力上下限可以帮助确定由于网格离散误差对模型应力最大值的影响。显示或者列出单元的应力上下限包括：估计上限（SMXB）和估计下限（SMNB）。此法对于估计设定了一个确信范围：没有其它确凿证据就不能认为实际的最大应力低于 SMXB。

③ 网格加密结果对比法　这种方法常见用于陌生问题的分析。由于对问题估计不足或者经验不足，首先采用较为粗糙的网格进行分析，然后采用更细密的网格进行分析，对比两次的分析结果。如果两次分析的结果相差较大，则说明网格密度不合理，需要加密网格，并再次对比后面的两次分析结果；如果两次分析的结果相差不大（一般运行误差为 3%～5%），则认为第一次分析所用网格密度合理。

9.6.2　评估分析结果

虽然 ANSYS 分析功能非常的强大，由于问题分析过程中可能会出现差错，不是所有的数据都是可靠的，因此需要识别哪些数据是可靠的，哪些是不可靠。对于可靠的数据予以保留，对于不可靠的数据进行分析找到原因。这里主要介绍常用的验证方法。

（1）根据分析对象的基本性质进行评估

这主要是根据已有的理论知识和实际经验、实验数据及一些基本尝试，对许多复杂问题计算结果的评估更多地取决于经验，需要大量工程实践的积累，但对初学者而言，还是利用一些简单的判据可以对有限元计算结果进行初步评估。

ⅰ. 重力方向总是竖直向下；

ⅱ．离心力总是沿径向向外；

ⅲ．物体受热一定膨胀（特殊材料除外）；

ⅳ．轴对称物体的环向应力总是不为零；

ⅴ．弯曲载荷造成的应力使物体一侧受压而另一侧受拉。

如果只有一个载荷施加在模型上，比较容易判断分析数据的可靠性。但是如果载荷数目比较多，进行整体验证就不容易了，比较简便的方法就是单独施加一个或者几个载荷分别进行检验，然后再施加所有载荷进行分析、评估。

（2）根据输出窗口信息进行评估

计算过程中注意输出窗口的输出，或者将输出信息写入指定文件然后查看输出信息是否指出了几何模型、材料属性（如密度）和实常数方法存在的输入错误。

（3）根据变形、温度和应力进行评估

通过这些数据结合专业知识判断结果数据是否可靠，需要评估的有以下几项。

ⅰ．确认施加在模型上的载荷是否合理；

ⅱ．确认模型的变形和位移与预期值是否相符合；

ⅲ．确认应力的分布与期望或已有解析解的值是否符合。

（4）根据模型的整体或者部分反作用力或结点力进行评估

主要注意模型的平衡条件是否满足，特别是模型的约束处总反作用力应与结构所受外载荷相等（包括力和力矩）。

9.7 应用实例

9.7.1 悬臂梁受集中力

例 9.1 如图 9.23 所示悬臂梁长 1m，横截面为矩形，单位宽度，高为 10cm，自由端受 5kN 的集中力作用。材料的杨氏模量 $E=2.0\times10^{11}$Pa，泊松比为 0.3，用 ANSYS 的平面单元分析梁的应力和位移并同材料力学结果进行对比。

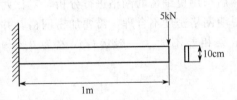

图 9.23 悬臂梁受集中力

9.7.1.1 GUI 操作方式

（1）定义工作文件名和工作标题

① 定义工作文件名 执行 ［Utility Menu］\File\Change Jobname 命令，在弹出图 9.24 所示的 Change Jobname 对话框中输入 ansys_work1，选择 New log and error files 复选框，单击 OK 按钮。

② 定义工作标题 执行 ［Utility Menu］\File\Change Title 命令，在弹出图 9.25 所示的对话框中输入 The Stress calculating of beam，单击 OK 按钮。

③ 关闭三角坐标号 执行 ［Utility Menu］\PlotCtrls\Window controls\Window Options 命令，弹出如图 9.26 所示的 Window Options 对话框。在 Location of triad 下拉列表框

192

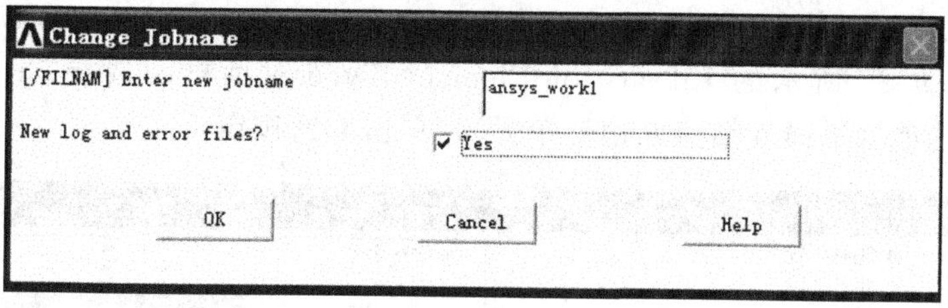

图 9.24 定义工作文件名

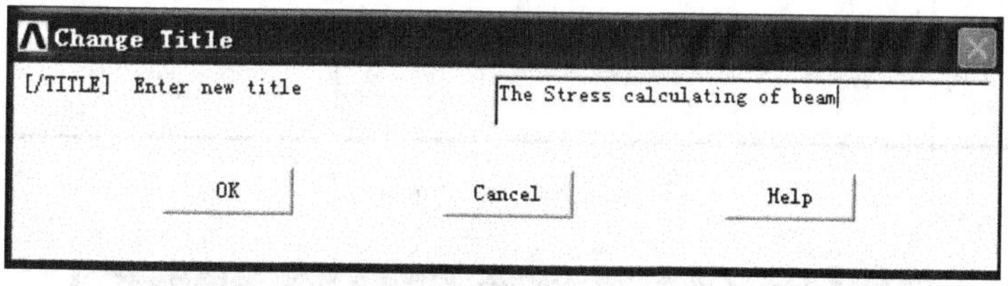

图 9.25 定义标题名

中选择 Not shown 选项，单击 OK 按钮。

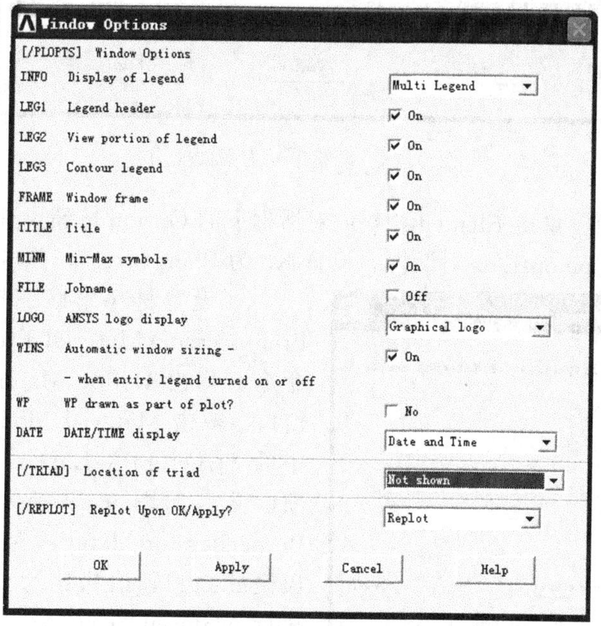

图 9.26 定义图形操作选项

（2）定义单元类型及材料属性

① 设置单元类型　执行［Main Menu］\Preprocessor\Element Type\Add/Edit /Delete 命令，弹出如图 9.27 所示的 Library of Element Type 对话框，选择 Structural Solid 和 Quad 8node 82 选项（平面 8 结点四边形单元），单击 OK 按钮。

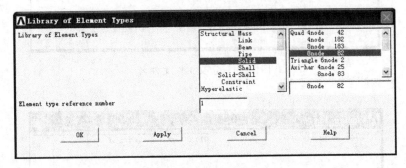

图 9.27　定义单元

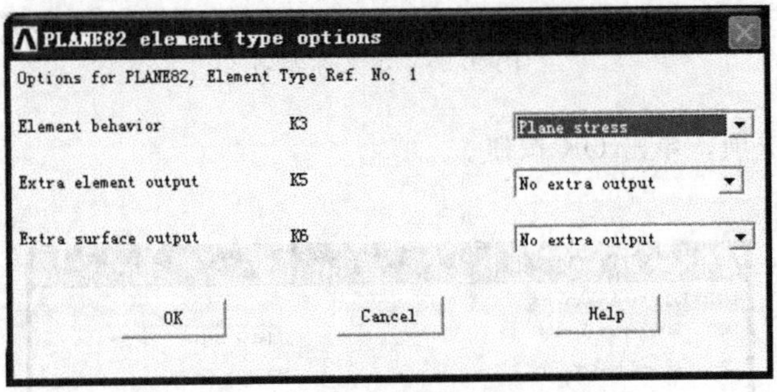

图 9.28　设置单元为平面应力

② 设置单元选项　单击 Element Type 对话框下的 Option 按钮，弹出如图 9.28 所示的 PLANE82 element type options 对话框，设置 K3 为 Plane stress，单击 OK 按钮。

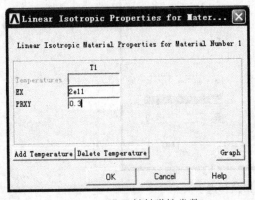

③ 设置材料属性　执行［Main Menu］\ Preprocessor\Material Props\Material Models 命令，弹出 Define Material Models Behavior 窗口。双击 Material Models Available 列表框中的 Structural \ Linear\Elastic\Isotropic 选项，弹出如图 9.29 所示的 Linear Isotropic Properties for Material 对话框。输入材料的杨氏模量 2e11，泊松比为 0.3，单击 OK 按钮。执行 Material\Exit 命令，完成材料属性的设置。

图 9.29　设置材料弹性常数

194

（3）建立几何模型

① 生成 1 个矩形　执行［Main Menu］\Preprocessor\Modeling\Create\Areas\Rectangle\By Dimensions 命令，弹出 Create Rectangle by Dimensions 对话框（如图 9.30 所示）。如图输入数据，单击 OK 按钮，得到如图 9.31 所示的梁的几何模型。

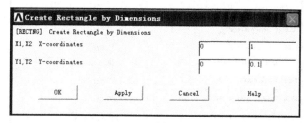

图 9.30　生成矩形对话框

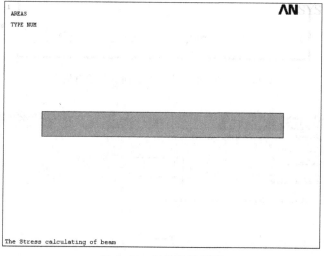

图 9.31　梁的几何模型

② 打开点、线、面的编号显示（这可以在图形中显示关键点号、线号和面号）　执行［Utility Menu］\PlotCtrls\Numbering 命令，弹出如图 9.32 所示的 Plot Numbering Controls 对话框。选择 Keypiont numbers、Line numbers 和 Area numbers 复选框，单击 OK 按钮。

（4）划分有限元网格

① 设置单元尺寸　执行［Main Menu］\Preprocessor\Meshing\Size Cntrls\Manual Size\Global\Size 命令，弹出 Global Element Sizes 对话框，在 Element edge length 对话框中输入 0.02（如图 9.33 所示），点击 OK。

② 划分网格　执行［Main Menu］\Preprocessor\Meshing\Mesh\Areas\Mapped\3 or 4 sided 命令，弹出 Mesh Areas 对话框，鼠标选取矩形面，然后单击 OK 按钮，得到如图 9.34 的有限元网格图。

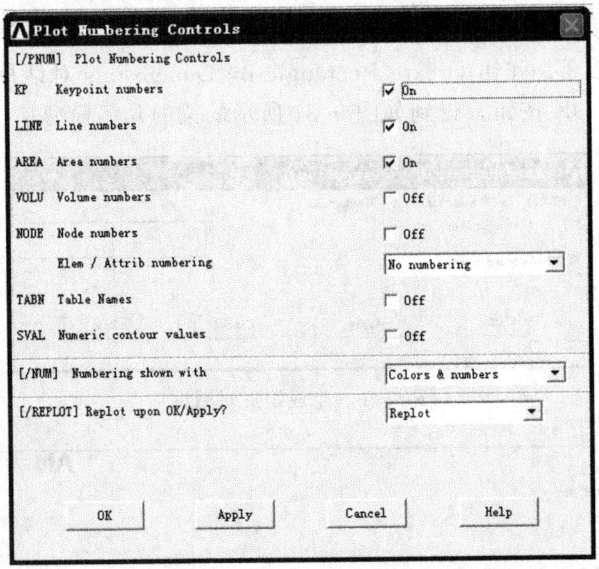

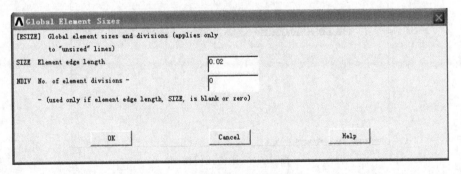

图 9.32 显示图形点、线、面编号的对话框

图 9.33 设置单元尺寸对话框

③ 保存有限元网格结果 执行［Utility Menu］\File\Save as 命令，弹出 Save DataBase 对话框，在 Save Database to 下拉列表框中输入 mesh_beam.db，单击 OK。

（5）施加约束、载荷并求解

① 在梁的左侧约束所有位移 执行［Main Menu］\Solution\Define Loads\Apply\Structural\ Displacement \On Lines 命令，弹出如图 9.35 所示的 Apply U，ROT on Lines 对话框，鼠标选取模型左端线 4，单击 OK 按钮。选择 ALL DOF 选项（约束所有自由度），单击 OK 按钮。

② 在梁的右端施加集中载荷 执行［Main Menu］\Solution\Define Loads\Apply\Structural\Force\ Moment\on Nodes 命令，弹出 Apply F/M on Nodes 对话框（如图 9.36

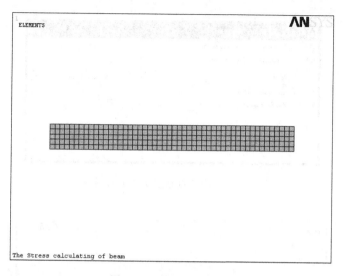

图 9.34 有限元网格图

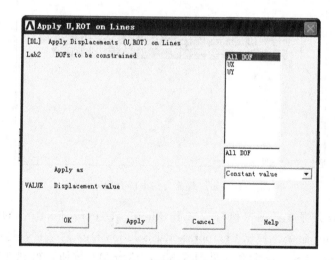

图 9.35 施加约束对话框

所示），鼠标选取右上角的结点，单击 OK 按钮，在 Direction of force/mom 对话框中选择 FY，在 Force/moment value 对话框中输入－5000，单击 OK 按钮，得到施加载荷与约束的有限元模型如图 9.37 所示。

③ 求解 ［Main Menu］\Solution\Solve\Current LS，弹出如图 9.38 所示的/STATUS Command 和 Solve Current Load Step 对话框，先点击/STATUS Command 对话框的 File，出现下拉菜单，点击 Close 退出，然后单击 OK 按钮开始计算。计算完毕会出现 Solution is Done! 的提示，单击 Close 关闭即可。

（6）读取结果

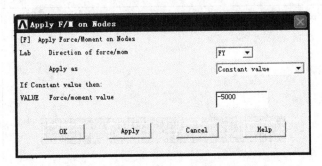

图 9.36　在结点施加集中力对话框

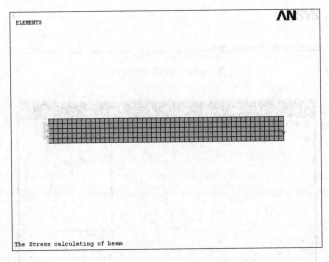

图 9.37　施加载荷与约束的有限元模型

① 显示结点应力强度云图　执行 ［Main Menu］\General Postproc\Plot Results\Contour Plot\Nodal Solu 命令，弹出 Contour Nodal Solution Data 对话框，选择 Nodal Solution\Stress\X-component of Stress 命令（见图 9.39），单击 OK 按钮，得到如图 9.40 所示的 X 方向的正应力云图。

② 显示结点位移云图　执行 ［Main Menu］\General Postproc\Plot Results\ Contour Plot\ Nodal Solu 命令，弹出如图 9.39 所示的 Contour Nodal Solution Data 对话框，选择 Nodal Solution\DOF Solution\Y-component of Displacement 命令，单击 OK 按钮，得到如图 9.41 所示的悬臂梁的挠度云图。

9.7.1.2　结果分析

由图 9.40 可以看出，该悬臂梁的最大应力发生在梁的固定端，梁的上表面受拉应力，下表面受压应力，大小均为 3.34MPa。应力分布与材料力学中梁的应力分布相同。根据材

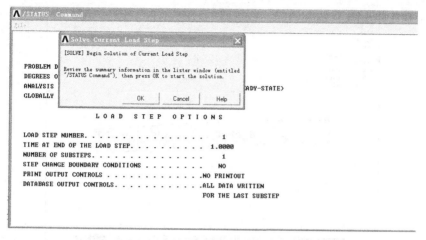

图 9.38　求解对话框

图 9.39　选择显示应力的对话框

料力学弯曲梁的正应力公式

$$\sigma = \frac{M}{W} = 3 \text{ MPa}$$

其中 $M = 5\text{kN} \cdot \text{m}$；$W = \frac{bh^2}{6} = \frac{1}{6} \times 10^{-2} \text{ m}^3$。

应力的有限元解与材料力学解的相对误差为

$$\Delta = \frac{3.34 - 3}{3} \times 100\% = 11\%$$

199

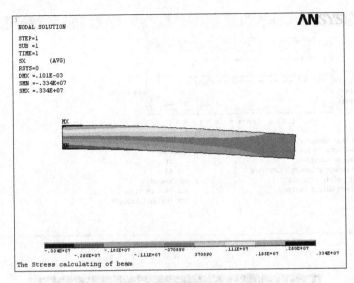

图 9.40 悬臂梁 X 方向正应力分布云图

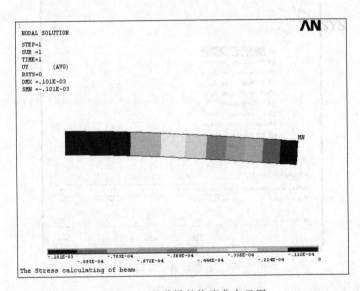

图 9.41 悬臂梁的挠度分布云图

根据图 9.41，梁的最大位移发生在梁的自由端，大小为 0.101mm；材料力学悬臂梁受集中力的最大挠度为

$$y = \frac{Fl^3}{3EI} = \frac{5 \times 10^3 \times 1^3 \times 12}{3 \times 2 \times 10^{11} \times 0.1^3} = 0.1 \text{ mm}$$

位移的有限元解与材料力学解的相对误差为

$$\Delta = \frac{0.101 - 0.1}{0.1} \times 100\% = 1\%$$

显然，有限元位移解的精度要高于应力解，这在数值上论证了第 3 章中有关解的收敛性问题。读者可试用其它划分网格或网格加密的方法提高应力解的精度。

9.7.1.3 命令流方式

```
/FILENAME, ansys _ work1                    !指定工作文件名
/TITLE, The Stress calculating of beam      !指定工作标题
/PREP7                                      !进入前处理
ET, 1, PLANE82                              !选择单元类型
MP, EX, 1, 2e11                             !设置材料属性
MP, PRXY, 1, 0.3
RECTNG, , 1, , 0.1,                         !生成矩形面
ESIZE, 0.02, 0,                             !设定单元尺寸
MSHAPE, 0, 2D
MSHKEY, 1
AMESH, 1                                    !划分网格
/SOL                                        !进入求解器
DL, 4, , ALL                                !施加全约束边界条件
F, 102, FY, -5000,                          !施加集中力
ALLSEL, ALL                                 !选择所有单元
SOLVE                                       !求解
FINISH
/POST1                                      !进入后处理程序
PLNSOL, S, X, 0, 1.0                        !显示结点应力
PLNSOL, U, Y, 0, 1.0                        !显示结点位移
FINISH
/EXIT, ALL
```

9.7.2 用梁单元计算受集中力作用的悬臂梁

例 9.2 用 ANSYS 中的梁单元计算 9.7.1 节中的悬臂梁，横截面仍为矩形，将宽改为 2cm，其余参数不变（请读者分析如此改动的原因）。

9.7.2.1 GUI 操作方式

（1）定义工作文件名和工作标题

① 定义工作文件名 执行 ［Utility Menu］\File\Change Jobname 命令，在弹出的 Change Jobname 对话框中输入 ansys _ work2，选择 New log and error files 复选框，单击 OK 按钮。

② 定义工作标题 执行［Utility Menu］\File\Change Title 命令，在弹出的对话框中输入 The Stress calculating of beam，单击 OK 按钮。

（2）定义单元类型及材料属性

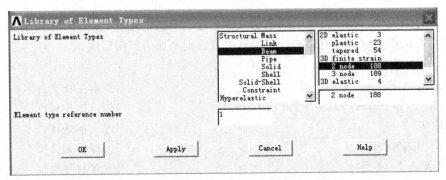

图 9.42　单元类型对话框

① 设置单元类型　执行 ［Main Menu］\Preprocessor\Element type\Add/Edit/Delete 命令，弹出 Element Type 对话框。单击 Add 按钮，弹出 Library of Element Type 对话框（见图 9.42），选择 Structural Beam 的 2 node 188 选项（两结点三维梁单元），单击 OK 按钮。

② 设置材料属性　执行 ［Main Menu］\Preprocessor\Material Props\Material Models 命令，弹出 Define Material Models Behavior 窗口。双击 Material Models Available 列表框中的 Structural\ Linear\Elastic\Isotropic 选项，弹出 Linear Isotropic Properties for Material 对话框。输入材料的杨氏模量 2e11，泊松比为 0.3，单击 OK 按钮。执行 Material/Exit 命令，完成材料属性的设置。

③ 设置截面形状　执行 ［Main Menu］\Preprocessor\Sections\ Beam\Common Sections 命令，弹出如图 9.43 的对话框，选择矩形截面形状，并且输入高度和宽度，点击 OK 按钮。

（3）建立几何模型

① 生成关键点　执行 ［Main Menu］\Preprocessor\Modeling\ Create\ Keypoints\ In Active CS 命令，弹出 Create Keypoints in Active Coordinate System 对话框，输入如图 9.44 所示的数据，单击 Apply 按钮，之后再次输入 1，0，0，单击 OK 按钮。

② 生成线　执行 ［Main Menu］\Preprocessor\Modeling\Create\Lines\Lines\Straight Line 命令，弹出如图 9.45 的对话框，然后用鼠标一次拾取点 1，2，单击 OK 按钮。

（4）划分有限元网格

① 设置单元尺寸　执行 ［Main Menu］\Preprocessor\Meshing\Size Cntrls\ManualSize\Global\Size 命令，弹出 Global Element Sizes 对话框，在 Element edge length 对话框中输入 0.05（共划分 20 个梁单元）。

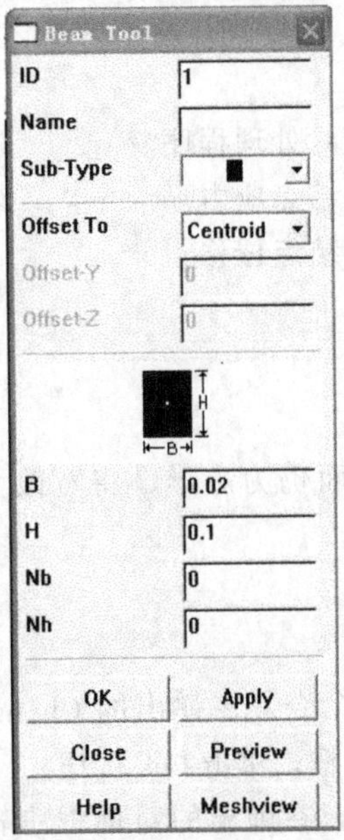

图 9.43　梁横截面的选择

202

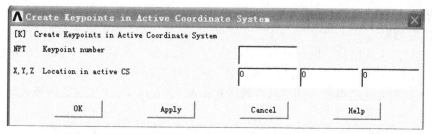

图 9.44 定义关键点

② 划分网格 执行 [Main Menu]\Preprocessor\Meshing\Mesh\Lines 命令，弹出 Mesh Lines 对话框，鼠标选取线 1，单击 OK 按钮。

③ 保存有限元网格结果 执行 [Utility Menu]\File\Save as 命令，弹出 Save DataBase 对话框，在 Save Database to 下拉列表框中输入 mesh_beam1.db，单击 OK。

（5）施加约束、载荷并求解

① 在梁的左侧约束所有位移 执行 [Main Menu]\Solution\Define Loads\Apply\Structural\Displacement\On Nodes 命令，弹出 Apply U，ROT on Nodes 对话框，鼠标选取点 1，单击 OK 按钮。选择 ALL DOF 选项，单击 OK 按钮。

② 在梁的右端施加集中载荷 执行 [Main Menu]\Solution\Define Loads\Apply\Structural\Force\Moment\on Nodes 命令，弹出 Apply F/M on Nodes 对话框，鼠标选取右上角的结点 2，单击 OK 按钮，在如图 9.46 所示的 Direction of force/mom 对话框中选择 FZ（注意这与前例有所不同），在 Force/moment value 对话框中输入－5000，单击 OK 按钮。

③ 求解 [Main Menu]\Solution\Solve\Current LS，弹出

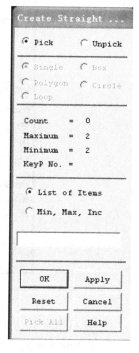

图 9.45 定义直线

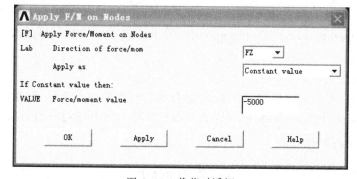

图 9.46 载荷对话框

203

Solve Current Load Step 对话框，单击 OK 按钮。

（6）读取结果

① 显示梁的实际结构　执行 PlotCtrls\Style\Size and Shape 命令，出现图 9.47 对话框，在［/ESHAPE］一栏中点击后面的小框，把 Off 变成 On。

② 转换视图方向　点击右侧图形变换按钮中的 Bottom View 按钮，转换视图方向。

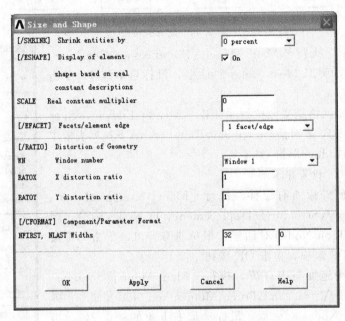

图 9.47　显示梁实际几何结构的对话框

③ 显示结点 X 方向应力云图　执行［Main Menu］\General Postproc\Plot Results\Contour Plot\Nodal Solu 命令，弹出 Contour Nodal Solution Data 对话框，选择 Nodal Solution\Stress\X-Component Stress 命令，单击 OK 按钮，得到如图 9.48 所示该梁 σ_x 的应力云图。

④ 显示结点位移云图　执行［Main Menu］\General Postproc\Plot Results\Contour Plot\Nodal Solu 命令，弹出 Contour Nodal Solution Data 对话框，选择 Nodal Solution/DOF Solution/Z-Component of Displacement 命令，单击 OK 按钮，得到如图 9.49 的沿 z 向变形云图。

9.7.2.2　结果分析

由图 9.48 可以看出，该悬臂梁的最大应力发生在梁的固定端，梁的上表面受拉应力，下表面受压应力，大小均为 146MPa。应力分布与材料力学中梁的应力分布相同。根据材料力学弯曲梁的正应力公式

$$\sigma = \frac{M}{W} = 150 \text{ MPa}$$

204

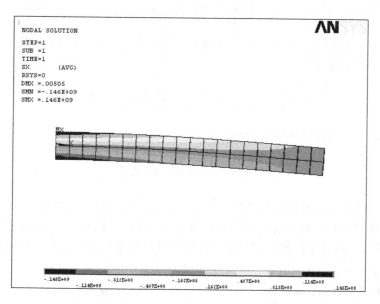

图 9.48　沿 X 方向计算应力云图

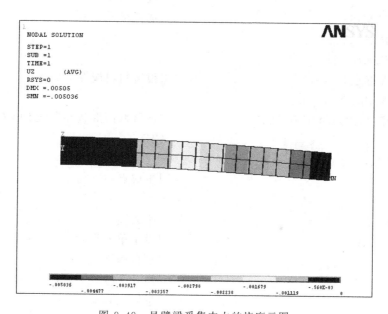

图 9.49　悬臂梁受集中力的挠度云图

其中 $M=5kN \cdot m$；$W=\dfrac{bh^2}{6}=\dfrac{100}{3}\times10^{-6}m^3$。

应力的有限元解与材料力学解的相对误差为

$$\Delta = \frac{150 - 146}{150} \times 100\% = 2.6\%$$

根据图 9.49，梁的最大位移发生在梁的自由端，大小为 5.026mm；材料力学解中，悬臂梁受集中力的最大挠度为

$$y = \frac{Fl^3}{3EI} = \frac{5 \times 10^3 \times 1^3 \times 12}{3 \times 2 \times 10^{11} \times 0.02 \times 0.1^3} = 5\text{mm}$$

位移的有限元解与材料力学解的相对误差为

$$\Delta = \frac{5.026 - 5}{5} \times 100\% = 0.5\%$$

这进一步证明了有限元位移解的精度高于应力解。该例题也说明了，对于具有梁几何特征的物体，采用梁单元进行计算，不仅可以大大减少计算时间（单元数量或自由度大量减少），并且有非常好的计算精度。有兴趣的读者可以分析本例题精度高于前例题精度的原因。

9.7.2.3 命令流方式

```
/FILENAME, ansys_work3                      !指定工作文件名
/TITLE, The Stress calculating of beam      !指定工作标题
/PREP7                                      !进入前处理
ET, 1, BEAM188                              !选择单元类型
MPTEMP,,,,,,,,
MPTEMP, 1, 0
MPDATA, EX, 1,, 2e11                        !设置材料属性
MPDATA, PRXY, 1,, 0.3
SECTYPE, 1, BEAM, RECT,, 0                  !设置截面形状和参数 SECOFFSET,
                                            CENT
SECDATA, 0.02, 0.1, 0, 0, 0, 0, 0, 0, 0, 0
K,,,,                                       !生成点
K,, 1,,,
LSTR, 1, 2                                  !生成线
ESIZE, 0.05, 0,                             !设定单元尺寸
LMESH, 1                                    !划分网格
FINISH
/SOL                                        !进入求解器
FLST, 2, 1, 1, ORDE, 1
FITEM, 2, 1
D, P51X,,,,,, ALL,,,,,                      !施加全约束边界条件
FLST, 2, 1, 1, ORDE, 1
```

```
FITEM,2,2
F,P51X,FZ,-5000                          !施加集中力
SOLVE                                    !求解
FINISH
/POST1                                   !进入后处理器
/SHRINK,0
/ESHAPE,1.0
/EFACET,1
/RATIO,1,1,1
/CFORMAT,32,0
/REPLOT                                  !显示真实形状
/VIEW,1,,-1
/ANG,1
/REP,FAST
/SHRINK,0
/ESHAPE,1.0
/EFACET,1
/RATIO,1,1,1
/CFORMAT,32,0
/REPLOT                                  !转换视图方向
PLNSOL,S,X,0,1.0                         !显示节点应力
PLNSOL,U,Z,0,1.0                         !显示节点位移
FINISH
/EXIT,ALL
```

9.7.3 受均匀拉力的开圆孔平板的应力集中

例 9.3 如图 9.50 所示，中心开孔的平板两边受 1MPa 的均布拉力。材料的杨氏模量 $E = 2.0 \times 10^{11} Pa$，泊松比为 0.3。用 ANSYS 计算孔边的应力，并确定应力集中因子。

由于该模型和载荷的对称性，可取 1/4 进行分析，分析模型见图 9.51。

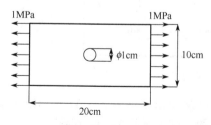

图 9.50　受均匀拉力的开孔平板

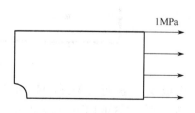

图 9.51　简化的对称模型

9.7.3.1 GUI 操作方式

(1) 定义工作文件名和工作标题

① 定义工作文件名　执行 [Utility Menu]\File\Change Jobname 命令，在弹出的 Change Jobname 对话框中输入 ansys_work3，选择 New log and error files 复选框，单击 OK 按钮。

② 定义工作标题　执行 [Utility Menu]\File\Change Title 命令，在弹出的对话框中输入 The Stress concentration of flat with a hole，单击 OK 按钮。

③ 执行 [Utility Menu]\PlotCtrls\Window Options 命令，弹出 Windows Options 对话框。在 Location of triad 下拉列表框中选择 Not Shown 选项，单击 OK 按钮。

(2) 定义单元类型及材料属性

① 设置单元类型　执行 [Main Menu]\Preprocessor\Element type\Add/Edit/Delete 命令，弹出 Element Type 对话框。单击 Add 按钮，弹出 Library of Element Type 对话框，选择 Structural Solid 和 Quad 82 选项，单击 OK 按钮。

② 设置单元选项　单击 Element Type 对话框下的 Option 按钮，弹出 PLANE82 element type options 对话框，设置 K3 为 Plane stress，单击 OK 按钮。

③ 设置材料属性　执行 [Main Menu]\Preprocessor\Material Props\Material Models 命令，弹出 Define Material Models Behavior 窗口。双击 Material Models Available 列表框中的 Structural\Linear\Elastic\Isotropic 选项，弹出 Linear Isotropic Properties for Material 对话框。输入材料的杨氏模量 2e11，泊松比为 0.3，单击 OK 按钮。执行 Material\Exit 命令，完成材料属性的设置。

(3) 建立几何模型

① 生成 1 个矩形　执行 [Main Menu]\Preprocessor\Modeling\Create\Areas\Rectangle\By Dimensions 命令，弹出 Create Rectangle by Dimensions 对话框。如图 9.52 输入数据，单击 OK 按钮。

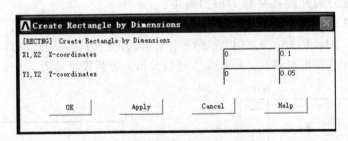

图 9.52　创建矩形的对话框

② 生成圆　执行 [Main Menu]\Preprocessor\Modeling\Create\Areas\Circle\Solid circle 命令，弹出 Solid Circular Area 对话框（如图 9.53 所示），输入数据，单击 OK 按钮。

③ 打开点、线、面的编号显示 执行〔Utility Menu〕\ PlotCtrls\Numbering 命令，弹出 Plot Numbering Controls 对话框。选择 Keypiont numbers、Line numbers 和 Area numbers 复选框，单击 OK 按钮，得到如图 9.54 所示的几何模型。

④ 布尔运算面相减操作 执行〔Main Menu〕\Preprocessor\ Modeling\Operate\Booleans\ Subtract\Areas 命令，弹出 Subtract Areas 对话框，在对话框中输入 1，单击 Apply 按钮，在对话框中输入 2，单击 OK 按钮（或鼠标选取图形窗口的矩形面 A1，在对话框中单击 Apply 按钮，再点击图形窗口的圆形面 A2，在对话框中单击 OK 按钮），得到几何模型如图 9.55 所示。

（4）生成有限元网格

① 设置单元尺寸 执行〔Main Menu〕\Preprocessor\Meshing\Size Cntrls\ManualSize\Global\Size 命令，弹出 Global Element Sizes 对话框，在 Element edge length 对话框中输入 0.002，单击 OK。

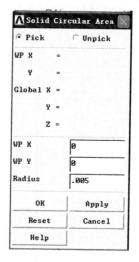

图 9.53 创建圆的对话框

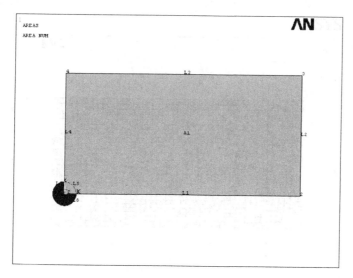

图 9.54 生成的几何模型

② 划分网格 执行〔Main Menu〕\Preprocessor\ Meshing\ Mesh\ Areas\ Free 命令，弹出 Mesh Areas 对话框，鼠标选取面 A3，单击 OK 按钮，得到有限元网格如图 9.56 所示。

③ 保存有限元网格结果 执行〔Utility Menu〕\File\Save as 命令，弹出 Save DataBase 对话框，在 Save Database to 下拉列表框中输入 mesh_flat.db，单击 OK。

（5）施加约束、载荷并求解

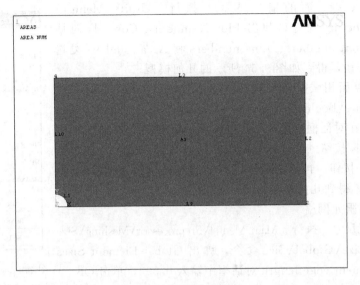

图 9.55　实际几何模型

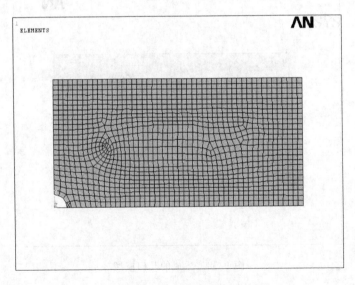

图 9.56　有限元网格图

①　在对称面上施加对称边界约束　执行［Main Menu］\Solution\Define Loads\Apply\ Structural\ Displacement\Symmetry B. C. \On Lines 命令，弹出 Apply SYMM on Lines 对话框，如图 9.57 所示，鼠标选取左边及下边的对称边界线，单击 OK 按钮。

②　施加均布载荷　执行［Main Menu］\Solution\Define Loads\Apply\Structural\ Pressure on Lines 命令，弹出 Apply PRES on Lines 对话框，鼠标选取图形右边线，单击

OK 按钮，弹出 Apply PRES on lines 对话框（如图 9.58 所示）在 Load PRES value 对话框中输入 −1e6，单击 OK 按钮，得到图 9.59 所示的完成加载后完整的有限元模型图。

③ 求解　[Main Menu]\Solution\Solve\Current LS，弹出 Solve Current Load Step 对话框，单击 OK 按钮，程序开始求解。求解结束后，弹出 Solution is done 的注解框，可单击 Close 关闭即可。

（6）读取结果

① 显示结点应力强度云图　执行 [Main Menu]\General Post-proc\Plot Results\Contour Plot\Nodal Solu 命令，弹出 Contour Nodal Solution Data 对话框，选择 Nodal Solution\Stress\X-Component of Stress 命令，单击 OK 按钮，得到如图 9.60 所示的应力计算结果云图。

② 显示结点位移云图　执行 [Main Menu]\General Postproc\Plot Results\Contour Plot\Nodal Solu 命令，弹出 Contour Nodal Solution Data 对话框，选择 Nodal Solution\DOF Solution\Displacement vector sum 命令，单击 OK 按钮，出现如图 9.61 所示的合位移计算结果云图。

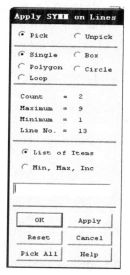

图 9.57　施加对称边界条件对话框

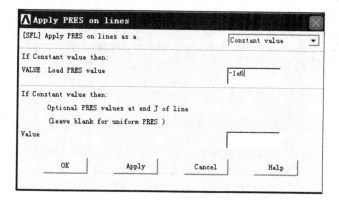

图 9.58　施加线载荷对话框

③ 显示整体位移和应力分布　执行 [Utility Menu]\PlotCtrls\style\Symmetry Expansion\Periodic \Cyclic Symmetry 命令，弹出 Periodic\Cyclic Symmetry Expansion 对话框，选择 1\4 Dihedral Sym 选项，单击 OK 按钮，出现图 9.62、图 9.63。

9.7.3.2　计算结果分析

从图 9.60 有限元应力的计算结果可以得到，最大应力发生在圆孔上、下两边，其最大值为 2.98MPa，平板的平均应力为 1MPa，显然应力集中因子

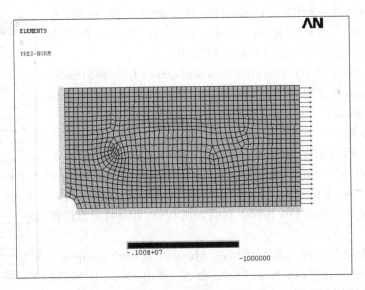

图 9.59 完整的有限元模型图

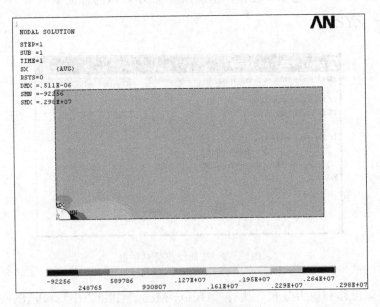

图 9.60 应力计算结果云图

$$\alpha = \frac{2.98}{1} = 2.98$$

用精确的弹性理论分析得到的结果为应力集中因子等于 3。可以看出，有限元的计算结果已经有非常高的精度。如果将孔边的网格加密可以得到更加精确的结果。

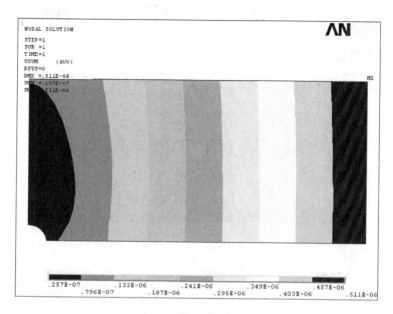

图 9.61 合位移计算结果云图

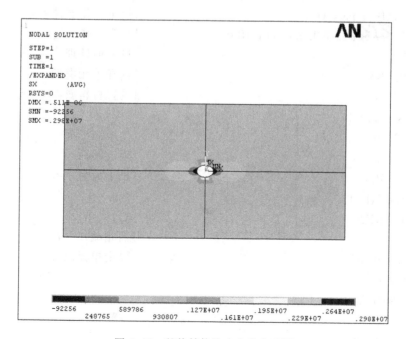

图 9.62 整体结构的应力分布云图

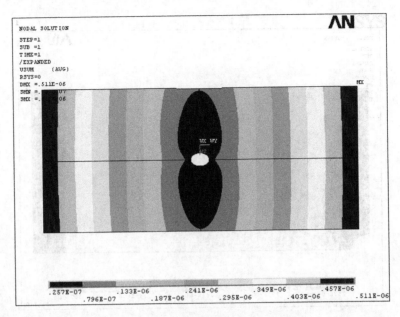

图 9.63　整体结构的位移分布云图

9.7.3.3　命令流方式

/FILENAME, ansys_work1	!指定工作文件名
/TITLE, The Stress calculating of flat	!指定工作标题
/PREP7	!进入前处理
ET, 1, PLANE82	!选择单元类型
MP, EX, 1, 2e11	!设置材料属性
MP, PRXY, 1, 0.3	
RECTNG, , 0.1, , 0.05,	!生成矩形面
CYL4, , , 0.005	!生成圆面
/PNUM, KP, 1	!显示编号
/PNUM, LINE, 1	
/PNUM, AREA, 1	
ASBA, 1, 2	!面相减
ESIZE, 0.002, 0,	!设定单元尺寸
MSHKEY, 0	
CM, _Y, AREA	
ASEL, , , , 3	
CM, _Y1, AREA	
CHKMSH, 'AREA'	

214

```
CMSEL,S,_Y
AMESH,_Y1                              !划分网格
/SOL                                   !进入求解器
FLST,2,2,4,ORDE,2                      !施加对称边界条件
FITEM,2,9
FITEM,2,-10
DL,P51X, ,SYMM
FLST,2,1,4,ORDE,1                      !施加均布载荷
FITEM,2,2
SFL,P51X,PRES,-1e6
ALLSEL,ALL                             !选择所有单元
SOLVE                                  !求解
FINISH
/POST1                                 !进入后处理程序
PLNSOL, S,X, 0,1.0                     !显示结点应力强度
PLNSOL, U,SUM, 0,1.0                   !显示结点位移
/EXPAND,4,POLAR,HALF,,90              !显示整体位移
PLNSOL, S,X, 0,1.0                     !显示整体应力
FINISH
/EXIT,ALL
```

9.7.4 受内压压力容器筒体与封头连接的应力计算

例 9.4 某立式压力容器如图 9.64 所示,其设计压力 $p=10\mathrm{MPa}$,在常温下工作,材料为 16Mn,杨氏模量 $E=210\mathrm{GPa}$,泊松比 $\mu=0.3$,筒体内径 $D_1=3400\mathrm{mm}$,壁厚 $t_1=110\mathrm{mm}$,球形封头内半径 $R_2=1720\mathrm{mm}$,$t_2=70\mathrm{mm}$,筒体削边长度 $l=270\mathrm{mm}$,忽略自重,计算容器筒体与封头的连接区的应力强度。

该容器为回转体,可以用轴对称模型计算,取计算分析模型如图 9.65 所示。

9.7.4.1 GUI 操作方式

(1) 定义工作文件名和工作标题

① 定义工作文件名 执行 [Utility Menu]\File\Change Jobname 命令,在弹出的 Change Jobname 对话框中输入 pressure vessel,选择 New log and error files 复选框,单击 OK 按钮。

② 定义工作标题 执行 [Utility Menu]\File\Change Title 命令,在弹出的对话框中输入 The structural analysis of pressure vessel,单击 OK 按钮。

(2) 设置计算类型

[Main Menu]\Preferences,在出现的对话框中选 structural,单击 OK 按钮。

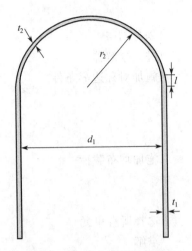

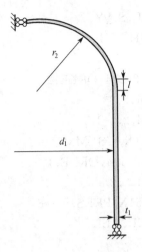

图 9.64　压力容器示意图　　　　　　图 9.65　对称分析模型

（3）定义单元类型及材料属性

① 设置单元类型　执行［Main Menu］\Preprocessor\Element type\Add/Edit /Delete 命令，弹出 Element Type 对话框。单击 Add 按钮，弹出 Library of Element Type 对话框，选择 Structural Solid 和 8node 82 选项，单击 OK 按钮。

② 设置单元选项　单击 Element Type 对话框下的 Option 按钮，弹出 PLANE82 element type options 对话框，设置 K3 为 Axisymmetric（轴对称单元）（见图 9.66），单击 OK 按钮。单击 Close 按钮。

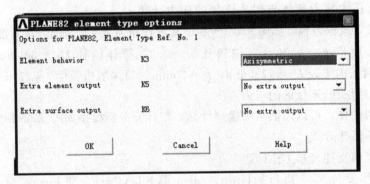

图 9.66　定义轴对称单元对话框

③ 设置材料属性　执行［Main Menu］\Preprocessor\Material Props\Material Models 命令，弹出 Define Material Models Behavior 窗口。依次双击 Material Models Available 列表框中的 Structural\Linear\Elastic\Isotropic 选项，弹出 Linear Isotropic Properties for Materials Numberl 对话框。输入材料的杨氏模量为 2.1e11，泊松比为 0.3，单击 OK 按钮，完成材料属性的设置。

216

（4）建立几何模型

① 生成压力容器的弧顶面　执行［Main Menu]\Preprocessor \Modeling\Create\Areas\Circle\Partial Annulus 命令，弹出 Part Annular Circ Area 对话框。如图 9.67 所示依次输入：输入圆心坐标，圆内半径 1720，扇形弧面起始角，圆外半径 1790，扇形弧面起始角，最后单击 OK 完成生成压力容器封头的模型（见图 9.68）。

② 在坐标系中生成矩形截面　执行［Main Menu]\Preprocessor\Modeling\Create\Areas \Rectangle\By Dimensions 命令，弹出 Create Rectangle by Dimensions 对话框（见图 9.69）。如图依次输入 X1，X2 X-Coordinates：1700，1810；Y1，Y2 Y-Coordinates：－270，－2500，单击 OK，生成如图 9.70 所示的图形。

③ 打开点、线、面的编号显示　执行［Utility Menu]\PlotCtrls\Numbering 命令，弹出 Plot Numbering Controls 对话框。选择 Keypiont numbers、Line numbers 和 Area numbers 复选框，单击 OK 按钮。

④ 生成过渡区域的面　执行［Main Menu]\Preprocessor\Modeling\Create\Areas\Arbitrary\Through KPs 命令，逆时针依次顺序选取两个已经生成面之间的四个关键点（8，7，1，4），点击 OK，生成的几何图形如图 9.71 所示。

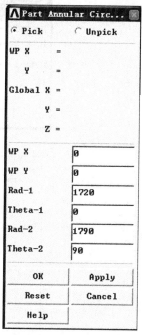

图 9.67　设置圆弧对话框

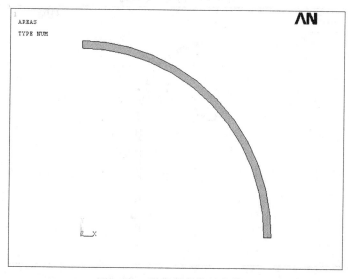

图 9.68　生成的容器封头模型

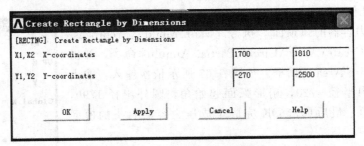

图 9.69　创建矩形截面对话框

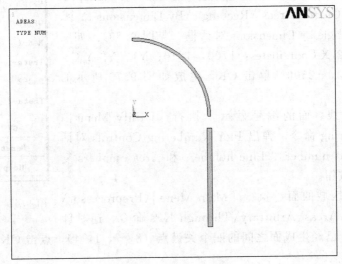

图 9.70　创建矩形截面

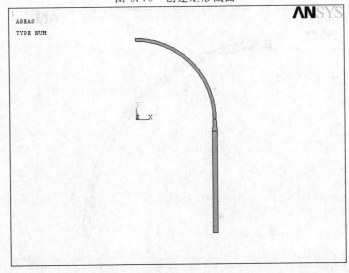

图 9.71　轴对称几何模型图

(5) 生成有限元网格

① 设置单元尺寸　执行〔Main Menu〕\Preprocessor\Meshing\Size Cntrls\ lines\ Picked Lines 命令，弹出 Element Sizes on 对话框，鼠标选取沿厚度的四条线，点击 OK，弹出 Element Sizes on Picked Lines 对话框，在 NDIV 栏填分割数 4（设定厚度方向的单元划分数）（见图 9.72），单击 OK；执行〔Main Menu〕\Preprocessor\Meshing\Size Cntrls\ lines\Picked Lines 命令，弹出 Element Sizes on 对话框，鼠标选取筒体内、外壁线，点击 OK，弹出 Element Sizes on Picked Lines 对话框，在 NDIV 栏填分割数 60（设定筒体轴向方向单元的划分数），单击 OK；执行〔Main Menu〕\Preprocessor\Meshing\Size Cntrls\ lines\Picked Lines 命令，弹出 Element Sizes on 对话框，鼠标选取封头内、外壁线，点击 OK，弹出 Element Sizes on Picked Lines 对话框，在 NDIV 栏填分割数 60（设定球封头轴向方向单元的划分数），单击 OK；执行〔Main Menu〕\Preprocessor\Meshing\Size Cntrls\ lines\Picked Lines 命令，弹出 Element Sizes on 对话框，鼠标选取过渡段内、外壁线，点击 OK，弹出 Element Sizes on Picked Lines 对话框，在 NDIV 栏填分割数 10（设定过渡段轴向方向单元的划分数），单击 OK。

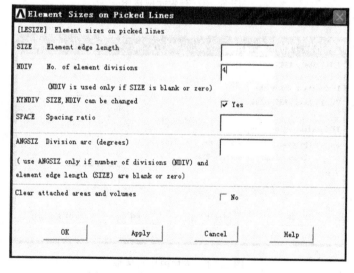

图 9.72　划分单元尺寸间隔对话框

② 划分网格　执行〔Main Menu〕\Preprocessor\Meshing\Mesh\Areas\ Mapped/3 or 4 sided 命令，弹出 Mesh Areas 对话框，鼠标依次选取每个面，单击 OK 按钮，完成网格划分，有限元网格如图 9.73。

③ 保存有限元网格结果　执行〔Utility Menu〕\File\Save as 命令，弹出 Save DataBase 对话框，在 Save Database to 下拉列表框中输入 mesh_vessel.db，单击 OK。

(6) 施加约束、载荷并求解

① 两条直边施加约束　执行〔Main Menu〕\Solution\Define Loads\Apply \Structural \

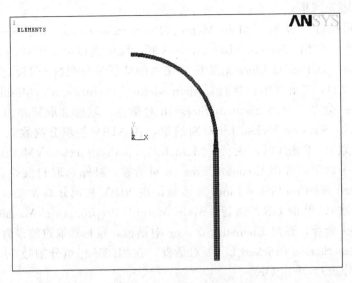

图 9.73　有限元网格图

图 9.74　施加内压对话框

Displacement \Symmetry\On Lines 命令，弹出 Apply SYMM on lines 对话框，选取封头左边竖直边界和筒体下边界，单击 OK，完成对称边界的输入。

② 施加载荷　在筒体内壁施加 10MPa 的均布压力，执行 [Main Menu]\Solution\Define Loads\Apply \Structural \Pressure \ On Lines，弹出 Apply PRES on lines 对话框，依次选取整个结构的内壁，单击 OK，弹出如图 9.74 的对话框，在 Load PRES value 处填加 10e6，单击 OK，完整的有限元模型如图 9.75 所示。

③ 求解　执行 [Main Menu]\Solution\Solve\Current LS，弹出 Solve Current Load Step 对话框，单击 OK 按钮完成求解。

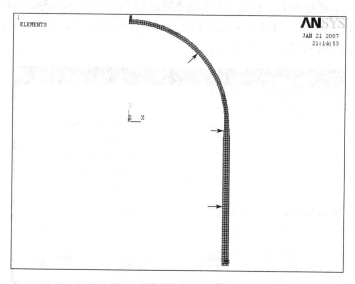

图 9.75　完整的有限元模型图

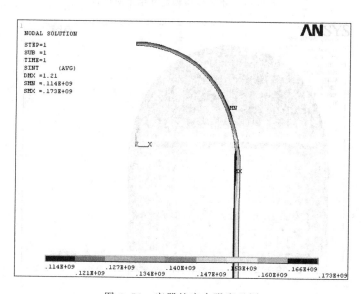

图 9.76　容器的应力强度云图

（7）读取结果

① 显示应力强度云图　执行［Main Menu］\General Postproc\Plot Results\ Contour Plot\ Nodal Solu 命令，弹出 Contour Nodal Solution Data 对话框，选择 Nodal Solution\ DOF solution\Stress intensity 命令，单击 OK 按钮，得到应力强度云图如图 9.76。其最大应力强度发生在筒体与过渡段结合处，最大值为 173MPa。

② 显示整体应力强度分布 执行〔Utility Menu〕\PlotCtrls\style\Symmetry Expansion\2D-Axi Symmetric 命令，弹出 2D Axi-Symmetric Expansion 对话框，选择 Full expansion 选项（见图 9.77），单击 OK 按钮，出现图 9.78。

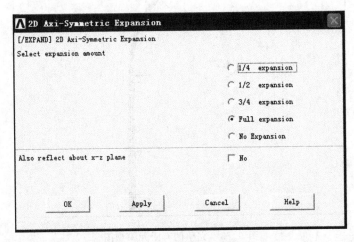

图 9.77 还原整体轴对称结果对话框

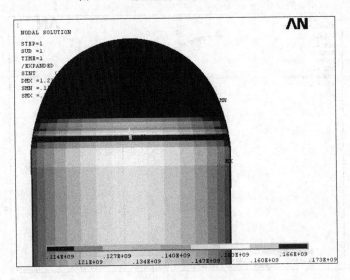

图 9.78 整体结构的应力强度云图

9.7.4.2 命令流方式

```
/FILENAME, pressure vessel                           !指定工作文件名
/TITLE, the structural analysis of pressure vessel    !指定工作标题
/PREP7                                               !进入前处理
KEYW, PR_SET, 1
```

```
KEYW,PR_STRUC,1                          !指定分析类型
ET,1,PLANE82                             !选择单元类型
KEYOPT,1,3,1                             !设置单元选项
MPTEMP,,,,,,,,
MPTEMP,1,0
MPDATA,EX,1,,2.1e11
MPDATA,PRXY,1,,0.3                       !设置材料属性
CYL4,0,0,1720,0,1790,90                  !生成 1/4 圆面
RECTNG,1700,1810,−270,−2500,             !生成矩形面
/PNUM,KP,1
/PNUM,LINE,1
/PNUM,AREA,1                             !打开点线面编号
FLST,2,4,3
FITEM,2,8
FITEM,2,7
FITEM,2,1
FITEM,2,4
A,P51X                                   !生成过渡面
FLST,5,4,4,ORDE,4
FITEM,5,2
FITEM,5,4
FITEM,5,−5
FITEM,5,7
CM,_Y,LINE
LSEL,,,,P51X
CM,_Y1,LINE
CMSEL,,_Y
LESIZE,_Y1,,,4,,,,,1
FLST,5,2,4,ORDE,2
FITEM,5,6
FITEM,5,8
CM,_Y,LINE
LSEL,,,,P51X
CM,_Y1,LINE
CMSEL,,_Y
LESIZE,_Y1,,,60,,,,,1
```

```
FLST,5,2,4,ORDE,2
FITEM,5,1
FITEM,5,3
CM,_Y,LINE
LSEL, , , ,P51X
CM,_Y1,LINE
CMSEL,,_Y
LESIZE,_Y1, , ,60, , , , ,1
FLST,5,2,4,ORDE,2
FITEM,5,9
FITEM,5,-10
CM,_Y,LINE
LSEL, , , ,P51X
CM,_Y1,LINE
CMSEL,,_Y
LESIZE,_Y1, , ,10, , , , ,1
FLST,5,3,5,ORDE,2
FITEM,5,1
FITEM,5,-3
CM,_Y,AREA                              !设定各段网格份数
ASEL, , , ,P51X
CM,_Y1,AREA
CHKMSH,'AREA'
CMSEL,S,_Y
MSHKEY,1
AMESH,_Y1                               !划分网格
FINISH
/SOL                                    !进入求解器
FLST,2,2,4,ORDE,2
FITEM,2,2
FITEM,2,5
DL,P51X, ,SYMM                          !施加对称边界
FLST,2,3,4,ORDE,3
FITEM,2,3
FITEM,2,8
FITEM,2,10
```

224

```
SFL,P51X,PRES,10E6,                      !施加载荷
/STATUS,SOLU
SOLVE                                     !求解
FINISH
/POST1                                    !进入后处理程序
PLNSOL, S,INT, 0,1.0                      !显示应力云图
/EXPAND,36,AXIS,,,10                      !显示整体应力强度分布
FINISH
/EXIT,ALL
```

9.7.5 厚壁圆筒温度场的计算

例 9.5 厚壁圆筒内半径为 0.3m，外半径为 0.5m，圆筒内壁温度 500℃，外壁温度 100℃，圆筒两端设为绝热，材料的热导率 为 7.5W/（m·K），求沿圆筒壁厚方向的温度场。

计算分析模型如图 9.79 所示。

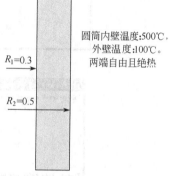

圆筒内壁温度:500℃，外壁温度:100℃。两端自由且绝热

R_1=0.3

R_2=0.5

图 9.79 受热载荷作用的厚壁圆筒的计算分析模型（截面图）

9.7.5.1 GUI 操作方式

（1）定义工作文件名和工作标题

① 定义工作文件名 执行 ［Utility Menu］\ File \ Change Jobname 命令，在弹出的 Change Jobname 对话框中输入 cylinder，选择 New log and error files 复选框，单击 OK 按钮。

② 定义工作标题 执行 ［Utility Menu］\File\Change Title 命令，在弹出的对话框中输入 The thermal analysis of cylinder，单击 OK 按钮。

③ 操作 执行 ［Utility Menu］\PlotCtrls\Window Options 命令，弹出 Windows Options 对话框。在 Location of triad 下拉列表框中选择 Not Shown 选项，单击 OK 按钮。

（2）设置计算类型

执行 ［Main Menu］\Preferences，复选 Thermal，单击 OK 按钮（见图 9.80）。

（3）定义单元类型及材料属性

① 设置单元类型 执行 ［Main Menu］\Preprocessor\Element type\Add/Edit/Delete 命令，弹出 Element Type 对话框。单击 Add 按钮，弹出如图 9.81 所示的 Library of Element Type 对话框，选择 Thermal Solid 和 Quad 4node 55 选项，单击 OK 按钮。

② 设置单元选项 单击 Element Type 对话框下的 Option 按钮，弹出 PLANE55 element type options 对话框，设置 K3 为 Axisymmetric，单击 OK 按钮。单击 Close 按钮。

③ 设置材料属性 执行 ［Main Menu］\Preprocessor\Material Props\Material Models 命令，弹出 Define Material Models Behavior 窗口（见图 9.82）。双击 Material Models Available列表框中的 Thermal\Conductivity \Isotropic 选项，弹出 Conductivity for Material

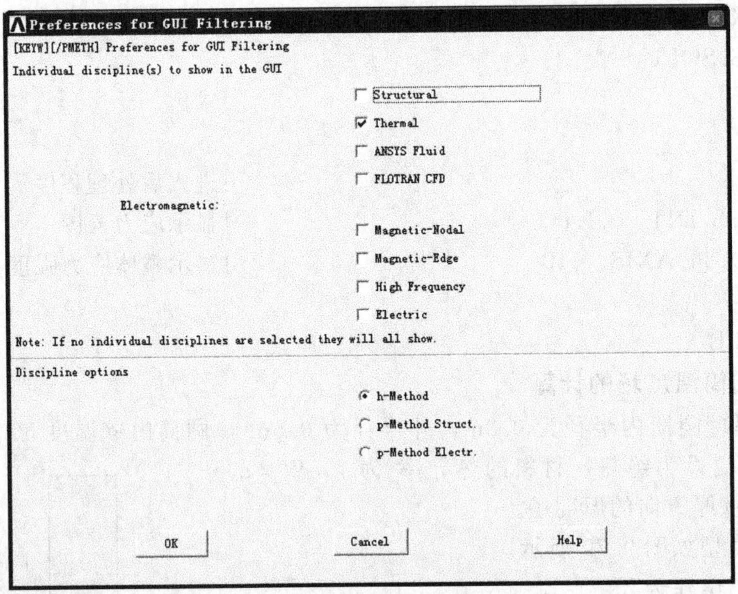

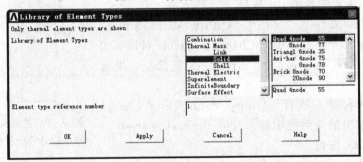

图 9.80　分析类型对话框

图 9.81　选取热分析单元对话框

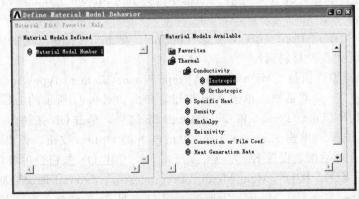

图 9.82　材料热物性对话框

Number 1 对话框（见图 9.83）。输入材料的热导率 KXX 为 7.5，单击 OK 按钮。执行 Material\Exit 命令，完成材料属性的设置。

（4）建立几何模型

生成圆柱体截面　执行 ［Main Menu］\Preprocessor\Modeling\Create\ Areas \rectangle\By Dimensions，弹出 Create rectangle By Dimensions 对话框，分别填写 X1＝300，X2＝500，Y1＝0，Y2＝1000，单击 OK 得几何模型图 9.84。

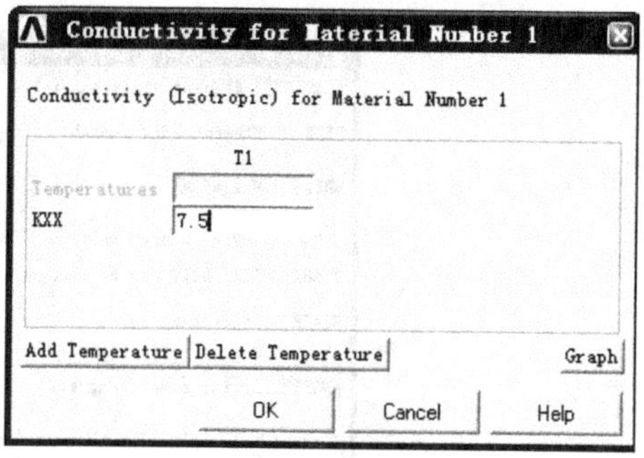

（5）生成有限元网格

图 9.83　各向同性材料的热传导系数

① 设置单元尺寸　执行 ［Main Menu］\Preprocessor\Meshing\Size Ctrls\ ManualSize\ Lines\Picked Lines 命令，弹出 Element Sizes on 对话框，拾取两条水平边，点击 OK 又弹出 Element Sizes on Picked Lines 对话框，在 NDIV 栏填分割数 5（见图 9.85），单击 OK，完成水平边的划分，同理，拾取两条竖直边，在 NDIV 栏填分割数 15，单击 OK。

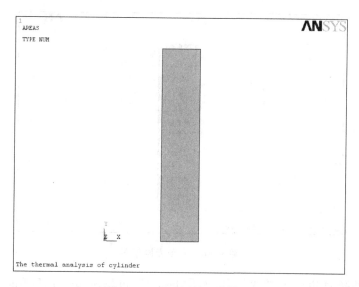

图 9.84　厚壁圆筒几何模型

② 划分网格　执行 ［Main Menu］\Preprocessor\Meshing\Mesh\Areas\ Mapped\3 or 4 sided 命令，弹出 Mesh Areas 对话框，鼠标选取整个面，单击 OK 按钮，完成网格划分。有限元网格如图 9.86。

③ 保存有限元网格结果　执行 ［Utility Menu］\File\Save as 命令，弹出 Save DataBase 对话框，在 Save Database to 下拉列表框中输入 mesh _ Cylinder. db，单击 OK。

（6）施加约束、载荷并求解

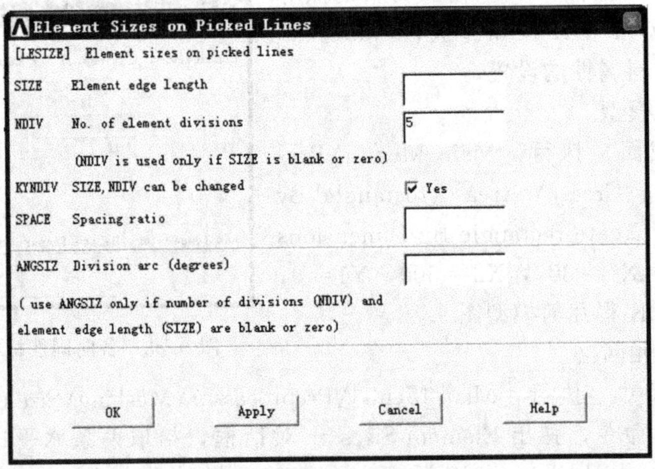

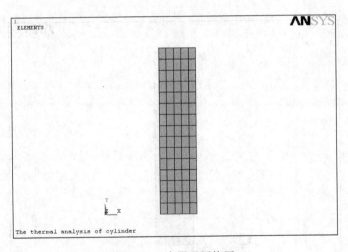

图 9.85　单元分割对话框

图 9.86　有限元网格图

① 分别给两条直边施加约束　执行 [Main Menu]\Solution\Define Loads\Apply \ Thermal\Temperature \On Lines 命令，弹出 Apply TEMP on Lines 对话框，拾取左边的线，点击 OK，又弹出 Apply TEMP on Lines 对话框，在 VALUE 栏输入初始温度 500（见图 9.87），同理拾取右边，VALUE 处输入 100，单击 OK，完成初始温度的输入。加载后的有限元模型如图 9.88 所示。

② 求解　[Main Menu]\Solution\Solve\Current LS，弹出 Solve Current Load Step 对话框，单击 OK 按钮。

（7）读取结果

228

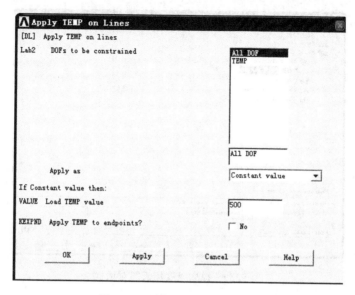

图 9.87　施加温度边界对话框

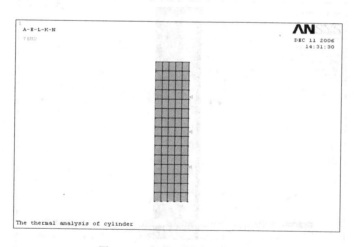

图 9.88　加载后的有限元模型

①显示温度云图　执行〔Main Menu〕\General Postproc\Plot Results\ Contour Plot\ Nodal Solu 命令，弹出 Contour Nodal Solution Data 对话框，选择 Nodal Solution\DOF solution\Temperature 命令（见图 9.89），单击 OK 按钮，得到该结构的温度场分布云图（见图 9.90）。

②研究沿壁厚的温度场分布（路径分析）　执行〔Main Menu〕\General Postproc\Path Operations\Define Path\By Nodes，弹出对话框，鼠标选取沿壁厚的两个结点，点击 OK，出现对话框（见图 9.91），在 Define Path Name 框中输入 1，点击 OK，出现注释框，关闭

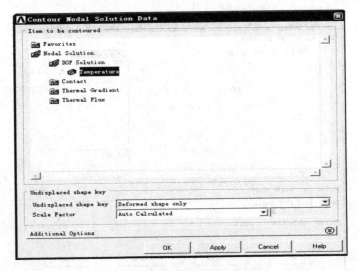

图 9.89　提取温度场云图对话框

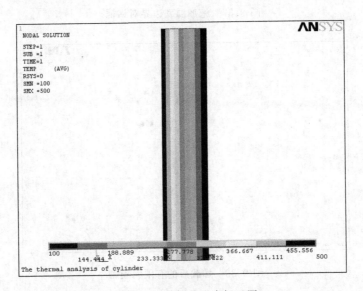

图 9.90　结构的温度场云图

该注释框，路径定义完毕。

　　③ 操作　执行［Main Menu］\General Postproc\Path OperationsMap onto Path，弹出对话框，如图 9.92 所示，选择图示的选项，点击 OK 按钮。

　　④ 显示温度沿路径的分布曲线　执行［Main Menu］\General Postproc\Path Operations\Plot path Item\on Graph，出现如图 9.93 的对话框，选中温度，单击 OK，得到如图 9.94 所示的温度沿壁厚的分布曲线。

230

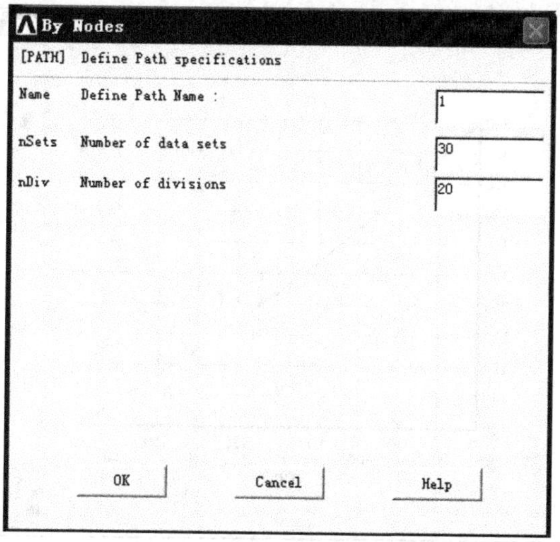

图 9.91 结点定义路径对话框

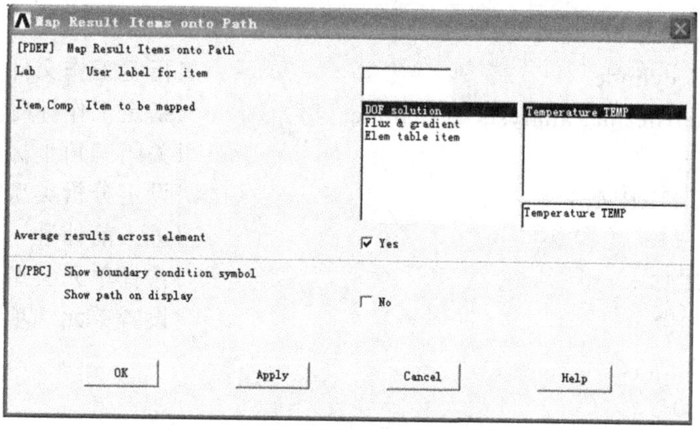

图 9.92 列出温度选择对话框

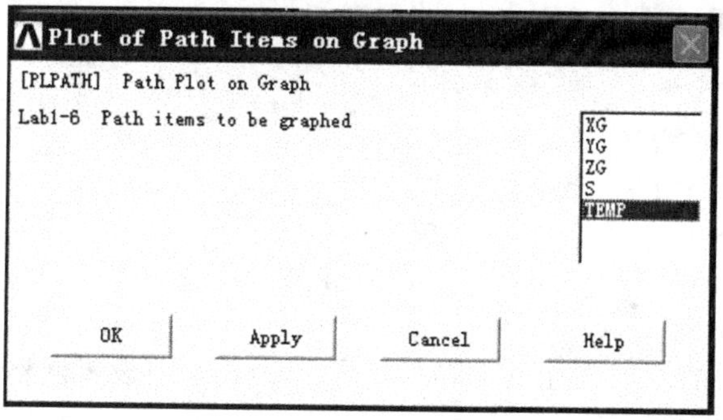

图 9.93 在路径上定义温度对话框

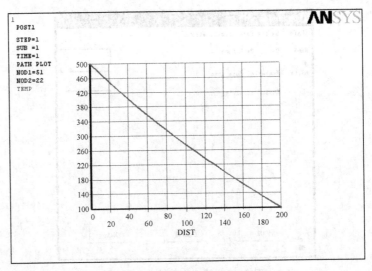

图 9.94　温度沿壁厚的分布曲线

9.7.5.2　命令流方式

```
/FILENAME,cylinder                          !指定工作文件名
/TITLE，The thermal analysis of cylinder    !指定工作标题
/TRIAD,OFF                                  !关闭三角坐标符号
KEYW,PR_THERM,1                             !设定分析类型
/PREP7                                      !进入前处理
ET,1,PLANE55                                !选择单元类型
KEYOPT,1,3,1                                !设置单元选项
MPTEMP,,,,,,,,
MPTEMP,1,0
MPDATA,KXX,1,,7.5                           !设置材料属性
RECTNG,300,500,0,1000,                      !生成矩形面
FLST,5,2,4,ORDE,2
FITEM,5,1
FITEM,5,3
CM,_Y,LINE
LSEL, , , ,P51X
CM,_Y1,LINE
CMSEL,,_Y
LESIZE,_Y1, , ,5, , , , ,1                  !设置网格划分份数
FLST,5,2,4,ORDE,2
FITEM,5,2
```

232

```
FITEM,5,4
CM,_Y,LINE
LSEL, , , ,P51X
CM,_Y1,LINE
CMSEL, ,_Y
LESIZE,_Y1, , ,15, , , , ,1                          !设置网格划分份数
CM,_Y,AREA
ASEL, , , ,              1
CM,_Y1,AREA
CHKMSH,'AREA'
CMSEL,S,_Y
MSHKEY,1
AMESH,_Y1                                            !划分网格
FINISH
/SOL                                                !进入求解器
FLST,2,1,4,ORDE,1
FITEM,2,4
FLST,2,1,4,ORDE,1
FITEM,2,4
FLST,2,1,4,ORDE,1
FITEM,2,4
DL,P51X, ,ALL,500,0
FLST,2,1,4,ORDE,1
FITEM,2,2
DL,P51X, ,ALL,100,0                                 !施加边界温度条件
SOLVE                                               !求解
FINISH
/POST1                                              !进入后处理器
PLNSOL, TEMP,, 0                                     !显示温度云图
FLST,2,2,1
FITEM,2,34
FITEM,2,14
PATH,1,2,30,20,                                     !定义路径
PPATH,P51X,1
PATH,STAT
PDEF, ,TEMP, ,AVG                                    !选择显示温度
```

```
PLPATH,TEMP                              !沿路径温度分布曲线
FINISH
/EXIT,ALL
```

本 章 小 结

本章简要介绍了大型通用有限元分析软件的功能、基本操作方式和具体操作步骤。通过几个例题说明了 ANSYS 的前处理（包括建模、离散化、单元选取）、求解（包括载荷施加、求解）、结果后处理（包括对位移、应力分量、温度）的过程。这些例题对掌握 ANSYS 的操作是最基本的，但远远不够。ANSYS 是一个功能十分强大的 CAE 仿真工具，要想很好地将其应用到工程中，还需要更多地实践和认真地阅读其操作手册。

习　题

9.1　平板尺寸如图 9.95 所示，已知杨氏模量 $E = 200\text{GPa}$，泊松比 $\mu = 0.3$，受均布力 $q_1 = 10\text{MPa}$，$q_2 = 20\text{MPa}$，板长边 $a = 1\text{m}$，短边 $b = 0.6\text{m}$，中心孔直径 $r = 0.1\text{m}$，用 ANSYS 计算板中最大应力强度。

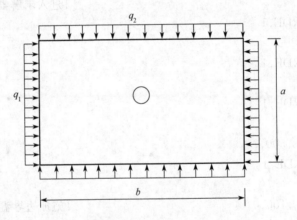

图 9.95　习题 9.1 图

9.2　矩形横截面简支梁结构如图 9.96，已知杨氏模量 $E = 200\text{GPa}$，泊松比 $\mu = 0.3$，截面宽 $b = 10\text{cm}$，高 $h = 20\text{cm}$，梁长 $l = 2\text{m}$，分别受集中力 $F = 10\text{kN}$ [图 9.96(a)]，均布载荷 $q = 10\text{kN/m}$ [图 9.96(b)]，用 ANSYS 中的梁单元计算梁的应力和位移，并同材料力学解答对比。

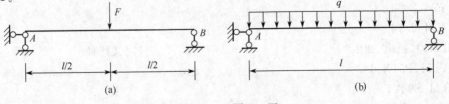

图 9.96　习题 9.2 图

234

9.3 用 ANSYS 中的梁单元做习题 8.7。

9.4 用 ANSYS 中的梁单元做习题 3.4。

9.5 用 ANSYS 中的轴对称单元做习题 4.3、习题 4.4。

9.6 用 ANSYS 中的平面单元重做 9.7.1 的例题（注意在 Element Type options 对话框中设 K3 为 Plane Strls W/thk，并在 Real Constants 下设置单元厚度）。

附录 三结点三角形单元的有限元教学程序

```
C          FORTRAN 语言编写。
C          IND,ITC    是问题类型代码。
C          IND=1      平面应变问题;
C          IND=0      平面应力问题。
C          ITC=1      计算温度应力;
C          ITC=0      不计算温度影响。
     $ LARGE
$ debug
     PROGRAM PLFEM
C          主程序
C     公用区说明:NJ 总结点数,NE 总单元数,NZ 支点总数,NDD 半带宽,NPJ 非零集中
C               力个数 NJ2=NJ*2,EO 杨氏模量,UN 泊松比,GAMA 单位体积自重,
C               AE 单元面积,ALF  线膨胀系数;
C               JM(400,3)单元结点信息数组,
C                   JM(i,1) i单元的第 1 点点号,
C                   JM(i,2) i单元的第 2 点点号,
C                   JM(i,3) i单元的第 3 点点号;
C               NZC(100) 已知几何约束的方程号数组,
C               AZC(100) 已知几何约束的位移值数组;
C               CJZ(200,2) 结点坐标值数组,
C                   CJZ(I,1) I点 x 坐标值, CJZ(I,2) I点 y 坐标值;
C                   PJ(I)    第 I 个结点力数值,
C                   MPJ(I) 第 I 个结点力的方程号;
C               TE(400) 单元厚度;
C               TC(200) 结点温度;
C               B(3,6) 应变转换矩阵,D(3,3) 弹性矩阵,S(3,6) 应力转换矩阵;
C               EKE(6,6) 单元刚度矩阵;
C               TKZ(400,60) 总刚度矩阵;
C                   P(400) 初始为载荷列阵,最后存放结点位移。
     COMMON /X1/NJ,NE,NZ,NDD,NPJ,IND,NJ2,EO,UN,GAMA,AE,ITC,ALF
     COMMON/X2/JM(400,3),NZC(100),CJZ(200,2),MPJ(200),PJ(200),B(3,6),D
(3,3)
     * ,AZC(100),S(3,6),TKZ(400,60),EKE(6,6),P(400),TE(400),TC(200)
     CHARACTER*64 FNAME1,FNAME2,TITLE
```

```fortran
      WRITE( * , * )'PLEASE ENTER INPUT FILE NAME'
      READ( * ,1007)FNAME1                                  自定输入文件名
      WRITE( * , * )'PLEASE ENTER OUTPUT FILE NAME'
      READ( * ,1007)FNAME2                                  自定输出文件名
1007  FORMAT(A)
      OPEN(1,FILE=FNAME1,STATUS='OLD')
      OPEN(2,FILE= FNAME2,STATUS='NEW')
      READ(1,1007)TITLE                                     输入文件头
      WRITE(2, * )'          OUTPUT FILE      '             输出文件头
      WRITE(2, * )
      WRITE(2,1007)TITLE
      WRITE(2,18)
      READ(1, * )IND,ITC
      READ(1, * )EO,UN,GAMA,ALF
           IF(IND. EQ. 0) GOTO 8
      EO=EO/(1. −UN * UN)
      UN=UN/(1. −UN)
8     CONTINUE
      X=EO/(1. −UN * UN)
      D(1,1)=X
      D(1,2)=X * UN
      D(1,3)=0.
      D(2,1)=X * UN
      D(2,2)=X
      D(2,3)=0.
      D(3,1)=0.
      D(3,2)=0.
      D(3,3)=X * (1. −UN)/2.
C     以上是给 D 矩阵赋值
      CALL DATA
      CALL TOTSTI
      CALL LOAD
      CALL SUPPOR
      CALL SOLVEQ
      CALL STRESS
      WRITE(2,18)
```

```
  18 FORMAT(1X,'FINISHED',/60(1H*)/)
C      这是正常结束的输出文件尾标志
STOP
END
C
C      数据输入子程序
      SUBROUTINE DATA
      COMMON/X1/NJ, NE, NZ, NDD, NPJ, IND, NJ2, EO, UN, GAMA, AE,
ITC, ALF
      COMMON/X2/JM(400,3),NZC(100),CJZ(200,2),MPJ(200),PJ(200),B(3,
6),D(3,3)
     *, AZC(100),S(3,6),TKZ(400,60),EKE(6,6),P(400),TE(400),TC(200)
      READ(1,*)NJ,NE,NZ,NDD,NPJ
C      结点数,单元数,已知的位移约束个数,半带宽,已知的结点外力分量个数
NJ2=NJ*2
TX=1.
DO 10 I=1,NE
READ(1,*)(JM(I,J),J=1,3),TE(I)
C      每一行是一个单元的   第一点点号,第二点点号,第三点点号,单元厚度
C      各个单元厚度可以不同,但数值不能太小
IF(TE(I).LE.1.E-8) THEN
 TE(I)=TX
 ELSE
 TX=TE(I)
ENDIF
  10 CONTINUE
     DO 12 I=1,NJ
READ(1,*)(CJZ(I,J),J=1,2),TC(I)
C      每一行是一个结点的 X 坐标,Y 坐标,结点温度升高值
  12 CONTINUE
   READ(1,*)(NZC(I),AZC(I),I=1,NZ)
C      已知位移的方程号,位移值(每个位移一行)
   if ( npj.eq.0)    goto 19
   READ(1,*)(MPJ(I),PJ(I),I=1,NPJ)
C      已知结点力的方程号,结点力数值       (每个结点力分量为一行)
   19 WRITE(2,20)(I,(CJZ(I,J),J=1,2),I=1,NJ)
```

```
C      将结点坐标记入输出文件
    18 FORMAT(1X,60(1H*)/)
    20 FORMAT(3(4X,3HNO.,5X,1HX,6X,1HY)/3(I6,2X,F7.2,F7.2))
       WRITE(2,*)
       RETURN
     END
C
C      计算单刚、计算单元面积、计算单元 S 矩阵的子程序
subroutine ELEST (MEO,IASK)
C      MEO 是要计算的单元号
C      IASK=1   只计算面积,IASK=2 计算到 S 矩阵,IASK=3 计算到单元刚度矩阵.
       COMMON/X1/NJ, NE, NZ, NDD, NPJ, IND, NJ2, EO, UN, GAMA, AE,
ITC,ALF
       COMMON/X2/JM(400,3),NZC(100),CJZ(200,2),MPJ(200),PJ(200),B(3,
6),D(3,3)
     *,AZC(100),S(3,6),TKZ(400,60),EKE(6,6),P(400),TE(400),TC(200)
    IE=JM(MEO,1)
    JE=JM(MEO,2)
    ME=JM(MEO,3)
C      IE、JE、ME 是单元三个结点的整体点号
    BI=CJZ(JE,2)-CJZ(ME,2)
    BJ=CJZ(ME,2)-CJZ(IE,2)
    BM=CJZ(IE,2)-CJZ(JE,2)
    CI=CJZ(ME,1)-CJZ(JE,1)
    CJ=CJZ(IE,1)-CJZ(ME,1)
    CM=CJZ(JE,1)-CJZ(IE,1)
C      以上 6 个量既是书中的 $b_j, c_j$,
       AE=(BJ*CM-BM*CJ)/2.
C      AE 是单元面积
IF(IASK.LE.1)GOTO 50
DO 10 I=1,3
DO 10 J=1,6
       B(I,J)=0.
    10 CONTINUE
       B(1,1)=BI
B(1,3)=BJ
```

```
B(1,5)=BM
B(2,2)=CI
B(2,4)=CJ
B(2,6)=CM
B(3,1)=CI
B(3,2)=BI
B(3,3)=CJ
B(3,4)=BJ
B(3,5)=CM
B(3,6)=BM
DO 20 I=1,3
DO 20 J=1,6
    B(I,J)=B(I,J)/(2.*AE)
  20 CONTINUE
C   以上是给 B 矩阵赋值
DO 30 I=1,3
DO 30 J=1,6
S(I,J)=0.0
DO 30 K=1,3
S(I,J)=S(I,J)+D(I,K)*B(K,J)
  30 CONTINUE
    IF(IASK.LE.2) GOTO 50
DO 40 I=1,6
DO 40 J=1,6
EKE(I,J)=0.
DO 40 K=1,3
EKE(I,J)=EKE(I,J)+S(K,I)*B(K,J)*AE*TE(MEO)
  40 CONTINUE
  50 CONTINUE
    RETURN
  END
C
C    TOTST 是组装总刚的子程序,它采用半带宽存储,即它只组装总刚 K 中上三角中
C    的半带宽部分中的元素,并将其存储在二维数组 TKZ 的 1 到 NDD 列。
C    为清楚起见使用点子块的概念.单刚中的点子块的行号、列号只能是 1,2,3,它等
C    同于两点在该单元内的次序;而该点子块要叠加到总刚 K 中的行、列号等同于这两
```

240

```
C      点的点号(从整体上)。
C      TKZ 的行号等同于 K 中,而列号等同于 K 中的列号-行号+1
       SUBROUTINE TOTSTI
       COMMON /X1/NJ, NE, NZ, NDD, NPJ, IND, NJ2, EO, UN, GAMA, AE,
ITC, ALF
       COMMON/X2/JM(400,3), NZC(100), CJZ(200,2), MPJ(200), PJ(200), B(3,
6), D(3,3)
     * , AZC(100), S(3,6), TKZ(400,60), EKE(6,6), P(400), TE(400), TC(200)
       DO 20 I=1, NJ2
   DO 20 J=1, NDD
   TKZ(I,J)=0.
    20 CONTINUE
       DO 30 MEO=1, NE
   CALL ELEST(MEO,3)
   DO 30 I=1,3
C      I 代表单刚点子块的行号
     DO 30 II=1,2
     LH=2*(I-1)+II
C      LH 是单刚的 I 行子块的元素的两个行号
       LDH=2*(JM(MEO,I)-1)+II
C      LDH 是 MEO 单元中第 I 行点子块的元素在总刚中的两个行号
   DO 30 J=1,3
C      单刚中第 J 列点子块的列号
   DO 30 JJ=1,2
   L=2*(J-1)+JJ
C      L 是 J 列子块的两个行号
   LZ=2*(JM(MEO,J)-1)+JJ
C      LZ 是 MEO 单元中第 J 列子块的元素在总刚中的两个列号。
   LD=LZ-LDH+1
C      LD 是半带宽存储后的列号
   IF(LD. LE. 0) GOTO 30
   TKZ(LDH,LD)=TKZ(LDH,LD)+EKE(LH,L)
    30 CONTINUE
       RETURN
   END
C
```

```
C       子程序 LOAD 初步形成代数方程的右端项列阵 F
        SUBROUTINE LOAD
        COMMON/X1/NJ, NE, NZ, NDD, NPJ, IND, NJ2, EO, UN, GAMA, AE, ITC, ALF
        COMMON/X2/JM(400, 3), NZC(100), CJZ(200, 2), MPJ(200), PJ(200), B(3,
6), D(3, 3)
      * , AZC(100), S(3, 6), TKZ(400, 60), EKE(6, 6), P(400), TE(400), TC(200)
        DO 10 I=1, NJ2
P(I)=0.
CONTINUE
C 到 20 这一段是输入集中力
      IF(NPJ. EQ. 0) GOTO 30
      DO 20 I=1, NPJ
      J=MPJ(I)
      P(J)=PJ(I)
      20 CONTINUE
C       以下(到 50)一段是计算 Y 方向的体积力的等效结点力,并将其加入 P 中,只适用
于－Y
C       方向的自重 GAMA 是
      30 IF(GAMA. LE. 1. E－20)GOTO 50
        DO 40 MEO=1, NE
CALL ELEST(MEO, 1)
PE=－GAMA * AE * TE(MEO)/3.
IE=JM(MEO, 1)
JE=JM(MEO, 2)
ME=JM(MEO, 3)
P(2 * IE)=P(2 * IE)+PE
P(2 * JE)=P(2 * JE)+PE
P(2 * ME)=P(2 * ME)+PE
    40 CONTINUE
    50 CONTINUE
C       到 60 之前这段计算由于温升引起的等效温度结点力
        IF(ITC. EQ. 0) GOTO 80
        DO 60 MEO=1, NE
        IE=JM(MEO, 1)
        JE=JM(MEO, 2)
        ME=JM(MEO, 3)
```

242

```
      TCE=TE(MEO)*ALF*(TC(IE)+TC(JE)+TC(ME))/3.
      BI=CJZ(JE,2)-CJZ(ME,2)
        BJ=CJZ(ME,2)-CJZ(IE,2)
        BM=CJZ(IE,2)-CJZ(JE,2)
        CI=CJZ(ME,1)-CJZ(JE,1)
        CJ=CJZ(IE,1)-CJZ(ME,1)
        CM=CJZ(JE,1)-CJZ(IE,1)
C      以上6个量是书中的 $b_j, c_i$
      Dt=EO/(1.-UN)
      If(IND. eq. 1) Dt=EO*(1.+2.*UN)/(1.-UN*UN)
      TCE=TCE*Dt
            P(2*IE-1)=P(2*IE-1)+TCE*BI/2.
            P(2*IE)=P(2*IE)+TCE*CI/2.
            P(2*JE-1)=P(2*JE-1)+TCE*BJ/2.
            P(2*JE)=P(2*JE)+TCE*CJ/2.
            P(2*ME-1)=P(2*ME-1)+TCE*BM/2.
            P(2*ME)=P(2*ME)+TCE*CM/2.
   60 CONTINUE
   80 CONTINUE
        RETURN
      END
C
C      子程序 SUPPOR 用对角元素乘大数方法引入位移约束
      SUBROUTINE SUPPOR
      COMMON/X1/NJ,NE,NZ,NDD,NPJ,IND,NJ2,EO,UN,GAMA,AE,ITC,
     ALF
      COMMON/X2/JM(400,3),NZC(100),CJZ(200,2),MPJ(200),PJ(200),B(3,
     6),D(3,3)
     *,AZC(100),S(3,6),TKZ(400,60),EKE(6,6),P(400),TE(400),TC(200)
      DO 60 I=1,NZ
      MZ=NZC(I)
      AZ=AZC(I)
C      对角线元素乘大数
      TKZ(MZ,1)=TKZ(MZ,1)*1.E20
C      修改右端项
      P(MZ)=AZ*TKZ(MZ,1)
```

```
      60 CONTINUE
         RETURN
      END
C
C      以下 solveq 是一个针对半带宽存储的高斯(行)消元法解方程程序
         SUBROUTINE solveq
         COMMON /X1/NJ, NE, NZ, NDD, NPJ, IND, NJ2, EO, UN, GAMA, AE, ITC,
ALF
         COMMON/X2/JM(400,3), NZC(100), CJZ(200,2), MPJ(200), PJ(200), B(3,
6), D(3,3)
       *, AZC(100), S(3,6), TKZ(400,60), EKE(6,6), P(400), TE(400), TC(200)
         NJ1=NJ2-1
         DO 50 M=1, NJ1
C      第 M 次消元、以 M 行为主元行
      IF(NJ2-M-NDD+1)10,10,20
C      IM 是 M 次消元所涉及的最大行号
      10 IM=NJ2
         GOTO 30
      20 IM=M+NDD-1
      30 K1=M+1
C      I 是被消元的行号, L 是 I 行在 M 次消元中的工作三角形中的内部行号
         DO 50 I=K1, IM
      L=I-M+1
      C=TKZ(M,L)/TKZ(M,1)
C      LD1 是 I 行中所须处理的(工作三角形中的)总列数
      LD1=NDD-L+1
      DO 40 J=1, LD1
C      MM 是被处理的 I 行中元素从对角线元素向右开始数 J 的列数, 即在半带宽存储
数组中的列号
      MM=J+I-M
      TKZ(I,J)=TKZ(I,J)-C*TKZ(M,MM)
      40 CONTINUE
         P(I)=P(I)-C*P(M)
      50 CONTINUE
C      以下为'回代'过程
         P(NJ2)=P(NJ2)/TKZ(NJ2,1)
```

```
      DO 100 I1=1,NJ1
C      I1+1 为倒数的行号, I 是正数的行号
      I=NJ2-I1
      IF(NDD-NJ2+I-1)60,60,70
C      JO 是该行的实际半带宽
   60 JO=NDD
      GOTO 80
   70 JO=NJ2-I+1
   80 DO 90 J=2,JO
      LH=J+I-1
      P(I)=P(I)-TKZ(I,J)*P(LH)
   90 CONTINUE
      P(I)=P(I)/TKZ(I,1)
  100 CONTINUE
      WRITE(2,110)(I,P(2*I-1),P(2*I),I=1,NJ)
  110 FORMAT(2X,3HJD=,5X,2HU=,12X,2HV=,14x/(I4,3X,E11.4,2X,E11.4,
     9x))
      RETURN
      END
C
C      计算单元应力的子程序 STRESS
      SUBROUTINE STRESS
      COMMON/X1/NJ,NE,NZ,NDD,NPJ,IND,NJ2,EO,UN,GAMA,AE,ITC,
     ALF
      COMMON/X2/JM(400,3),NZC(100),CJZ(200,2),MPJ(200),PJ(200),B(3,
     6),D(3,3)
     * ,AZC(100),S(3,6),TKZ(400,60),EKE(6,6),P(400),TE(400),TC(200)
      DIMENSION WY(6),YL(3)
      DO 60 MEO=1,NE
      CALL ELEST(MEO,2)
      DO 10 I=1,3
      DO 10 J=1,2
      LH=2*(I-1)+J
      LDH=2*(JM(MEO,I)-1)+J
C      每个单元有 6 个位移,每个位移在单元位移列阵内排号是 LH,而在整体位移列阵
中排号是 LDH
```

```
        WY(LH)=P(LDH)
     10 CONTINUE
C      此前的循环是形成单元位移列阵 WY(LH)
        DO 20 I=1,3
        YL(I)=0.
DO 20 J=1,6
YL(I)=YL(I)+S(I,J)＊WY(J)
     20 CONTINUE
      IF(ITC. EQ. 0) GOTO 26
IE=JM(MEO,1)
JE=JM(MEO,2)
ME=JM(MEO,3)
TCM=(TC(IE)+TC(JE)+TC(ME))/3.
Dt= EO/(1.-UN)
If(IND. eq. 1)Dt=EO＊(1.+2.＊UN)/(1.-UN＊UN)
        YL(1)=YL(1)-ALF＊TCM＊Dt
        YL(2)=YL(2)-ALF＊TCM＊Dt
C      以上考虑了温升对应力的影响，以下是计算主应力
     26 CONTINUE
        SIGX=YL(1)
SIGY=YL(2)
TOXY=YL(3)
PYL=(SIGX+SIGY)/2.
SIG=(SIGX-SIGY)＊＊2/4.+TOXY＊TOXY
RYL=SQRT(SIG)
SIG1=PYL+RYL
SIG2=PYL-RYL
AS=ABS((SIG1-SIGX)/TOXY)
IF(AS. GE. 1. E20) GOTO 30
CETA1=(SIG1-SIGX)/TOXY
CETA=57. 29578＊ATAN(CETA1)
GOTO 40
     30 CETA=90.
     40 WRITE(2,50) MEO,SIGX,SIGY,TOXY,SIG1,SIG2,CETA
     50 FORMAT(4X,2HE=,I3/2X,3HSX=,E11. 4,3X,3HSY=,E11. 4,3X,4HTAU
```

246

```
      =,E11.4/
     &    2X,3HS1=,E11.4,3X,3HS2=,E11.4,3X,4HCET=,E11.4)
   60 CONTINUE
      RETURN
   END
```

参 考 文 献

1 徐芝纶.弹性力学（上册）.第 3 版.北京：高等教育出版社

2 张铜生，张富德.简明有限元法及其应用.北京：地震出版社，1990

3 王勖成.有限单元法.北京：清华大学出版社，2003

4 余伟炜，高炳军.ANSYS 在机械与化工装备中的应用.北京：中国水利水电出版社，2006

5 王国强.实用工程数值模拟技术及其在 ANSYS 上的实践.西安：西北工业大学出版社，1999